Zaenker | Bogon | Weigand – Die Höhlentiere Deutschlands

Stefan Zaenker
Klaus Bogon
Alexander Weigand

Die Höhlentiere Deutschlands

Finden – Erkennen – Bestimmen

Quelle & Meyer Verlag Wiebelsheim

Die Angaben in diesem Buch sind von den Autoren und dem Verlag sorgfältig erwogen und geprüft, dennoch kann keine Garantie übernommen werden. Eine Haftung der Autoren bzw. des Verlags und seiner Beauftragten für Personen-, Sach- und Vermögensschäden ist ausgeschlossen.

Bibliografische Information der Deutschen Nationalbibliothek
Die Deutsche Nationalbibliothek verzeichnet diese Publikation in der Deutschen Nationalbibliografie; detaillierte bibliografische Daten sind im Internet über http://dnb.d-nb.de abrufbar.

Umschlagabbildungen: Klaus Bogon
Druck und Verarbeitung: Westermann Druck Zwickau GmbH
Printed in Germany/Imprimé en Allemagne
ISBN 978-3-494-01831-7

Vorwort

Es gibt in Deutschland viele sehr gute Natur- und Tierführer. Ein Thema wurde allerdings bisher nur am Rande gestreift, weil es relativ wenige Experten auf diesem Gebiet gibt – die deutsche Höhlenfauna. Höhlentiere sind ein faszinierendes Forschungsgebiet, zumal es mitten in Deutschland immer noch möglich ist, neue Tierarten zu entdecken. Heute sind 748 Höhlentierarten bekannt, die dauerhaft in Höhlen leben oder diese zumindest zeitweise gezielt aufsuchen. Eine kleine Gruppe von sogenannten Biospeläologen hat es sich zur Aufgabe gemacht, Licht ins Dunkel zu bringen und im Rahmen des Verbandes der deutschen Höhlen- und Karstforscher e. V. die bekannten Höhlentiere zu katalogisieren, ihre Verbreitung zu erforschen und Informationen zur Lebensweise dieser Arten zu sammeln. Unterstützt wird dieses Vorhaben durch zahlreiche nationale und internationale Wissenschaftler und Artexperten, die morphologische Bestimmungen vornehmen oder aber durch DNA-basierte Forschung die Erkenntnisse voranbringen.

Das vorliegende Buch listet erstmals alle in Deutschland bekannten Höhlentierarten auf und versetzt den Leser in die Lage, anhand detaillierter Artsteckbriefe die häufigsten Arten vor Ort zu erkennen. Es soll aber auch darauf aufmerksam machen, dass bei der Erforschung der unterirdischen Ökosysteme und der darin vorkommenden Lebewesen noch ein enormer Handlungsbedarf besteht. An dieser Stelle ist es wichtig darauf hinzuweisen, dass Höhlen besonders empfindliche Lebensräume sind und das Betreten teilweise auch gesetzlichen Beschränkungen unterliegt.

Wir wünschen allen Lesern, Naturfreunden und Höhlenbegeisterten viel Spaß mit dem vorliegenden Höhlentierführer.

Stefan Zaenker, Klaus Bogon und Alexander Weigand

Inhaltsverzeichnis

Biospeläologie in Deutschland

Geschichte der Biospeläologie

Die erste Erwähnung eines echten Höhlentiers in Europa stammt aus dem Jahr 1689 von Johann Weichard von Valvasor, einem slowenischen Universalgelehrten. Er fand den Grottenolm in Karstquellen außerhalb von Höhlen und beschrieb diesen als „Lindwurm im Berg, den zu manchen Jahreszeiten das Wasser aus dem Berg treibt, mit dem dann die jungen Lindwürmer ans Tageslicht kommen“. Es dauerte noch bis 1768, bis der österreichische Naturforscher Josephus Nicolaus Laurenti die erste wissenschaftliche Beschreibung des Grottenolms verfasste.

In Deutschland wurden zwischen 1723 und 1900 immer wieder einzelne Beschreibungen von Höhlentieren publiziert. Unter anderem beschäftigte sich Carl Koch um 1860 schon ausführlich mit Fledermäusen und deren Parasiten. 1879 beschrieb Siegmund Fries im Zoologischen Anzeiger den Fund von kleinen Höhlenkrebsen und Höhlenasseln in der Falkensteiner Höhle (Schwäbische Alb) und im See der Kammerbacher Höhle (Nordhessen, Meißnervorland). Aus seinen “Mittheilungen aus dem Gebiete der Dunkel-Fauna” ergeben sich detaillierte Beschreibungen der im Jahr 1878 gefundenen Grundwasserbewohner.

Erst nach 1900 setzte in Deutschland aber eine intensivere biospeläologische Forschung ein. 1906 wurde beispielsweise vom Augenarzt Eduard Enslin ein Beitrag zur Höhlenfauna der Fränkischen Alb veröffentlicht. Aber auch auf der Schwäbischen Alb und in Westfalen gab es umfassende Untersuchungen zur Höhlenfauna. Insbesondere Franz Lengersdorf und Wiard Giepenburg prägten in den folgenden Jahrzehnten die Biospeläologie in Deutschland. Im Zeitraum 1960 bis 1970 führten die systematischen Aufsammlungen von Klaus Dobat in der Fränkischen und Schwäbischen Alb zu einem enormen Anstieg der deutschen Höhlentierarten. Entsprechende Publikationen erschienen in den Jahren 1975 und 1978.

Konzentrierten sich die biospeläologischen Forschungen bis dahin in der Hauptsache auf die großen Karstgebiete, änderte sich das erstmals 1978 durch die flächendeckenden und sehr systematischen Untersuchungen von Dieter Weber in den Nichtkarstgebieten Rheinland-Pfalz und Saarland. 1988 begannen dann unter der Federführung von Stefan Zaenker ebensolche Untersuchungen im Höhlenkatastergebiet Hessen. Hier wurden seit 1996 auch die Quellen als Schnittstelle zwischen dem Grundwasser und der Erdoberfläche einbezogen.

Aktueller Stand der Biospeläologie

Die biospeläologische Forschung in Deutschland wird fast ausschließlich durch ehrenamtlich tätige Höhlenzoologen durchgeführt. Diese werden durch Artexperten aus ganz Europa unterstützt, die die Bestimmung schwieriger Höhlenarten vornehmen. Hierbei ist es gelungen, ein überregionales Netzwerk aus Wissenschaftlern einzubinden, um so einen der Öffentlichkeit kaum bekannten Lebensraum zu erforschen. Unter der Leitung des Referats für Biospeläologie im Verband der deutschen Höhlen- und Karstforscher e. V. (VdHK) wird versucht, die Forschung deutschlandweit zu koordinieren.

Über 3.000 Tierarten wurden bisher in deutschen Höhlen und unterirdischen Hohlräumen nachgewiesen. Davon gelten 748 Arten als cavernicol, d. h. diese Arten sind in ihrem Lebenszyklus dauerhaft oder zeitweise auf unterirdische Biotope angewiesen.

Derzeit gelten in Deutschland nur die Bearbeitungsgebiete Hessen und Rheinland-Pfalz/Saarland als sehr gut untersucht. Für die Gebiete der Fränkischen Alb, der Schwäbischen Alb, den Harz und Westfalen gibt es kleinere Untersuchungen und umfassende Literaturzusammenstellungen. Neue Forschungen laufen derzeit im Rahmen des europaweiten Monitorings im Rahmen der Fauna-Flora-Habitat-Richtlinie (FFH-Richtlinie) der Europäischen Union. Als herausragendes Projekt zur Erforschung der Höhlentiere in den deutschen Alpen wurden in den Jahren 2016 bis 2017 durch den Verband der deutschen Höhlen- und Karstforscher e. V. acht Höhlen im alpinen Bereich hinsichtlich der Höhlenfauna untersucht. Beim Projekt „Leben im Dunkel" im Rahmen des Ökoplans Alpen 2020 konnten mehrere Erstnachweise für die deutsche Fauna und einige Wiederfunde von Höhlentierarten nach mehreren Jahrzehnten getätigt werden. Ein weiteres Großprojekt ist auch das seit 2012 laufende „German Barcode Of Life"-Projekt „Subterrane Fauna", bei dem alle Höhlen- und Grundwasserarten genetisch referenziert werden sollen.

Im Rahmen des Arbeitskreises „Biospeläologie" des deutschen Verbandes der Höhlen- und Karstforscher e. V. wird derzeit an einer deutschlandweiten Datenbank zur Erfassung aller faunistischen Daten aus Höhlen, unterirdischen Hohlräumen und grundwasserbezogenen Lebensräumen gearbeitet. Unterstützt wird die Feldarbeit durch die CaveLife-App, in der vor Ort alle biospeläologischen Daten zu dem jeweiligen Objekt erfasst werden können.

Großes Hasenloch bei Pottenstein (Fränkische Alb). An den Wänden im Eingangs- und Übergangsbereich der Höhle findet man zahlreiche Tierarten.

Karstquelle unterhalb der Sturmannshöhle – die Verbindung zwischen Grundwasser und Erdoberfläche.

Erfassung der Höhlentiere

Das „Biospeläologische Kataster" ist ein gemeinschaftliches Projekt des Verbandes der deutschen Höhlen- und Karstforscher e.V. und des Landesverbandes für Höhlen- und Karstforschung Hessen e.V. Ziel ist es, alle in Deutschland erfassten zoologischen Daten aus Höhlen, künstlichen Hohlräumen (z.B. Bergwerksstollen, Felsenkeller) und grundwasserabhängigen Ökosystemen (z.B. Quellen) unter Federführung des Referates für Biospeläologie im Verband der deutschen Höhlen- und Karstforscher e.V. in einer Datenbank zusammenzuführen. Daneben sollen auch die für die Grunddatenerfassung und das Monitoring aufgrund der europäischen Fauna-Flora-Habitat-Richtlinie wichtigen Parameter bezüglich des Lebensraumtyps 8310 (nicht touristisch erschlossene Höhlen) erfasst werden.

Um die Grundlage für eine einheitliche Erfassung der deutschen Höhlen- und Grundwasserfauna, sowie die Bewertung des Zustandes einer Höhle zu schaffen, wurde mit CaveLife eine „App zur Erfassung (bio)speläologischer Daten" entwickelt. Mit der App können vor Ort alle benötigten Grunddaten zu den untersuchten Objekten und die durch Sichtbeobachtung bestimmbaren Tiergruppen (Taxa) aufgenommen werden. Bei Naturhöhlen kann zusätzlich eine FFH-Bewertung der Habitatstrukturen und Beeinträchtigungen des Lebensraums erfolgen.

Die App kann unter **https://cavelife.app/** auf alle Smartphones, Tablets oder Desktop-PCs heruntergeladen werden. Eine ausführliche Programmbeschreibung findet sich unter **https://docs.cavelife.app/**.

DNA-Barcoding

Neben der Erfassung der Artenvielfalt und dem ökologischen Verständnis der einzelnen in Deutschland vorkommenden Arten wird seit 2012 die Höhlen- und Grundwasserfauna systematisch genetisch untersucht. Dafür finden die von taxonomischen Experten verifizierten Belegexemplare Eingang in eine DNA-Barcode-Referenzbibliothek. Das oft verstreut vorliegende Artenwissen soll so in digitalen Sequenzinformationen zusammen mit Bildmaterial, ökologischen Notizen und Fundortangaben langfristig konserviert werden. Auch die Belegexemplare werden in musealen Sammlungen aufbewahrt. Sobald eine Referenzsequenz in der Datenbank hinterlegt ist, erlauben DNA-Barcodes – ganz ähnlich wie Strichcodes im Supermarkt (engl. Barcodes) – die genetische Identifikation von Arten. Das Prinzip beruht auf der Tatsache, dass Individuen derselben Art in der Basenabfolge ihrer DNA (A, T, G und C) einander deutlich ähnlicher sind als dies Schwesterarten oder noch weiter entferntere Arten sind. Was für Mikroorganismen aufgrund oftmals fehlender äußerlicher Erkennungsmerkmale bereits seit Jahrzehnten Standard ist, gibt es für Tiere erst seit Anfang des Jahrtausends. Dabei hat das sogenannte DNA-Barcoding verschiedene Vorteile: Es erlaubt beispielsweise die Bestimmung von Eiern oder Larven, da die untersuchten DNA-Informationen sich zwischen den verschiedenen Entwicklungsstadien eines Organismus nicht verändern. Auch können unbestimmbare Geschlechter eindeutig angesprochen werden, was für viele

Arten der Zweiflügler morphologisch kaum möglich ist. Ein weiterer Vorteil ist die Bestimmbarkeit von anhand der Körpermerkmale nur schwer unterscheidbaren oder äußerlich quasi identischen (sog. kryptischen) Arten. In Deutschland weist insbesondere die aquatisch lebende Höhlenflohkrebsgattung *Niphargus* eine hohe Anzahl an kryptischen Arten auf. Bei vielen weiteren Organismengruppen, insbesondere im Grundwasser, ist das Ausmaß noch gänzlich unbekannt.

Benennung der Tiere

Alle bekannten Tiere besitzen einen wissenschaftlichen Namen, nicht alle jedoch einen deutschen Namen. Dies ist vor allem bei kleineren und wenig bekannten Arten der Fall. Der wesentliche Nachteil bei deutschen Namen ist, dass diese nicht einheitlich vergeben wurden. So können für die gleiche Art in verschiedenen Regionen unterschiedliche Namen gebräuchlich sein. Auch haben sich verschiedene Namen im Laufe der Zeit geändert. Wissenschaftliche Namen haben den Vorteil, dass sie international verwendet werden und ziemlich stabil sind.

Wissenschaftliche Namen

Die ersten schriftlichen Anfänge einer wissenschaftlichen Klassifizierung liegen schon mehr als 2.000 Jahre zurück. Auf Aristoteles, der eine erste nützliche biologische Klassifizierung einführte, gehen auch heute noch gebräuchliche Bezeichnungen wie Coleoptera (Käfer) und Diptera (Zweiflügler) zurück. Erst im 18. Jahrhundert begann der schwedische Naturforscher Carl von Linné mit der systematischen Benennung und Klassifizierung von Organismen. Diese wissenschaftliche Nomenklatur wandte er 1758 einheitlich in seiner zehnten Ausgabe der „Systema naturae“ an. Linné versuchte, eine Ordnung in die damals rund 500 bekannten Tierarten zu bringen. Sein System erwies sich als so gut, dass es mit kleinen Ergänzungen auch heute noch auf die über 1 Millionen Tierarten angewandt wird.

Carl von Linné gab jedem Lebewesen einen aus zwei Wörtern bestehenden Namen. Der erste Teil ist der Gattungsname, der nur einmal im Tierreich vergeben werden darf. Der zweite Teil ist der stets kleingeschriebene Artname. Dieser darf in Verbindung mit anderen Gattungsnamen beliebig oft verwendet werden. Die Verbindung aus Art- und Gattungsname (z. B. *Meta menardi* für die Große Höhlenspinne) bezeichnet eine bestimmte Art. Die Südliche Höhlenspinne (*Meta bourneti*) gehört in die gleiche Spinnengattung, ist aber eine eigene Art. Werden Arten ausnahmsweise in Unterarten aufgeteilt, wird das durch einen dreiteiligen lateinischen Namen kenntlich gemacht (z. B. *Salamandra salamandra salamandra* für den Gefleckten Feuersalamander und *Salamandra salamandra terrestris* für den Gestreiften Feuersalamander). Diese Unterarten sind in der Regel geografisch getrennt. Ist die Bestimmung bis zur Art nicht möglich, aber die Gattung bekannt, wird dem Gattungsnamen die Abkürzung „spec.“ oder „sp.“ angehängt. Dem Artnamen werden der Autor und das Jahr der Erstbeschreibung angefügt. Wurde die Art ursprünglich in einer anderen Gattung beschrieben und später in einer anderen Gattung geführt, schreibt man den Autor und das Jahr der Erstbeschreibung in Klammern. Der Name Linné als Erstbeschreiber wird dabei meistens in der latinisierten Form Linnaeus verwendet.

Um Lebewesen genauer zu klassifizieren, wurden weitere hierarchische Kategorien eingeführt, die ursprünglich die Verwandtschaftsbeziehungen der einzelnen Arten darstellen sollten. Die wichtigsten Hierarchiestufen sind dabei Stamm/Klasse/Ordnung/Familie/Gattung/Art. Daneben gibt es einige Zwischenstufen (z. B. Unterordnung, Überfamilie usw.). Da es sich hierbei um ein ideell dargestelltes, vereinfachtes künstliches System handelt, werden die natürlichen Verwandtschafts- und Abstammungsverhältnisse aber nur ungenügend widergespiegelt.

Wissenschaftliche Namen sind meist aus dem Lateinischen oder Griechischen abgeleitet und richteten sich anfangs nach dem Aussehen oder Verhalten der Art. Mit zunehmender Artenfülle wurden die Benennungen aber immer häufiger nach dem ersten Fundort, dem Entdecker oder anderen Personen benannt. Wurde eine Art mehrfach beschrieben, hat der älteste verwendete wissenschaftliche Name Priorität. Die weiteren (ungültigen) Namen werden als Synonyme bezeichnet.

Deutsche Namen

Für viele Hobby-Naturforscher und für den Alltagsgebrauch sind die oben beschriebenen wissenschaftlichen Namen zu abstrakt. Durch die Angabe von deutschen Namen soll auch Laien der Zugang zur Biospeläologie und der Einordnung der Höhlentiere erleichtert werden. Nur bei wenigen Gruppen (z. B. Schnecken, Libellen und Spinnen) gab es bisher Versuche, einheitliche und standardisierte deutsche Namen einzuführen. Aber auch hier gibt es oft weitere Namen, die sich umgangssprachlich eingebürgert haben. Trotzdem wurde in diesem Buch versucht, neben den wissenschaftlichen Namen die gebräuchlichsten deutschen Namen zu verwenden. Einigen Arten wurden dabei erstmals deutsche Namen gegeben.

Aktion „Höhlentier des Jahres“

Der Verband der deutschen Höhlen- und Karstforscher e. V. hat auf seiner Jahrestagung 2008 beschlossen, erstmals für das Jahr 2009 ein „Höhlentier des Jahres“ zu wählen. Er will mit der Wahl des Höhlentieres in der Öffentlichkeit und bei Behörden darauf hinweisen, dass gerade bei der Erforschung der unterirdischen Ökosysteme und der darin vorkommenden Arten noch ein enormer Handlungsbedarf besteht. Im Jahr 2014 wurde die Aktion „Höhlentier des Jahres“ vom Department of Karst and Cave Protection der International Union of Speleology mit dem „France HABE“-Preis ausgezeichnet.

Ausführliche Informationen zur Aktion und den Höhlentieren finden sich auf der Internetseite **https://hoehlentier.de/**. Bisher wurden folgende Höhlentiere des Jahres gekürt:

2009 – Höhlenflohkrebs (*Niphargus* sp.)

2010 – Zackeneule (*Scoliopteryx libatrix*)

2011 – Großes Mausohr (*Myotis myotis*)

2012 – Große Höhlenspinne (*Meta menardi*)

2013 – Höhlenpilzmücke (*Speolepta leptogaster*)

2014 – Höhlenwasserassel (*Proasellus cavaticus*)

2015 – Keller-Glanzschnecke (*Oxychilus cellarius*)

2016 – Höhlenlangbein (*Amilenus aurantiacus*)

2017 – Vierfleck-Höhlenschlupfwespe (*Diphyus quadripunctorius*)

2018 – Schwarzer Schnurfüßer (*Tachypodoiulus niger*)

2019 – Gemeine Höhlenstelzmücke (*Limonia nubeculosa*)

2020 – Mauerassel (*Oniscus asellus*)

Poster zum Höhlentier des Jahres 2014

Höhlenschutz

Zum Höhlenschutz gehört neben dem Erhalt geologischer Strukturen als wissenschaftliches Archiv natürlich auch der Schutz der Höhle als Biotop. Jeder, der schon einmal den Vergleich einer unberührten Höhle mit einer durch Vandalismus zerstörten Tropfsteinhöhle oder einer mit Müll verfüllten Schachthöhle gesehen hat, weiß, dass Höhlenschutz unbedingt notwendig ist. Karsthöhlen sind keine isolierten Gebilde, sondern Bestandteil großer Systeme, die in den Wasserkreislauf eingebunden sind. Mülleinträge und organische Abfälle können mit dem Sickerwasser sehr schnell und nahezu ungefiltert in das Grundwasser gelangen und dort zur Verunreinigung ganzer Trinkwassergebiete führen. Auch das Ausbringen von Düngemitteln oder Pestiziden auf landwirtschaftlich genutzten Flächen in Karstgebieten ist aus diesem Grund sehr problematisch.

Schaute man bisher in das Bundesnaturschutzgesetz und die Naturschutzgesetze der einzelnen Bundesländer, fand man wenig zum Schutz von subterranen Ökosystemen. Lediglich Baden-Württemberg, Niedersachsen, Nordrhein-Westfalen, Sachsen-Anhalt und Thüringen hatten Naturhöhlen in die Liste der besonders geschützten Biotope aufgenommen. In der Praxis wurden konkrete Schutzmaßnahmen aber in der Regel nur beim „öffentlichkeitswirksamen" Vorkommen von Fledermäusen angeordnet. So ist es beispielsweise verboten, in der Fledermausschutzzeit vom 01. Oktober bis 31. März Höhlen zu betreten. Erst im Herbst 2017 wurden Höhlen und naturnahe Stollen als besonders geschützte Biotope in das Bundesnaturschutzgesetz aufgenommen. Die Änderungen wurden im Bundesgesetzblatt (BGBl. I S. 3434) veröffentlicht und traten am 1. April 2018 in Kraft. Ein großer Erfolg für die organisierte Höhlenforschung, zumal der Verband der deutschen Höhlen- und Karstforscher e. V. diesen Schritt seit Jahren gefordert hatte.

Der Verband der deutschen Höhlen- und Karstforscher e. V. mit seinen 7 Landesverbänden, 88 Vereinen, etwa 500 Einzelmitgliedern sowie 33 angeschlossenen Schauhöhlen und Institutionen sieht aber nach wie vor dringenden Handlungsbedarf beim Schutz der Biodiversität in subterranen Ökosystemen. Schon unbedachtes Betreten kann die mikrobiologische Situation in der Höhle verändern. Es ist unerlässlich, dass die bekannten und neu entdeckten Höhlensysteme von Speläologen unter anderem auch auf ihre biologische Vielfalt hin untersucht werden. Nur so können standortbezogene Strategien zum Erhalt endemischer und besonders bedrohter Arten entwickelt werden. Den Schutz solcher Biotope alleine am Vorkommen von Fledermäusen festzumachen, weil diese Höhlen als Winterquartier nutzen und nach der Richtlinie 92/43/EWG des Rates vom 21. Mai 1992 zur Erhaltung der natürlichen Lebensräume sowie der wildlebenden Tiere und Pflanzen (FFH-Richtlinie) besonders geschützt sind, widerspricht den Zielen der Biodiversitätskonvention.

Nahrungskreislauf

Durch den Stoffkreislauf der Natur werden Tiere mit Nahrung versorgt. An der Erdoberfläche nehmen Pflanzen bei der Photosynthese Sonnenenergie, Wasser und CO_2 auf und wandeln diese Stoffe in Sauerstoff und Kohlenhydrate um. Letztere bilden die Nahrung für Pflanzenfresser, die wiederum einer Kette von Räubern zum Opfer fallen. Deren Kot und Leichen werden von Zersetzern wie Pilzen und Bakterien zu Mineralstoffen verarbeitet, die dann wieder den Pflanzen als Nährstoffe dienen, womit sich der natürliche Nahrungskreislauf schließt.

Doch wie funktioniert dieser Kreislauf in einer Höhle, wo die Pflanzen (Ausnahme: Lampenflora in Schauhöhlen) fehlen? Organisches Material kann hier nur von der Erdoberfläche eindringen. Dies geschieht regelmäßig durch Wasser, Luft und den Eintrag durch Lebewesen. Kot und tote Tiere werden auch hier von Pilzen und Bakterien zersetzt, allerdings mit dem Unterschied, dass die freiwerdenden Nährstoffe nicht von Pflanzen verarbeitet werden, sondern im Höhlenboden verbleiben. Dieses System kann nicht selbständig funktionieren und bleibt immer von der Außenwelt abhängig. Wenn der Nährstoffeintrag unterbrochen wird, kann dies den Zusammenbruch des Höhlenbiotops bedeuten.

Lichtregionen

Die Höhlenbindung einer Art ist in starkem Maße vom Lichteinfall und den Temperaturschwankungen in einer Höhle abhängig. Unabhängig von der Entfernung zum nächsten Höhleneingang wird die Höhle nach diesen Gesichtspunkten in drei Lichtregionen unterteilt. Je tiefer eine Art im Höhlensystem gefunden wird, umso größer ist die Wahrscheinlichkeit, dass es sich um ein Tier handelt, das eine intensive Bindung an diesen Lebensraum hat.

In der Nähe des Höhleneingangs, der **Eingangsregion**, ist die Höhle noch stark den äußeren Witterungseinflüssen ausgesetzt. Tages- und jahreszeitliche Temperaturschwankungen wirken sich auf den Lebensraum aus. Hier leben zumeist Tiere, die auch im direkten Umfeld der Höhle vorkommen. Da es sich um eine Zone handelt, die vom Tageslicht noch erhellt wird, können in der Eingangsregion noch hochgradig spezialisierte Schattenpflanzen wie einige Moose und Farne existieren.

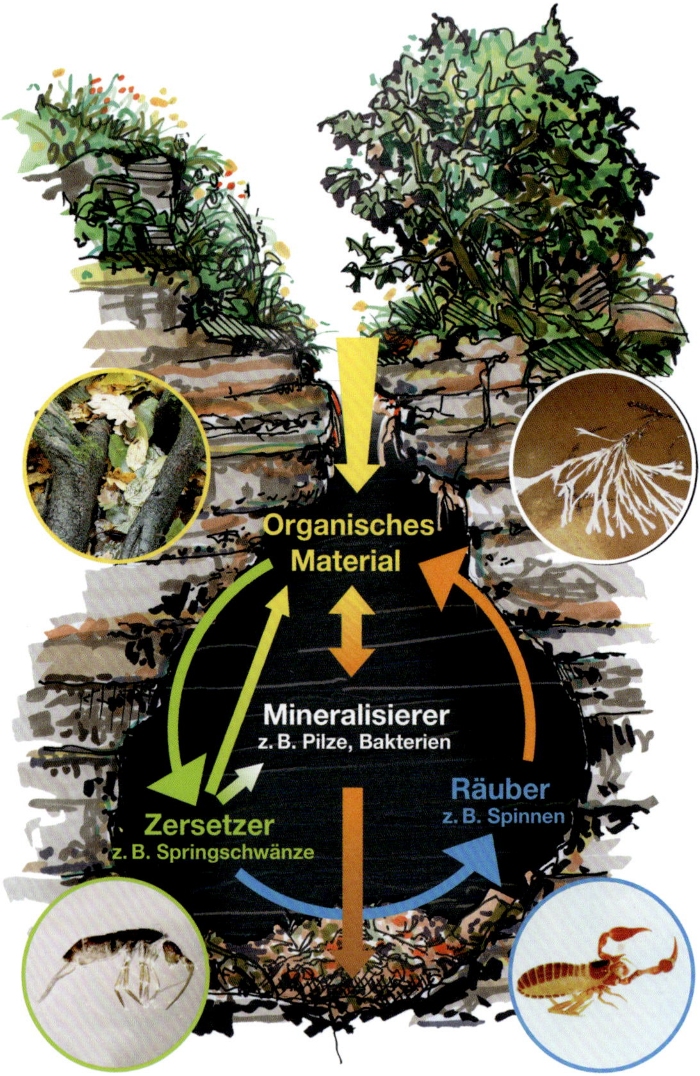

Der Nahrungskreislauf in einer Höhle ist stark von organischen Einträgen abhängig.

Stark reduziertes Licht und nur geringe Temperaturschwankungen kennzeichnen die **Übergangsregion** einer Höhle. Hier ziehen sich zahlreiche Insekten, Asseln und Tausendfüßer zurück, um frostfrei zu überwintern. Einige Arten suchen diese Zone aber auch auf, um der sommerlichen Hitze zu entfliehen.

In der **Tiefenregion** einer Höhle ist der wesentliche Faktor das Fehlen von Licht, das die Pflanzen zur Photosynthese benötigen. Sie können in Höhlen nicht existieren und scheiden somit als Nahrungsproduzenten aus. Die Temperatur in der Tiefenregion ist relativ konstant und liegt in Deutschland, je nach Höhenlage, ganzjährig bei 6 bis 9 °C. Generell entspricht sie dem Jahresmittel der regionalen Oberflächentemperatur. Ebenso gleichmäßig ist eine hohe Luftfeuchtigkeit von 95 bis 98 Prozent. Ein weiterer Faktor zur Kennzeichnung des Lebensraums ist die Höhlenluft, die in der Regel einen höheren CO_2-Gehalt hat als die Luft an der Erdoberfläche. In der Tiefenregion können auf Dauer nur solche Tiere überleben, die Anpassungen an diesen extremen Lebensraum entwickelt haben.

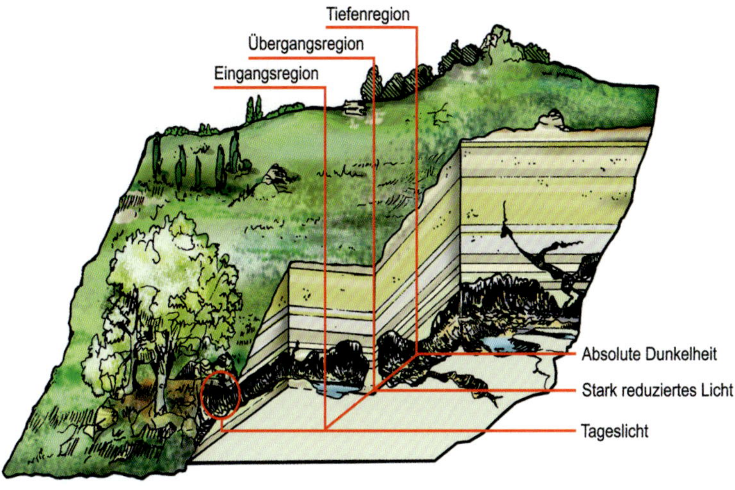

Schematischer Überblick zu den Lichtregionen einer Höhle

Anpassung der Höhlentiere

In der absoluten Dunkelheit des Höhleninneren sind Sinnesorgane wie Augen funktionslos. Echte Höhlentiere sind daher in der Regel blind, verfügen aber über einen ausgezeichneten Geruchs- und Tastsinn. Hierzu sind ihre Extremitäten auffallend verlängert und oftmals mit zusätzlichen Tastborsten ausgestattet. Wegen der hohen Luftfeuchtigkeit besteht auch die Gefahr einer Austrocknung nicht. Daher ist die Haut vieler Höhlenbewohner dünner als die ihrer oberirdischen Verwandten und so dem feuchten und lichtlosen Lebensraum angepasst. Aufgrund des fehlenden Sonnenlichts und der fehlenden UV-Strahlung bildet die Haut keine Farbpigmente aus und lässt die Tiere zumeist weiß oder farblos erscheinen. Von der Pigmentierung zu unterscheiden ist aber die Eigenfarbe chemischer Substanzen wie beispielsweise von Sklerotin, welches im Chitin-Außenskelett vieler wirbelloser Tiere und somit auch bei höhlenbewohnenden (cavernicolen) Arten vorhanden ist. Oft sind solche Tiere kurz nach dem Schlüpfen farblos und erhalten ihre Farbe mit der Zeit durch das Erhärten des Chitins. Braune und schwarze Höhlenkäfer sind Beispiele hierfür.

Neben den physischen Veränderungen haben sich Höhlentiere auch physiologisch angepasst und spezielle Verhaltensmuster entwickelt, die zum Überleben in der ewigen Dunkelheit beitragen. Die dauernde Nahrungsknappheit unter der Erde wird durch einen herabgesetzten Stoffwechsel kompensiert, durch langsame Bewegungen wird der Energieverbrauch auf ein Minimum gesenkt. Da eine geringe Körpergröße auch den Nahrungsbedarf minimiert, ist es nicht verwunderlich, dass viele Höhlentiere nur wenige Millimeter groß sind.

Eine zentrale Frage der Biospeläologie bleibt die Suche nach den Vorteilen oder Gründen des Höhlenlebens, zumal bekannt ist, dass ursprünglich an der Erdoberfläche lebende Arten im Laufe der Zeit an das Höhlenleben angepasste Populationen entwickeln können. Diese Arten finden dort zwar extreme Lebensbedingungen, brauchen aber kaum Konkurrenz durch andere Arten zu fürchten. Es ist also anzunehmen, dass sich gerade Arten, die dem Konkurrenzdruck an der Erdoberfläche nicht standhalten können, in diese konkurrenzarmen Nischen zurückziehen. Das Fehlen jahreszeitlicher Temperaturschwankungen erlaubt daneben eine ganzjährige Fortpflanzung und ist damit für die Populationssicherung enorm wichtig. Der Rückzug von Tierarten in Höhlen kann auch klimabedingt sein. So finden sich in der Höhlenfauna heute beispielsweise zahlreiche Kaltwasserarten, die aus früheren Epochen mit kälterem Klima überlebt haben. Bei den landbewohnenden Höhlenarten sind mehrere Springschwanzarten als Eiszeitrelikte (Glazialrelikte) bekannt.

Ökologische Klassifizierung

Die nachfolgenden ökologischen Klassifizierungen der Höhlentiere betreffen nicht nur Naturhöhlen, sondern sind analog auch auf andere unterirdische Biotope (z. B. Keller, Bergwerksstollen, Bunker, Tunnel) und das Grundwasser anwendbar. Die u. g. Definitionen schließen die für den Grundwasserlebensraum in der Literatur verwendeten Begriffe stygophil (= eutroglophil), stygobiont (= eutroglobiont) und stygoxen (= eutrogloxen) ein. Die subtroglophilen, eutroglophilen und eutroglobionten Arten bezeichnet man in ihrer Gesamtheit als cavernicole Arten. In Deutschland sind derzeit 748 cavernicole Tierarten bekannt, davon werden 156 als subtroglophil (lat. *sub* „unter, ein wenig"; griech. *trogle* „Höhle, Loch"; *phil* „Neigung oder Liebe aufweisend"), 442 als eutroglophil (griech. *eu* „wohl, gut") und 150 als eutroglobiont (griech. *bios* „Leben", hier „bewohnend") eingestuft.

Subtroglophile (Höhlengäste)

Einige Tagfalter, wie z. B. das Tagpfauenauge, suchen wie andere „Höhlengäste" Höhlen zu bestimmten Jahreszeiten gezielt auf. Diese subtroglophilen Arten können sich zwar in der Dunkelheit orientieren, die Nahrungssuche findet aber in der Regel oberirdisch statt. Zu den überwinternden Höhlenbewohnern gehören beispielsweise Fledermaus- und Schmetterlingsarten. Im Sommer werden die Höhlen von bestimmten Köcherfliegen- und Mückenarten aufgesucht, um der Hitze und der Austrocknung zu entgehen. Dabei wird das unterirdische Biotop auch zur Paarung genutzt. Tiere wie z. B. der Fuchs und der Dachs suchen Höhlen das ganze Jahr über immer wieder als Versteck oder zur Nahrungssuche auf, leben aber nicht dauerhaft dort. Zu den Höhlengästen werden aber auch Parasiten gezählt, die mit ihrem Wirtstier regelmäßig z. B. im Winterschlaf die unterirdischen Biotope aufsuchen. Dazu gehören verschiedene Fledermausparasiten.

Eutroglophile (Höhlenliebende Tiere)

Einige Springschwanz- und Tausendfüßerarten führen als „höhlenliebende" Tiere auch an der Erdoberfläche ein verborgenes Leben unter Steinen, im Erdboden oder unter Baumrinde. Diese eutroglophilen Tiere finden in der Höhle optimale Lebensbedingungen. Sie pflanzen sich dort fort und bilden dauerhaft unterirdische Populationen.

Eutroglobionte (Echte Höhlentiere)

„Echte" Höhlentiere (Eutroglobionte) haben sich mit ihrem gesamten Lebenszyklus an das Leben untertage angepasst. Diese Tiere können bei veränderten Temperatur- und Lichtverhältnissen an der Erdoberfläche nicht auf Dauer überleben. Hierzu gehören beispielsweise die Höhlenflohkrebse, die Höhlenwasserassel und verschiedene Höhlen bewohnende Springschwanzarten.

Eutrogloxene (Zufallsgäste)

Neben den vollständig an das Höhlenleben angepassten Tieren findet sich untertage eine Vielzahl von Tierarten, die zufällig in die Höhle geraten oder diese zumindest nicht gezielt aufsuchen. Sie verlassen die Höhle nach kurzer Zeit wieder oder gehen darin zugrunde. Diese Tierarten bezeichnet man als „Zufallsgäste" (Eutrogloxene).

Untersuchungsmethoden

Eine Beurteilung der Entwicklung des Arteninventars einer Höhle ist nur über einen längeren Zeitraum möglich. Bei Einzeluntersuchung mit Sichterfassung und Probennahme wird immer nur ein kleiner Anteil des Arteninventars erfasst. Es ist daher bei größeren Untersuchungsprojekten sinnvoll, über längere Zeiträume Bodenfallen (Barberfallen) aufzustellen, um damit ein größeres Artenspektrum abzudecken. Standard-Kartiermethode zur Erfassung der Fledermausfauna ist die Sichtbeobachtung im Rahmen von Winterkontrollen (hierfür ist eine Genehmigung der zuständigen Naturschutzbehörden erforderlich!), bei sonstigen Wirbeltieren die Sichterfassung und bei Wirbellosen die Sichterfassung (z.B. bei in Höhlen überwinternden Schmetterlingen und eindeutig vor Ort bestimmbaren Arten) und die Handaufsammlung (Probennahme bei Arten, die nicht vor Ort bestimmt werden können).

Das direkte Absuchen verschiedener Höhlenhabitate in allen drei Lichtregionen der Höhlen (Eingangs-, Übergangs- und Tiefenregion), kombiniert mit Handaufsammlungen, ist nach wie vor die effizienteste Methode, einen Querschnitt der wirbellosen Fauna zu erfassen. Erfahrung und ein gewisses „Suchbild" sind notwendig, um die Tiere zu finden, und für einige Gruppen ein entsprechendes Geschick, um sie auch zu fangen. Die Fangtechnik hängt von der jeweiligen Gruppe ab und reicht vom einfachen Aufnehmen per Hand, über die Benutzung von Federstahlpinzetten und Pinseln, dem Fang mit dem Sammelgefäß bis hin zum Fang mit Handnetzen.

Barberfallen sind eine Standardmethode zur Erfassung der Höhlenfauna. Im Prinzip ist dies lediglich ein als Fallgrube wirkendes Gefäß, das mit einer Konservierungsflüssigkeit gefüllt ist. Die technische Umsetzung reicht von einem einfachen eingegrabenen Becher bis zu professionellen Fangapparaturen. In der Praxis haben sich Trichterfallen mit einem Öffnungsdurchmesser von 11 cm, Fangflüssigkeit mindestens 95% unvergällter Ethanol, ohne Köder bewährt. Diese Erfassung vermeidet die Gefährdung der Population besonders seltener Höhlenarten. Der Einfluss von Barberfallen auf das Höhlenökosystem ist gering, da sie so gut wie keine Anlock-Wirkung haben und man nur Tiere fängt, die gerade über die Falle laufen. Aus demselben Grund ist auch ihre Selektivität gering. Fallen mit Köder sind sehr kritisch zu betrachten, da sie Tiere über eine gewisse Distanz anlocken und damit schwerwiegende Verluste der Höhlenfauna verursachen können. Köderfallen sollten nur in wohlbegründeten Einzelfällen eingesetzt werden. Grundsätzlich sollten aber auch einfache Bodenfallen nur für kurze Zeiträume aufgestellt werden.

Generell ist zu sagen, dass eine perfekte Methode zur Erfassung der Höhlenfauna nicht existiert. Alle Methoden sind mehr oder weniger selektiv. Mittels Handaufsammlung werden hauptsächlich größere, auffällige und aktive Tiere gefangen. Die Bandbreite der erfassten Fauna hängt stark von der Erfahrung des Sammlers ab. In Barberfallen werden in der Regel bodenlebende Tiere und Tiere, die sich viel bewegen, gefangen. Köderfallen locken Aasfresser und Tiere, die nach organischem Material suchen, an. Beide sind mehr konsistent in der Bandbreite der Tiergruppen, die sie erfassen; Erfahrung im Platzieren der Falle spielt dennoch eine Rolle.

Schematische Darstellung einer Barberfalle

Ein zusätzlicher Vorteil der angewandten Kombination „direkte Suche mit Handaufsammlungen und Stellen von Barberfallen" ist, dass sie für die meisten Studien der Höhlenfauna angewandt wird (so z. B. auch für das FFH-Monitoring von Höhlen), und damit am ehesten eine Vergleichbarkeit der Ergebnisse gewährleistet ist.

Die gesammelten Proben (Handsammlung und Fallen) werden auf folgende Weise weiterbearbeitet:

- Fixierung in mind. 95 % unvergälltem Ethanol im Feld und vorläufige Etikettierung der Proben (mit Bleistift, da sich hier die Schrift nicht ablöst)
- Sortieren und vorläufige Identifizierung unter einem Binokular
- Dateneingabe in die Datenbank

- Aufteilung nach Taxa für Dauerlagerung und Versand in geeigneten Behältern und Versehen mit gedruckten Etiketten, bei denen sich die Schrift in Alkohol nicht auflöst.
- Versand und Weitergabe der nicht eindeutig identifizierten Tiere an jeweilige Experten
- DNA-Sequenzierung ausgewählter Belegexemplare
- Auswahl eines endgültigen Lagerorts der Belegexemplare (sinnvollerweise in einer musealen Sammlung)
- Datenaufbereitung und Datenweitergabe an die entsprechenden Artenschutzkartierungen der Bundesländer

Barberfalle in der Höhle

Großgruppen der deutschen Höhlentiere/ Schnelleinstieg zur Bestimmung

Die 748 deutschen Höhlentierarten verteilen sich auf die folgenden Großgruppen. Es ist die Gesamtartenzahl und dahinter in eckigen Klammern die Anzahl subtroglophiler, eutroglophiler und eutroglobionter Arten angegeben.

Süßwasserpolypen 1 [0/0/1]
Strudelwürmer 12 [0/5/7]
Fadenwürmer 30 [0/24/6]
Weichtiere 27 [7/12/8]
Ringelwürmer 38 [0/35/3]
Pseudoskorpione 7 [1/5/1]
Spinnen 47 [4/38/5]
Weberknechte 7 [3/4/0]
Milben 55 [6/39/10]
Muschelkrebse 37 [0/22/15]
Ruderfußkrebse 68 [0/40/28]
Brunnenkrebse 8 [0/0/8]
Flohkrebse 26 [0/2/24]
Asseln 22 [1/16/5]
Hundertfüßer 12 [0/12/0]
Zwergfüßer 2 [0/2/0]
Doppelfüßer 27 [3/22/2]
Doppelschwänze 5 [0/2/3]
Springschwänze 70 [0/54/16]
Felsenspringer 1 [1/0/0]
Langfühlerschrecken 1 [0/1/0]
Staubläuse 3 [1/2/0]
Wanzen 1 [0/1/0]
Käfer 43 [0/41/2]
Hautflügler 7 [7/0/0]
Köcherfliegen 7 [7/0/0]
Schmetterlinge 10 [10/0/0]
Flöhe 13 [13/0/0]
Mücken 66 [39/23/4]
Fliegen 65 [28/36/1]
Knochenfische 2 [0/2/0]
Amphibien 8 [5/2/1]
Fledermäuse 17 [17/0/0]
Sonstige Säugetiere 3 [3/0/0]

Die folgenden Seiten dienen als Schnelleinstieg für die Bestimmung der wirbellosen Höhlentiere. So gelangt man schnell zur entsprechenden Großgruppe. Hier sind dann alle bekannten Arten der deutschen Höhlenfauna mit ihrer ökologischen Klassifikation aufgelistet. Für die wichtigsten Arten wird dort auf die detaillierten Artsteckbriefe verwiesen.

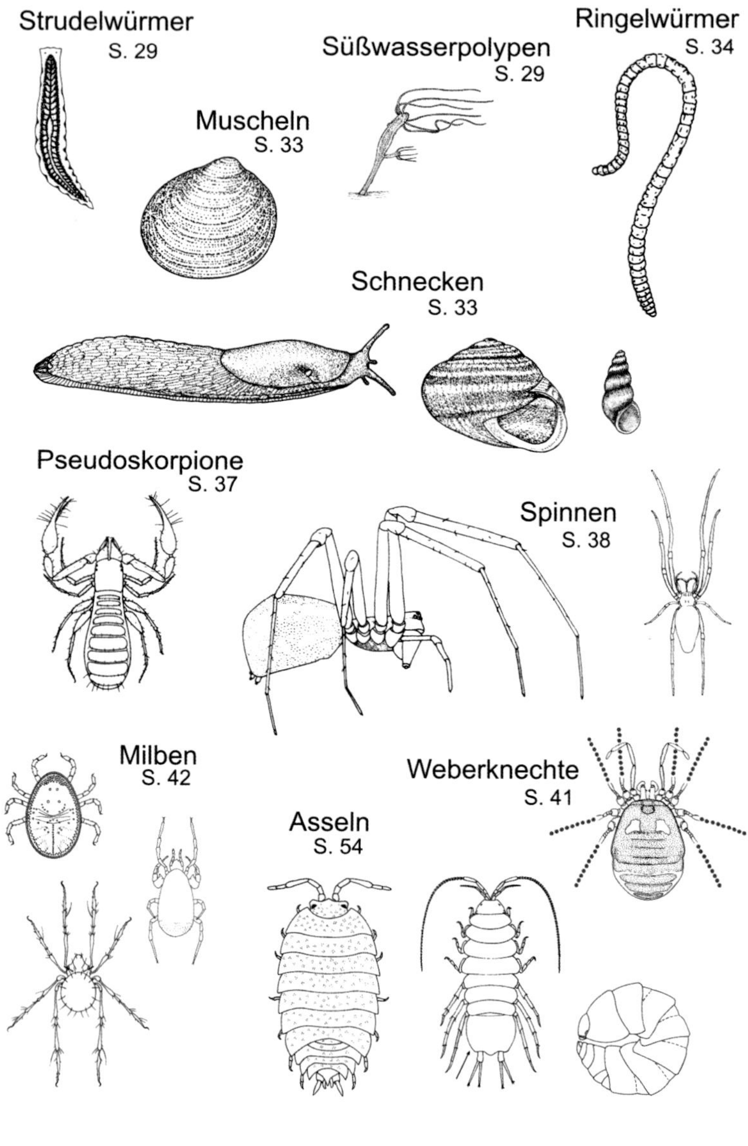
Strudelwürmer
S. 29
Süßwasserpolypen
S. 29
Ringelwürmer
S. 34
Muscheln
S. 33
Schnecken
S. 33
Pseudoskorpione
S. 37
Spinnen
S. 38
Milben
S. 42
Weberknechte
S. 41
Asseln
S. 54

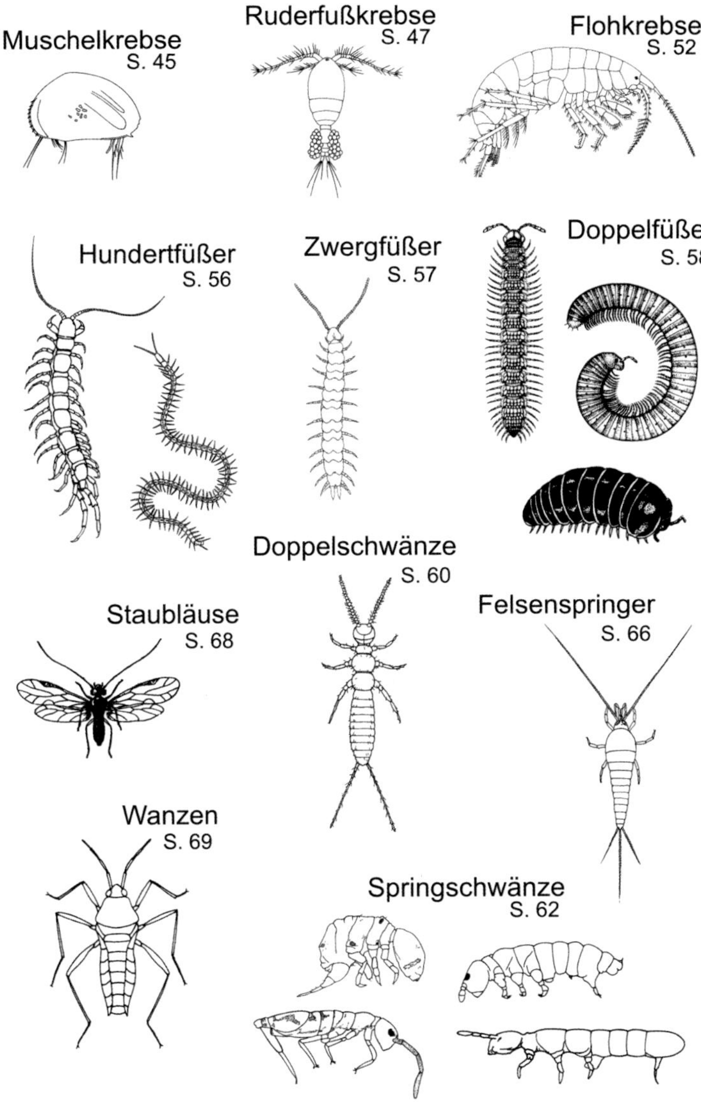
Muschelkrebse
S. 45
Ruderfußkrebse
S. 47
Flohkrebse
S. 52
Hundertfüßer
S. 56
Zwergfüßer
S. 57
Doppelfüßer
S. 58
Doppelschwänze
S. 60
Staubläuse
S. 68
Felsenspringer
S. 66
Wanzen
S. 69
Springschwänze
S. 62

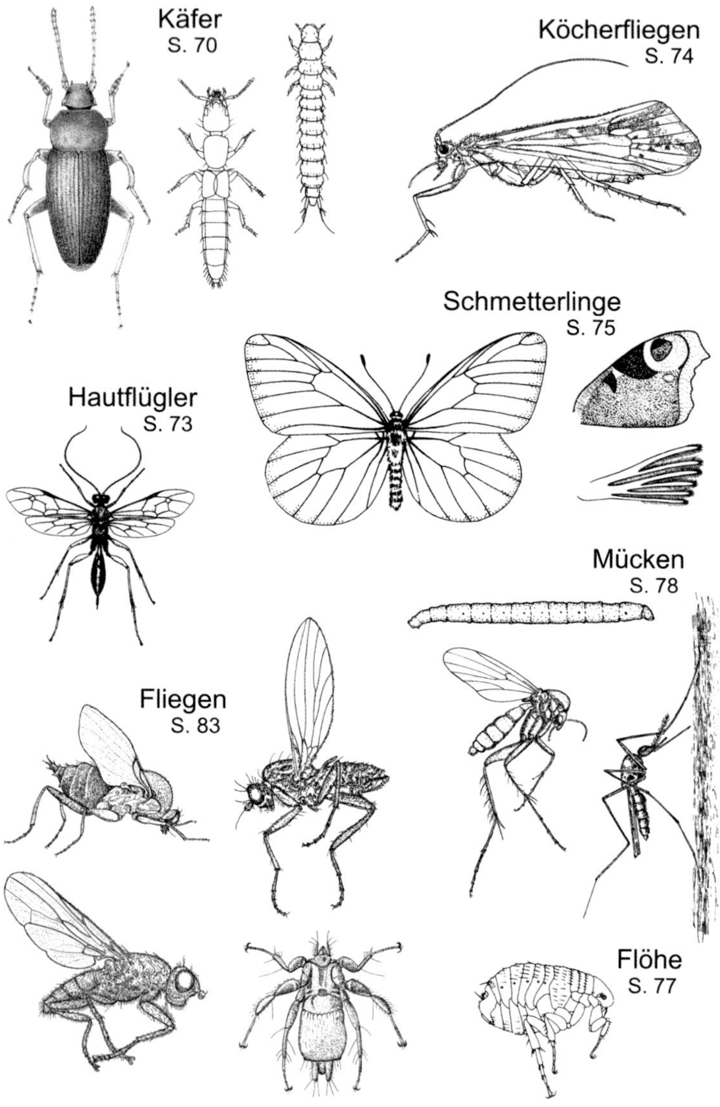
Käfer
S. 70
Köcherfliegen
S. 74
Schmetterlinge
S. 75
Hautflügler
S. 73
Mücken
S. 78
Fliegen
S. 83
Flöhe
S. 77

Süßwasserpolypen

Hydrozoa

Süßwasserpolypen haben einen sack- oder schlauchförmigen Körper, besitzen einen Polypenkopf, der in den meisten Fällen Tentakel trägt, und eine Fußscheibe, mit der sie auf dem Substrat festsitzen. Die vorwiegend einzeln lebenden Polypen vermehren sich durch Knospung, bei ungünstigen Umweltbedingungen ist aber auch eine geschlechtliche Fortpflanzung möglich. Sie ernähren sich räuberisch von Kleinkrebsen, Würmern und Insektenlarven. Die Süßwasserpolypen umfassen weltweit etwa 2.600 Arten, wovon für Deutschland etwa 100 Arten beschrieben sind. In Deutschland kommt nach dem derzeitigen Stand nur eine eutroglobionte Population vor, die endemisch im Höhlensee der Kammerbacher Höhle im Meißnervorland (Hessen) lebt.

Höhlen- und Grundwasserarten:

Hydra oligactis f. *subterranus* (P. Schulze, 1917), Hydridae, eutroglobiont, ⇒ **S. 94**

Strudelwürmer

Plathelminthes/Turbellaria

Strudelwürmer leben in aquatischen Systemen, vor allem unter Steinen oder im Bodenschlamm. Es handelt sich um einfach gebaute, unsegmentierte, wurmförmige Tiere von 2 bis 15 mm Größe. Eine mit Wimpern besetzte Haut dient zur schwimmenden oder kriechenden Fortbewegung. Die Lebensweise der meisten Strudelwürmer ist räuberisch, wobei die Beutetiere eingehüllt und aufgelöst werden. In Europa sind etwa 400 Strudelwurmarten bekannt. In Deutschland kommen 12 cavernicole Arten aus 6 Familien vor, von denen 5 Arten als eutroglophil und 7 Arten als eutroglobiont eingestuft werden. Die eutroglobionten Strudelwürmer sind augen- und pigmentlos. Die Tiere werden in Höhlengewässern, Brunnen und dem Interstitial gefunden. Von einigen Arten sind tageszeitliche Wanderungen zwischen dem Grundwasser und Quellen bekannt.

Weiße Strudelwürmer werden regelmäßig in Höhlengewässern gefunden

Höhlen- und Grundwasserarten:

Bothrioplana semperi M. Braun, 1881, Proseriata, Bothrioplanidae, eutroglophil

Crenobia alpina (Dana, 1766), Tricladida, Planariidae, eutroglophil, ⇒ **S. 100**

Dendrocoelum agile (De Beauchamps, 1932), Tricladida, Dendrocoelidae, eutroglobiont

Dendrocoelum cavaticum (Fries, 1874), Tricladida, Dendrocoelidae, eutroglobiont, ⇒ **S. 96**

Dendrocoelum hercynicum Flossner, 1959, Tricladida, Dendrocoelidae, eutroglobiont

Dugesia gonocephala (Dugès, 1830), Tricladida, Dugesiidae, eutroglophil, ⇒ **S. 98**

Krumbachia subterranea Reisinger, 1933, Dalytyphloplanida, Typhloplanidae, eutroglobiont

Phagocata vitta (Dugès, 1830), Tricladida, Planariidae, eutroglobiont

Polycelis felina (Dalyell, 1814), Tricladida, Planariidae, eutroglophil, ⇒ **S. 102**

Prorhynchus fontinalis Vejdovsky, 1895, Lecithoepitheliata, Prorhynchidae, eutroglobiont

Rectocephala schneideri (Komarek, 1930), Tricladida, Dendrocoelidae, eutroglobiont

Typhloplanella halleziana Vejdovsky, 1880, Dalytyphloplanida, Typhloplanidae, eutroglophil

Fadenwürmer

Nematoda

Fadenwürmer sind von wenigen Ausnahmen abgesehen 0,5 mm bis 2 mm lang, drehrund, durchsichtig und besitzen ein fadenförmiges Hinterende. Sie sind Substratbewohner und ernähren sich je nach Art von Bakterien, Detritus oder räuberisch. Von den etwa 600 aus dem europäischen Süßwasser bekannten Arten sind ca. 10 % Grundwasserbewohner. Die meisten davon sind eutroglophil und kommen auch in Oberflächengewässern und sogar in terrestrischen Lebensräumen vor. In Deutschland kommen 30 cavernicole Arten aus 21 Familien vor, von denen 24 Arten als eutroglophil und 6 Arten als eutroglobiont eingestuft werden. Die Tiere werden in Höhlengewässern, Brunnen und dem Interstitial gefunden.

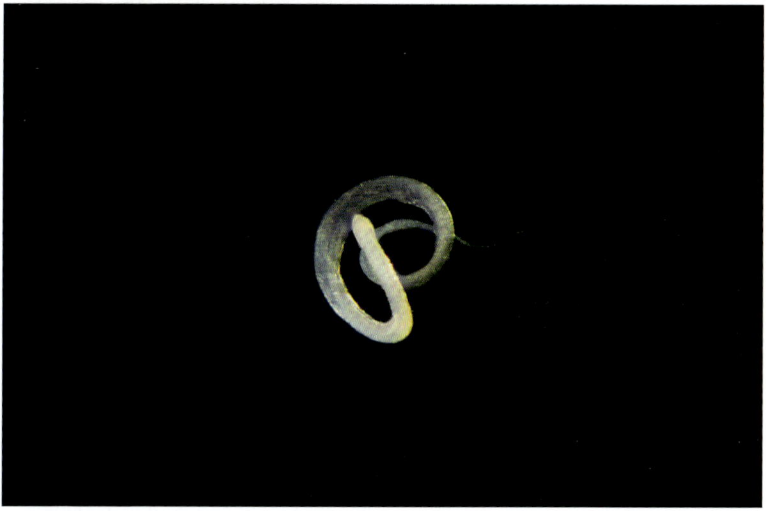

Fadenwurm

Höhlen- und Grundwasserarten:

Alaimus primitivus (De Man, 1880), Enoplida, Alaimidae, eutroglophil

Aphelenchoides composticola Franklin, 1957, Aphelenchida, Aphelenchoididae, eutroglophil

Aphelenchus avenae Bastian, 1865, Aphelenchida, Aphelenchidae, eutroglophil

Aporcelaimellus obtusicaudatus (Bastian, 1865) Altherr, 1968, Dorylaimida, Aporcelaimellidae, eutroglophil

Bursilla monhystera (Butschli, 1873), Rhabditida, Rhabditidae, eutroglophil

Cephalobus persegnis Bastian, 1865, Rhabditida, Cephalobidae, eutroglophil

Cervidellus vexilliger (De Man, 1880), Rhabditida, Cephalobidae, eutroglophil

Chromadorina bioculata (Schultze, 1857), Chromadorida, Chromadoridae, eutroglophil

Clarkus papillatus (Bastian, 1865) Jairajpuri, 1970, Monochida, Mononchidae, eutroglophil

Criconema murrayi (Southern, 1914), Tylenchida, Criconematidae, eutroglobiont

Criconemoides morgensis (Hofmänner & Menzel, 1914) Taylor, 1936, Tylenchida, Criconematidae, eutroglobiont

Eudorylaimus carteri (Bastian, 1865), Dorylaimida, Qudsianematidae, eutroglophil

Hemicycliophora micoletzkyi Goffart, 1951, Tylenchida, Hemicycliophoridae, eutroglobiont

Laevides husmanni (Meyl, 1954), Dorylaimida, Nygolaimidae, eutroglobiont

Loofia thienemanni (W. Schneider, 1925), Tylenchida, Hemicycliophoridae, eutroglophil

Macroposthonia informis (Micoletzky, 1922), Tylenchida, Criconematidae, eutroglophil

Monhystera stadleri Goffart, 1950, Chromadorida, Monhysteridae, eutroglobiont

Mononchus macrostoma Bastian, 1865, Monochida, Mononchidae, eutroglophil

Mylonchulus sigmaturus (Cobb, 1917) Altherr, 1953, Enoplida, Mylonchulidae, eutroglophil

Onchulus nolli Goffart, 1950, Enoplida, Onchulidae, eutroglobiont, ⇒ **S. 104**

Paraphelenchus myceliophthorus Goodey, 1958, Aphelenchida, Paraphelenchidae, eutroglophil

Pelodera teres (A. Schneider, 1866), Rhabditida, Rhabditidae, eutroglophil

Prionchulus muscorum (Dujardin, 1845), Enoplida, Mononchidae, eutroglophil

Prismatolaimus verrucosus Hirschmann, 1962, Triplonchida, Prismatolaimidae, eutroglophil

Rhabditis producta (A. Schneider, 1866), Rhabditida, Rhabditidae, eutroglophil

Teratocephalus tenuis Andrassy, 1958, Plectida, Teratocephalidae, eutroglophil

Tripyla filicaudata De Man, 1880, Enoplida, Tripylidae, eutroglophil

Trischistoma monohystera (De Man, 1880) Schuurmans Stekhoven, 1951, Enoplida, Tripylidae, eutroglophil

Tylencholaimus minimus De Man, 1876, Dorylaimida, Tylencholaimidae, eutroglophil

Wilsonema otophorum (De Man, 1880), Chromadorida, Anguillulidae, eutroglophil

Weichtiere

Mollusca

Weichtiere besitzen, wie der Name schon sagt, einen weichen, nicht segmentierten Körper. Mit den Schnecken (Gastropoda) und den Muscheln (Bivalvia) gibt es zwei für die Höhlen- und Grundwasserfauna Deutschlands relevante Tierklassen. Die meisten Schneckenschalen (Gehäuse) haben spiralige Windungen, die um eine Achse laufen. In einigen Fällen (z.B. bei Nacktschnecken) ist das Gehäuse vom Mantel überdeckt, reduziert oder ganz zurückgebildet. In Deutschland sind etwa 350 Land- und Wasserschneckenarten bekannt. 26 dieser Arten gelten als cavernicol. Davon werden 7 Arten als subtroglophil, 11 Arten als eutroglophil und 8 Arten als eutroglobiont eingestuft. Muscheln besitzen zwei Schalenklappen, die durch ein Schlossband zusammengehalten werden. Muscheln leben ausschließlich aquatisch. In Deutschland kommen etwa 90 Muschelarten vor. Eine davon gilt als eutroglophil.

Braune Wegschnecke (Arion fuscus) an der Höhlenwand

Höhlen- und Grundwasserarten:

Muscheln (Bivalvia)

Pisidium personatum Malm, 1855, Sphaeriidae, eutroglophil, ⇒ **S. 106**

Schnecken (Gastropoda)

Arion ater (Linnaeus, 1758), Arionidae, subtroglophil, ⇒ **S. 108**
Arion rufus (Linnaeus, 1758), Arionidae, subtroglophil, ⇒ **S. 108**
Avenionia roberti Boeters, 1967, Hydrobiidae, eutroglobiont
Boettgerilla pallens Simroth, 1912, Boettgerillidae, eutroglophil, ⇒ **S. 110**
Bythiospeum acicula (Held, 1838), Hydrobiidae, eutroglobiont, ⇒ **S. 118**
Bythiospeum haeussleri (Clessin, 1910), Hydrobiidae, eutroglobiont
Bythiospeum helveticum (Clessin, 1882), Hydrobiidae, eutroglobiont
Bythiospeum husmanni (C. Boettger, 1963), Hydrobiidae, eutroglobiont
Bythiospeum rhenanum (Lais, 1935), Hydrobiidae, eutroglobiont
Bythiospeum sterkianum (Clessin, 1882), Hydrobiidae, eutroglobiont
Bythiospeum turriculum (Clessin, 1882), Hydrobiidae, eutroglobiont
Carychium minimum O.F. Müller, 1774, Carychiidae, eutroglophil, ⇒ **S. 120**
Carychium tridentatum (Risso, 1826), Carychiidae, eutroglophil
Cepaea nemoralis (Linnaeus, 1758), Helicidae, subtroglophil, ⇒ **S. 122**
Daudebardia rufa (Draparnaud, 1805), Oxychilidae, eutroglophil, ⇒ **S. 130**
Discus rotundatus (O.F. Müller, 1774), Patulidae, eutroglophil, ⇒ **S. 136**
Helicigona lapicida (Linnaeus, 1758), Helicidae, eutroglophil, ⇒ **S. 124**
Helicodonta obvoluta (O.F. Müller, 1774), Helicodontidae, eutroglophil, ⇒ **S. 126**
Lehmannia marginata (O.F. Müller, 1774), Limacidae, subtroglophil, ⇒ **S. 112**
Limax cinereoniger Wolf, 1803, Limacidae, eutroglophil, ⇒ **S. 114**
Limax maximus Linnaeus, 1758, Limacidae, subtroglophil, ⇒ **S. 116**
Monachoides incarnatus (O.F. Müller, 1774), Hygromiidae, eutroglophil, ⇒ **S. 128**
Oxychilus cellarius (O.F. Müller, 1774), Oxychilidae, eutroglophil, ⇒ **S. 132**
Oxychilus draparnaudi (Beck, 1837), Oxychilidae, eutroglophil, ⇒ **S. 134**
Phenacolimax major (A. Férussac, 1807), Vitrinidae, subtroglophil, ⇒ **S. 138**
Vitrina pellucida (O.F. Müller, 1774), Vitrinidae, subtroglophil, ⇒ **S. 140**

Ringelwürmer

Annelida

Für die Höhlen- und Grundwasserfauna sind zwei Teilgruppen der Ringelwürmer von Bedeutung: Die zu den Wenigborstern (Oligochaeta) gehörenden Gürtelwürmer (Clitellata) und die Borstenwürmer (Polychaeta). Borstenwürmer unterscheiden sich klassischerweise von den Gürtelwürmern durch einen gut ausgebildeten Kopflappen (Prostomium), der fast immer ein Paar Antennen, ein Paar Palpen und mehrästige Tentakelcirren trägt. Ferner trägt jedes Segment ein Paar Parapodien an den Körperseiten. In Deutschland ist hiervon nur eine eutroglobionte Art bekannt. Gürtelwürmer haben zumeist eine sehr lange Gestalt und das Kopfende ist nicht abgesetzt. Die Körperseiten sind nur mit wenigen Borsten besetzt. Sie besitzen ein gut ausgebildetes Clitellum. Es handelt sich dabei um eine Hautregion, die durch ihre zahlreichen Drüsen eine Erhebung am Körper bildet. Das Clitellum umgibt den Körper gürtelförmig in wenigen, hintereinanderliegenden Segmenten an der vorderen Körperhälfte. Weltweit sind etwa 3.800 Arten von Gürtelwürmern bekannt. In Deutschland gelten derzeit 37 Arten aus 7 Familien als cavernicol. 35 Arten werden als eutroglophil und 2 Arten als eutroglobiont eingestuft.

Regenwurm auf Grubenholz

Höhlen- und Grundwasserarten:

Aeolosoma hemprichi Ehrenberg, 1831, Aeolosomatidae, eutroglophil
Aeolosoma hyalinum Bunke, 1967, Aeolosomatidae, eutroglophil
Aeolosoma litorale Bunke, 1967, Aeolosomatidae, eutroglophil
Aeolosoma niveum Leydig, 1865, Aeolosomatidae, eutroglophil
Aeolosoma psammophilum Bunke, 1967, Aeolosomatidae, eutroglophil
Aeolosoma quaternarium Ehrenberg, 1831, Aeolosomatidae, eutroglophil
Allolobophora caliginosa (Savigny, 1826), Lumbricidae, eutroglophil
Allolobophora chlorotica (Savigny, 1826), Lumbricidae, eutroglophil
Allolobophora oculata (Hoffmeister, 1845), Lumbricidae, eutroglophil
Allolobophora rosea (Savigny, 1826), Lumbricidae, eutroglophil

Amphichaeta leydigi Tauber, 1879, Naididae, eutroglophil
Buchholzia appendiculata (Buchholz, 1862), Enchytraeidae, eutroglophil
Cernosvitoviella atrata (Bretscher, 1903), Enchytraeidae, eutroglophil
Dendrodrilus rubidus (Savigny, 1826), Lumbricidae, eutroglophil
Dorydrilus michaelseni Piguet, 1913, Dorydrilidae, eutroglophil
Eiseniella tetraedra (Savigny, 1826), Lumbricidae, eutroglophil, ⇒ **S. 146**
Embolocephalus velutinus (Grube, 1879), Naididae, eutroglophil
Enchytraeus buchholzi Vejdovsky, 1878, Enchytraeidae, eutroglophil
Fridericia galba (Hoffmeister, 1843), Enchytraeidae, eutroglophil
Fridericia perrieri (Vejdovsky, 1878), Enchytraeidae, eutroglophil
Guestphalinus wiardi (Michaelsen, 1933), Lumbriculidae, eutroglobiont
Haplotaxis gordioides (G.L. Hartmann, 1821), Haplotaxidae, eutroglophil
Marionina argentea (Michaelsen, 1889), Enchytraeidae, eutroglophil
Marionina riparia Bretscher, 1899, Enchytraeidae, eutroglophil
Mesenchytraeus armatus (Levinsen, 1884), Enchytraeidae, eutroglophil
Nais variabilis Piguet, 1906, Naididae, eutroglophil
Octolasion lacteum (Örley, 1885), Lumbricidae, eutroglophil
Potamothrix hammoniensis (Michaelsen, 1901), Naididae, eutroglophil
Pristina proboscidae Beddard, 1896, Naididae, eutroglophil
Pristinella bilobata (Bretscher, 1903), Naididae, eutroglophil
Psammoryctides albicola (Michaelsen, 1901), Naididae, eutroglophil
Rhyacodrilus falciformis Bretscher, 1901, Naididae, eutroglophil
Rhyacodrilus subterraneus Hrabe, 1963, Naididae, eutroglophil
Trichodrilus tenuis Hrabe, 1960, Lumbriculidae, eutroglobiont
Troglochaetus beranecki Delachaux, 1921, Nerillidae, eutroglobiont, ⇒ **S. 142**
Tubifex ignotus (Stolc, 1886), Naididae, eutroglophil
Tubifex tubifex (Müller, 1774), Naididae, eutroglophil, ⇒ **S. 144**
Uncinais uncinata (Orsted, 1842), Naididae, eutroglophil

Pseudoskorpione

Pseudoscorpiones

Pseudoskorpione erinnern durch ihre großen Scheren am Vorderkörper an Skorpione, besitzen aber keinen verschmälerten hinteren Körperabschnitt (Giftstachel). Die meist sehr kleinen Tiere besitzen aber ebenfalls Giftdrüsen, die in einem der beiden Scherenfinger münden. Sie ernähren sich räuberisch, reißen dabei ein Loch in ihre Beutetiere und saugen diese aus. Weltweit sind etwa 3.000 Arten von Pseudoskorpionen bekannt, davon ca. 1.000 in Europa. In Deutschland leben 50 Arten, von denen 7 Arten aus zwei Familien als cavernicol gelten. Von diesen werden eine Art als subtroglophil, 5 Arten als eutroglophil und eine Art als eutroglobiont eingestuft. Im Alpenraum außerhalb Deutschlands sind einige weitere eutroglobionte und teilweise endemische Arten bekannt.

Waldskorpion (Neobisium sylvaticum) unter dem Binokular

Höhlenarten:

Chthonius ischnocheles (Hermann, 1804), Chthoniidae, eutroglophil, ⇒ **S. 148**

Ephippiochthonius boldorii (Beier, 1934), Chthoniidae, eutroglophil

Ephippiochthonius tetrachelatus (Preyssler, 1790), Chthoniidae, subtroglophil

Neobisium carcinoides (Hermann, 1804), Neobisiidae, eutroglophil, ⇒ **S. 152**

Neobisium hermanni Beier, 1938, Neobisiidae, eutroglobiont

Neobisium simile (L. Koch, 1873), Neobisiidae, eutroglophil

Roncus lubricus L. Koch, 1873, Neobisiidae, eutroglophil

Spinnen

Araneae

Spinnen besitzen acht Beine und einen deutlich zweigeteilten Körper. Der vordere Abschnitt besteht aus einer Verschmelzung von Kopf und Brust, dem Kopfbruststück (Prosoma). An ihm sitzen alle Gliedmaßen. Der Hinterleib (Opisthosoma) ist bei den Spinnen nicht gegliedert. Kopfbrust und Hinterleib sind durch einen kleinen Stiel (Petiolus) miteinander verbunden. Am Hinterleib liegen die Geschlechtsorgane und die Spinnwarzen. In den Steckbriefen sind die Körpergrößen stets ohne Beine angegeben. Spinnen leben zumeist räuberisch und ernähren sich überwiegend von erbeuteten Gliederfüßern, besonders Insekten, die sie aussaugen. Hierzu werden die Beutetiere zunächst mit einem enzymhaltigen Verdauungssaft aufgelöst, den die Spinne in das mit den Kieferklauen getötetes Opfer einbringt. Viele Arten bauen Netze, um ihre Beute zu fangen. Weltweit sind fast 50.000 Spinnenarten aus 120 Familien bekannt. In Deutschland gibt es über 1.000 Arten. Davon gelten derzeit 47 Arten aus 9 Familien als cavernicol. 4 Arten werden als subtroglophil, 38 Arten als eutroglophil und 5 Arten als eutroglobiont eingestuft.

Höhlenarten:

Bodenspinnen (Hahniidae)

Cicurina cicur (Fabricius, 1793), eutroglophil

Wald-Finsterspinne (Amaurobius fenestralis) im Netz

Finsterspinnen (Amaurobiidae)

Amaurobius fenestralis (Ström, 1768), eutroglophil, ⇒ **S. 164**

Amaurobius ferox (Walckenaer, 1830), eutroglophil, ⇒ **S. 166**

Höhlenspinnen (Nesticidae)

Kryptonesticus eremita (Simon, 1880), eutroglophil, ⇒ **S. 172**

Nesticus cellulanus (Clerck, 1757), eutroglophil, ⇒ **S. 174**

Plattbauchspinnen (Gnaphosidae)

Drassodex lesserti (Schenkel, 1936), eutroglophil

Sechsaugenspinnen (Dysderidae)

Harpactea hombergi (Scopoli, 1763), eutroglophil

Harpactea lepida (C.L. Koch, 1838), eutroglophil

Männchen der Großen Höhlenspinne (Meta menardi) im Netz

Streckerspinnen (Tetragnathidae)

Meta bourneti Simon, 1922, eutroglophil, ⇒ **S. 178**
Meta menardi (Latreille, 1804), eutroglophil, ⇒ **S. 180**
Metellina merianae (Scopoli, 1763), eutroglophil, ⇒ **S. 184**
Tetragnatha montana Simon, 1874, subtroglophil, ⇒ **S. 186**

Trichterspinnen (Agelenidae)

Eratigena atrica (C.L. Koch, 1843), subtroglophil, ⇒ **S. 154**
Histopona torpida (C.L. Koch, 1837), eutroglophil, ⇒ **S. 156**
Tegenaria domestica (Clerck, 1757), eutroglophil, ⇒ **S. 158**
Tegenaria ferruginea (Panzer, 1804), subtroglophil, ⇒ **S. 160**
Tegenaria silvestris L. Koch, 1872, eutroglophil, ⇒ **S. 162**

Zitterspinnen (Pholcidae)

Pholcus phalangioides (Fuesslin, 1775), eutroglophil, ⇒ **S. 176**

Zwerg- und Baldachinspinnen (Linyphiidae)

Centromerus cavernarum (L. Koch, 1872), eutroglophil
Centromerus dilutus (O. Pickard-Cambridge, 1875), eutroglophil
Centromerus leruthi Fage, 1933, eutroglophil
Centromerus prudens (O. Pickard-Cambridge, 1873), eutroglophil
Diplocephalus cristatus (Blackwall, 1833), eutroglophil
Diplocephalus lusiscus (Simon, 1872), eutroglobiont
Formiphantes lephthyphantiformis (Strand, 1907), eutroglophil
Improphantes improbulus (Simon, 1929), eutroglobiont
Lepthyphantes leprosus (Ohlert, 1865), eutroglophil, ⇒ **S. 168**
Lepthyphantes notabilis Kulczynski, 1887, eutroglophil
Macrargus rufus (Wider, 1834), subtroglophil
Micrargus apertus (O. Pickard-Cambridge, 1871), eutroglophil
Micrargus herbigradus (Blackwall, 1854), eutroglophil
Palliduphantes pallidus (O. Pickard-Cambridge, 1871), eutroglophil
Porrhomma campbelli O. Pickard-Cambridge, 1894, eutroglophil
Porrhomma convexum (Westring, 1851), eutroglophil, ⇒ **S. 170**
Porrhomma egeria Simon, 1884, eutroglophil
Porrhomma microphthalmum (O. Pickard-Cambridge, 1871), eutroglophil
Porrhomma microps (Roewer, 1931), eutroglophil
Porrhomma myops Simon, 1884, eutroglobiont

Porrhomma pallidum Jackson, 1913, eutroglophil
Porrhomma profundum (M. Dahl, 1939), eutroglobiont
Porrhomma rosenhaueri (L. Koch, 1872), eutroglobiont
Pseudomaro aenigmaticus Denis, 1966, eutroglophil
Saaristoa abnormis (Blackwall, 1841), eutroglophil
Tenuiphantes alacris (Blackwall, 1853), eutroglophil
Tenuiphantes flavipes (Blackwall, 1854), eutroglophil
Tenuiphantes mengei (Kulczynski, 1887), eutroglophil
Tenuiphantes zimmermanni (Bertkau, 1890), eutroglophil

Weberknechte

Opiliones

Weberknechte besitzen einen gedrungenen hochgewölbten Körper. Im Gegensatz zu den Spinnen ist dieser nicht zweigeteilt. Der deutlich gegliederte Hinterleib bildet eine ungeteilte Einheit mit dem Kopfbruststück. Am Vorderende sitzen auf einem Hügel meist ein Paar Punktaugen. Weberknechte besitzen acht lange, dünne Laufbeine, deren Füße meist vielgliedrig sind und dafür sorgen, dass sich die Tiere besser auf Sträuchern und steilen Flächen festhalten können.

Männchen des Braunrückenkankers (Leiobunum rotundum). Die Art wird nur als Zufallsgast in Höhlen gefunden.

Diese langen Laufbeine besitzen oft Sollbruchstellen und brechen sehr schnell ab, sodass der Weberknecht bei Gefahr einfach ein Bein abfallen lässt. Weltweit sind etwa 6.600 Weberknechtarten bekannt. In Deutschland gibt es über 50 Arten. Davon gelten derzeit 7 Arten aus 4 Familien als cavernicol. 3 Arten werden als subtroglophil und 4 Arten als eutroglophil eingestuft.

Höhlenarten:

Amilenus aurantiacus (Simon, 1881), Phalangiidae, subtroglophil, ⇒ **S. 194**

Ischyropsalis hellwigii (Panzer, 1794), Ischyropsalididae, eutroglophil, ⇒ **S. 192**

Leiobunum limbatum L. Koch, 1861, Sclerosomatidae, subtroglophil, ⇒ **S. 196**

Leiobunum religiosum Simon, 1879, Sclerosomatidae, eutroglophil

Leiobunum rupestre (Herbst, 1799), Sclerosomatidae, eutroglophil, ⇒ **S. 198**

Mitostoma chrysomelas (Hermann, 1804), Nemastomatidae, eutroglophil, ⇒ **S. 188**

Paranemastoma quadripunctatum (Perty, 1833), Nemastomatidae, subtroglophil, ⇒ **S. 190**

Milben

Acari

Milben sind eine sehr variabel ausgestaltete Tierordnung. Es gibt unter ihnen Land- und Wasserbewohner. Als Spinnentiere besitzen Milben in der Regel acht, die Larven aber nur sechs Beine. Die Ernährung kann je nach Art als Räuber, Pflanzenfresser, Saprophage, Paraphage oder Parasit erfolgen. Mit weltweit etwa 50.000 bekannten Arten in fast 550 Familien sind sie die artenreichste Gruppe der Spinnentiere. In Deutschland sind etwa 180 Familien mit über 3.000 schwer zu bestimmenden Arten bekannt. Davon gelten derzeit 55 Arten aus 23 Familien als cavernicol. 6 Arten werden als subtroglophil, 39 Arten als eutroglophil und 10 Arten als eutroglobiont eingestuft. In Höhlen werden Milben aufgrund ihrer geringen Größe zumeist übersehen. In Bodenfallen finden sich die Tiere zumeist in großen Individuenzahlen.

Höhlen- und Grundwasserarten:

Acariformes (Sarcoptiformes)

Belba lengersdorfi Willmann, 1932, Belbidae, eutroglophil

Oppia maritima (Willmann, 1929), Oppiidae, eutroglophil

Oribella pectinata (Michael, 1885), Banksinomidae, eutroglophil

Schwiebea cavernicola Vitzthum, 1932, Rhizoglyphidae, eutroglobiont

Hornmilbe an der Höhlenwand

Acariformes (Trombidiformes)

Foveacheles terricola (C.L. Koch, 1835), Rhagidiidae, eutroglophil

Frontipodopsis reticulatifrons Szalay, 1954, Frontipodopsidae, eutroglobiont

Kongsbergia angusta Walter, 1947, Aturidae, eutroglobiont

Leptotrombidium russicum (Oudemanns, 1902), Trombiculidae, subtroglophil, ⇒ **S. 204**

Linopodes motatorius (Linnaeus, 1758), Eupodidae, eutroglophil

Ljania bipapillata Thor, 1898, Aturidae, eutroglophil

Lobohalacarus weberi (Romijn & Viets, 1924), Halacaridae, eutroglophil

Parasoldanellonyx parviscutatus (Walter, 1917), Halacaridae, eutroglophil

Parasoldanellonyx typhlops Viets, 1933, Halacaridae, eutroglobiont

Poecilophysis faeroensis (Trägardh, 1931), Rhagidiidae, eutroglophil

Poecilophysis recussa (Thor, 1909), Rhagidiidae, eutroglobiont

Poecilophysis spelaea (Wankel, 1861), Rhagidiidae, eutroglophil

Poecilophysis weyerensis (Packard, 1888), Rhagidiidae, eutroglophil

Pygmephorus spinosus (Kramer, 1877), Pygmephoridae, eutroglophil

Rhagidia diversicolor (C.L. Koch, 1838), Rhagidiidae, eutroglophil

Soldanellonyx chappuisi Walter, 1917, Halacaridae, eutroglobiont, ⇒ **S. 200**

Soldanellonyx monardi Walter, 1919, Halacaridae, eutroglobiont

Soldanellonyx visurgis Viets, 1959, Halacaridae, eutroglobiont
Stygomomonia latipes Szalay, 1943, Momoniidae, eutroglobiont
Troglocheles gineti (Cooreman, 1959), Rhagidiidae, eutroglobiont

Parasitiformes (Mesostigmata)

Cyrtolaelaps mucronatus (G. & R. Canestrini, 1881), Rhodacaridae, eutroglophil
Epicrius mollis (Kramer, 1876), Epicriidae, eutroglophil
Eugamasus cavernicola (Trägardh, 1912), Parasitidae, eutroglophil
Eugamasus magnus (Kramer, 1876), Parasitidae, eutroglophil
Eulaelaps stabularis (C.L. Koch, 1836), Laelapidae, eutroglophil
Euryparasitus emarginatus (C.L. Koch, 1839), Rhodacaridae, eutroglophil
Geholaspis mandibularis Berlese, 1904, Macrochelidae, eutroglophil
Haemogamasus nidi (Michael, 1892), Laelapidae, eutroglophil
Macronyssus ellipticus (Kolenati, 1857), Macronyssidae, subtroglophil
Myonyssus gigas (Oudemans, 1912), Laelapidae, eutroglophil
Pachylaelaps karawaiewi Berlese, 1920, Pachylaelapidae, eutroglophil
Parasitus loricatus (Wankel, 1861), Parasitidae, eutroglophil
Parasitus maschkeae Willmann, 1936, Parasitidae, eutroglophil
Pergamasus crassipes (Linnaeus, 1758), Parasitidae, eutroglophil
Pergamasus longicornis (Berlese, 1906), Parasitidae, eutroglophil
Pergamasus robustus (Oudemans, 1902), Parasitidae, eutroglophil

Höhlen-Raubmilbe mit Springschwanz als Jagdbeute auf einem Wasserbecken

Pergamasus ruehmi Willmann, 1938, Parasitidae, eutroglophil
Spinturnix andegavinus Deunff, 1977, Spinturnicidae, subtroglophil
Spinturnix myoti (Kolenati, 1856), Spinturnicidae, subtroglophil, ⇒ **S. 206**
Spinturnix plecotinus (Koch, 1839), Spinturnicidae, subtroglophil
Uroobovella advena (Trägardh, 1912), Urodinychidae, eutroglophil
Veigaia kochi (Trägardh, 1901), Veigaiaidae, eutroglophil
Veigaia nemorensis (C.L. Koch, 1839), Veigaiaidae, eutroglophil
Veigaia propinqua Willmann, 1936, Veigaiaidae, eutroglophil
Veigaia transisalae (Oudemans, 1902), Veigaiaidae, eutroglophil
Vulgarogamasus oudemansi (Berlese, 1904), Parasitidae, eutroglophil
Vulgarogamasus remberti (Oudemans, 1912), Parasitidae, eutroglophil

Parasitiformes (Ixodida)

Argas vespertilionis Latreille, 1802, Argasidae, subtroglophil
Ixodes ariadnae Hornok, 2014, Ixodidae, subtroglophil
Ixodes simplex Neumann, 1906, Ixodidae, subtroglophil
Ixodes vespertilionis C.L. Koch, 1844, Ixodidae, subtroglophil, ⇒ **S. 202**

Muschelkrebse

Ostracoda

Muschelkrebse erinnern auf den ersten Blick sehr an kleine Muscheln, wodurch sich auch der deutsche Name ableitet. Der Körper dieser Kleinkrebse, deren Körpergröße selten mehr als 1 mm misst, wird seitlich von zwei beweglichen Schalenklappen umschlossen. Im Grundwasser lebende Arten sind oft durch eine schmale längliche Form an den Lebensraum angepasst. Diese Arten bewegen sich häufig kriechend oder grabend fort. Neben einigen filtrierenden Arten besteht die Nahrung der Krebse vorzugsweise aus Detritus. Von den weltweit über 10.000 rezenten Arten leben über 400 im europäischen Süßwasser. Für Deutschland sind 37 cavernicole Arten aus vier Familien bekannt, von denen 15 als eutroglobiont und 22 als eutroglophil eingestuft werden. Die Verbreitung vieler dieser eutroglophilen Arten ist allerdings auf das oberflächennahe Grundwasser beschränkt. Die eutroglobionten Arten sind augen- und pigmentlos und produzieren nur wenige, aber große Eier. Der Großteil dieser Arten lebt im Interstitial bzw. Porengrundwasser. In Höhlengewässern werden Muschelkrebse nur selten gefunden, da sie aufgrund ihrer geringen Größe oft übersehen werden.

Muschelkrebs unter dem Binokular

Höhlen- und Grundwasserarten:

Candona candida (O.F. Müller, 1776), Candonidae, eutroglophil

Candona neglecta G.O. Sars, 1887, Candonidae, eutroglophil, ⇒ **S. 208**

Cavernocypris subterranea (Wolf, 1920), Cyprididae, eutroglophil

Cryptocandona kieferi (Klie, 1938), Candonidae, eutroglobiont

Cryptocandona reducta (Alm, 1914), Candonidae, eutroglophil

Cryptocandona vavrai Kaufmann, 1900, Candonidae, eutroglophil

Cyclocypris helocrenica Fuhrmann & Pietrzeniuk, 1990, Candonidae, eutroglophil

Cypria ophtalmica (Jurine, 1820), Candonidae, eutroglophil

Cypridopsis vidua (O.F. Müller, 1776), Cyprididae, eutroglophil

Darwinula stevensoni (Brady & Robertson, 1870), Darwinulidae, eutroglophil

Eucypris pigra (Fischer, 1851), Cyprididae, eutroglophil

Fabaeformiscandona angusta (Ostermeyer, 1937), Candonidae, eutroglobiont

Fabaeformiscandona bilobata (Klie, 1938), Candonidae, eutroglobiont

Fabaeformiscandona bilobatoides (Löffler, 1961), Candonidae, eutroglobiont

Fabaeformiscandona breuili (Paris, 1920), Candonidae, eutroglobiont

Fabaeformiscandona brevicornis (Klie, 1925), Candonidae, eutroglophil

Fabaeformiscandona brisiaca (Klie, 1938), Candonidae, eutroglobiont

Fabaeformiscandona latens (Klie, 1940), Candonidae, eutroglobiont

Fabaeformiscandona wegelini (Petovski, 1962), Candonidae, eutroglobiont
Ilyocypris inermis Kaufmann, 1900, Ilyocyprididae, eutroglophil
Mixtacandona laisi (Klie, 1938), Candonidae, eutroglobiont
Potamocypris fallax Fox, 1967, Cyprididae, eutroglophil
Potamocypris fulva (Brady, 1868), Cyprididae, eutroglophil
Potamocypris pallida Alm, 1914, Cyprididae, eutroglophil
Potamocypris zschokkei (Kaufmann, 1900), Cyprididae, eutroglophil
Pseudocandona albicans (Brady, 1864), Candonidae, eutroglophil
Pseudocandona eremita (Vejdovsky, 1882), Candonidae, eutroglobiont
Pseudocandona marchica (Hartwig, 1899), Candonidae, eutroglophil
Pseudocandona rostrata (Brady & Norman, 1889), Candonidae, eutroglophil
Pseudocandona sarsi (Hartwig, 1899), Candonidae, eutroglophil
Pseudocandona zschokkei (Wolf, 1920), Candonidae, eutroglobiont
Psychrodromus fontinalis (Wolf, 1920), Cyprididae, eutroglophil
Psychrodromus olivaceus (Brady & Norman, 1889), Cyprididae, eutroglophil
Schellencandona belgica (Klie, 1937), Candonidae, eutroglobiont
Schellencandona insueta (Klie, 1938), Candonidae, eutroglobiont
Schellencandona schellenbergi (Klie, 1934), Candonidae, eutroglobiont
Schellencandona triquetra (Klie, 1936), Candonidae, eutroglobiont

Ruderfußkrebse

Copepoda

Ruderfußkrebse sind im Grundwasser sehr zahlreich vertreten. Man unterscheidet hier zwei Teilgruppen, die Hüpferlinge (Cyclopoida) und die Raupenhüpferlinge (Harpacticoida). Hüpferlinge besitzen einen birnenförmigen Körper. Kopf und Thorax sind immer breiter als der Hinterleib, wodurch sie sich von den Raupenhüpferlingen unterscheiden, bei denen Kopf und Thorax ohne scharfe Grenze in den Hinterleib übergehen. Von den ca. 14.000 Arten weltweit leben etwa 470 im europäischen Süßwasser, darunter 251 stygobionte Arten, d. h. Arten, die ausschließlich im Grundwasser vorkommen. Für Deutschland sind 68 cavernicole Arten aus 6 Familien bekannt, von denen 28 als eutroglobiont und 40 als eutroglophil eingestuft werden. Die Verbreitung vieler dieser eutroglophilen Arten ist allerdings auf das oberflächennahe Grundwasser beschränkt. Die cavernicolen Arten sind meist sehr klein. Hüpferlinge leben vorzugsweise in Karst- und Porengrundwässern. Ihre Ernährungsweise ist vorwiegend detritivor bzw. omnivor, wobei es aber auch ausschließlich räuberische Formen gibt. Raupenhüpferlinge sind durch ihre eher schmale Körpergestalt gut an das Porengrundwassersystem mit seinen kleinen

Lückenräumen angepasst. Sie ernähren sich hauptsächlich von Detritus und Biofilmen, die sie vom Substrat abkratzen. In Höhlengewässern werden Ruderfußkrebse nur selten gefunden, da sie aufgrund ihrer geringen Größe oft übersehen werden.

Höhlen- und Grundwasserarten:

Hüpferlinge (Cyclopoida)

Acanthocyclops gmeineri Pospisil, 1989, Cyclopidae, eutroglobiont

Acanthocyclops hispanicus Kiefer, 1937, Cyclopidae, eutroglophil

Acanthocyclops kieferi (Chappuis, 1925), Cyclopidae, eutroglobiont

Acanthocyclops rhenanus Kiefer, 1936, Cyclopidae, eutroglobiont

Acanthocyclops robustus G.O. Sars, 1863, Cyclopidae, eutroglophil

Acanthocyclops sensitivus (Graeter & Chappuis, 1914), Cyclopidae, eutroglobiont

Acanthocyclops vernalis (Fischer, 1853), Cyclopidae, eutroglophil

Acanthocyclops venustus (Norman & Scott, 1906), Cyclopidae, eutroglophil

Cyclops strenuus S. Fischer, 1851, Cyclopidae, eutroglophil

Cyclops vicinus Ulianine, 1875, Cyclopidae, eutroglophil

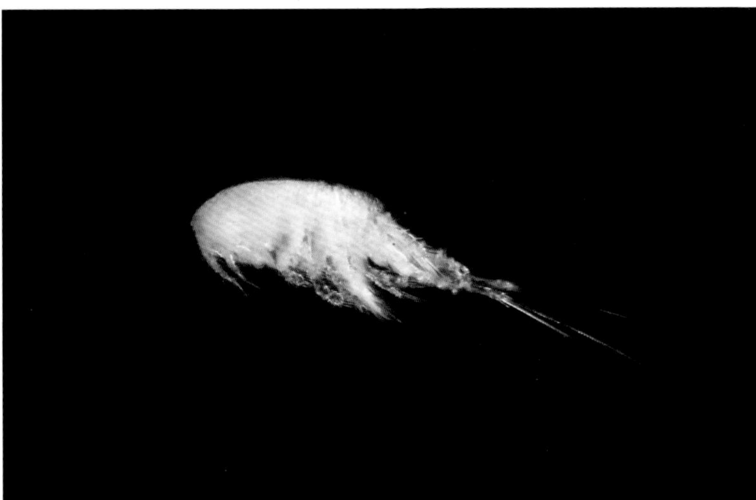

Hüpferling (Männchen)

Diacyclops bicuspidatus (Claus, 1857), Cyclopidae, eutroglophil

Diacyclops bisetosus (Rehberg, 1880), Cyclopidae, eutroglophil

Diacyclops crassicaudis (G.O. Sars, 1863), Cyclopidae, eutroglophil

Diacyclops languidoides (G.O. Sars, 1863), Cyclopidae, eutroglophil

Diacyclops languidus (G.O. Sars, 1862), Cyclopidae, eutroglophil
Diacyclops languidus disjunctus (Thallwitz, 1927), Cyclopidae, eutroglophil
Eucyclops graeteri graeteri (Chappuis, 1927), Cyclopidae, eutroglobiont
Eucyclops serrulatus (S. Fischer, 1851), Cyclopidae, eutroglophil
Graeteriella laisi (Kiefer, 1936), Cyclopidae, eutroglobiont
Graeteriella unisetiger (E. Graeter, 1908), Cyclopidae, eutroglobiont
Macrocyclops albidus (Jurine, 1820), Cyclopidae, eutroglophil
Megacyclops brachypus Kiefer, 1954, Cyclopidae, eutroglobiont
Megacyclops viridis (Jurine, 1820), Cyclopidae, eutroglophil
Paracyclops fimbriatus (S. Fischer, 1853), Cyclopidae, eutroglophil, ⇒ **S. 212**
Paracyclops imminutus Kiefer, 1929, Cyclopidae, eutroglophil
Paracyclops poppei (Rehberg, 1880), Cyclopidae, eutroglophil
Thermocyclops crassus (Fischer, 1853), Cyclopidae, eutroglophil
Tropocyclops prasinus (S. Fischer, 1860), Cyclopidae, eutroglophil

Raupenhüpferlinge (Harpacticoida)

Attheyella crassa (G.O. Sars, 1863), Canthocamptidae, eutroglophil
Attheyella dentata (Poggenpol, 1874), Canthocamptidae, eutroglophil
Bryocamptus cuspidatus (Schmeil, 1893), Canthocamptidae, eutroglophil
Bryocamptus echinatus (Mrazek, 1893), Canthocamptidae, eutroglophil
Bryocamptus hoferi (Van Douwe, 1908), Canthocamptidae, eutroglophil
Bryocamptus minutus (Claus, 1863), Canthocamptidae, eutroglophil, ⇒ **S. 210**
Bryocamptus pygmaeus (G.O. Sars, 1863), Canthocamptidae, eutroglophil
Bryocamptus tatrensis (Minkiewicz, 1916), Canthocamptidae, eutroglophil
Bryocamptus typhlops (Mrazek, 1893), Canthocamptidae, eutroglobiont
Bryocamptus weberi (Kessler, 1914), Canthocamptidae, eutroglophil
Bryocamptus zschokkei (Schmeil, 1893), Canthocamptidae, eutroglophil
Chappuisius inopinus Kiefer, 1938, Chappuisiidae, eutroglobiont
Chappuisius singeri Chappuis, 1940, Chappuisiidae, eutroglobiont
Echinocamptus luenensis (Schmeil, 1894), Canthocamptidae, eutroglophil
Echinocamptus pilosus (Van Douwe, 1911), Canthocamptidae, eutroglobiont
Elaphoidella elaphoides (Chappuis, 1924), Canthocamptidae, eutroglobiont
Epactophanes richardi Mrazek, 1893, Canthocamptidae, eutroglophil
Moraria brevipes (G.O. Sars, 1863), Canthocamptidae, eutroglophil
Moraria fontinalis Flössner, 1970, Canthocamptidae, eutroglobiont
Moraria pectinata Thiebaud & Pelosse, 1928, Canthocamptidae, eutroglophil

Moraria poppei (Mrazek, 1893), Canthocamptidae, eutroglophil
Moraria varica E. Graeter, 1910, Canthocamptidae, eutroglophil
Nitocra hibernica (Brady, 1880), Ameiridae, eutroglophil
Nitocra psammophila Noodt, 1952, Ameiridae, eutroglobiont
Nitocrella chappuisi Kiefer, 1926, Ameiridae, eutroglobiont
Nitocrella omega Hertzog, 1936, Ameiridae, eutroglobiont
Nitocrella tirolensis Kiefer, 1963, Ameiridae, eutroglobiont
Paracamptus schmeili (Mrazek, 1893), Canthocamptidae, eutroglophil
Parastenocaris aedi (Hertzog, 1938), Parastenocaridae, eutroglobiont
Parastenocaris brevipes Kessler, 1913, Parastenocaridae, eutroglophil
Parastenocaris fontinalis Schnitter & Chappuis, 1915, Parastenocaridae, eutroglobiont
Parastenocaris germanica Kiefer, 1936, Parastenocaridae, eutroglobiont
Parastenocaris glacialis Noodt, 1954, Parastenocaridae, eutroglobiont
Parastenocaris glareola Hertzog, 1936, Parastenocaridae, eutroglobiont
Parastenocaris moravica Sterba, 1965, Parastenocaridae, eutroglobiont
Parastenocaris nolli Kiefer, 1938, Parastenocaridae, eutroglobiont
Parastenocaris phreatica Chappuis, 1936, Parastenocaridae, eutroglobiont
Parastenocaris phyllura Kiefer, 1938, Parastenocaridae, eutroglobiont
Parastenocaris psammica Songeur, 1961, Parastenocaridae, eutroglobiont
Phyllognathopus viguieri (Maupas, 1892), Phyllognathopodidae, eutroglophil

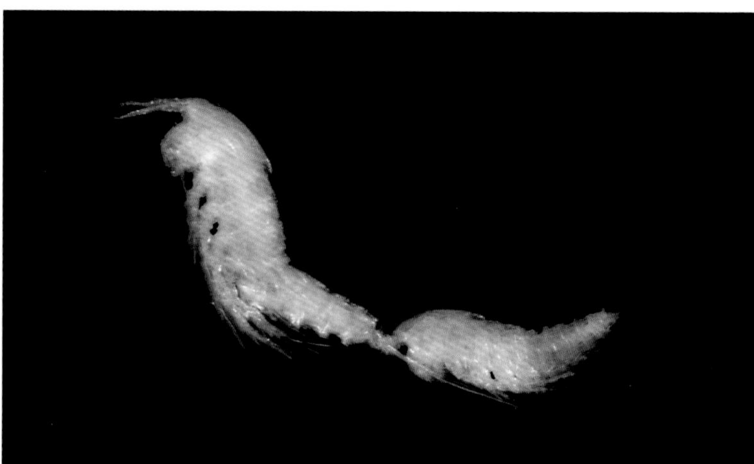

Raupenhüpferlinge bei der Paarung

Brunnenkrebse

Syncarida/Bathynellacea

Brunnenkrebse besitzen einen langgestreckten, je nach Art 0,5 bis 1,4 mm langen Körper. Die Arten sind augen- und pigmentlos und bewegen sich schwimmend oder kriechend fort. Die Ernährungsweise ist vorwiegend filtrierend oder detritivor. Als extreme Anpassung an den unterirdischen Lebensraum produzieren Brunnenkrebse nur ein einziges, jedoch großes dotterreiches Ei. Sie sind „lebende Fossilien", die in den letzten 300 Millionen Jahren äußerlich fast unverändert im stabilen Grundwasser-Lebensraum überdauert haben. Mit Ausnahme der Antarktis kommen die Kleinkrebse auf allen Kontinenten der Erde vor. Alle etwa 160 weltweit bekannten Brunnenkrebsarten sind echte Grundwasserbewohner. Oberirdische Vertreter sind nicht bekannt. Für Deutschland sind 8 cavernicole Arten aus zwei Familien beschrieben, die alle als eutroglobiont eingestuft werden. Ihr Lebensraum erstreckt sich sowohl auf das Kluft- als auch auf das Porengrundwasser. In Höhlengewässern werden Brunnenkrebse aufgrund ihrer geringen Größe oft übersehen.

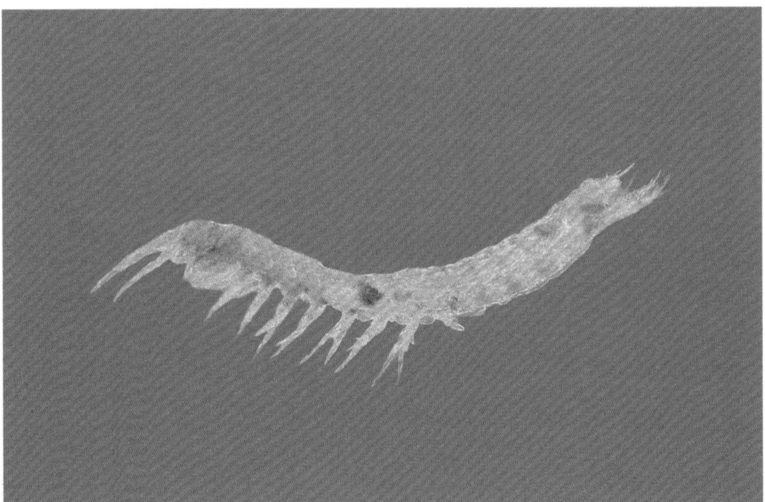

Freiburger Brunnenkrebs (Bathynella freiburgensis)

Höhlen- und Grundwasserarten:

Antrobathynella stammeri (Jakobi, 1954), Bathynellidae, eutroglobiont

Bathynella chappuisi Delachaux, 1920, Bathynellidae, eutroglobiont

Bathynella freiburgensis Jakobi, 1954, Bathynellidae, eutroglobiont, ⇒ **S. 214**

Bathynella haineae Jakobi, 1954, Bathynellidae, eutroglobiont

Bathynella natans Veydovsky, 1882, Bathynellidae, eutroglobiont

Bathynella nolli Jakobi, 1954, Bathynellidae, eutroglobiont

Parabathynella badenwuerttembergensis Fuchs, Hahn & Cho, 2012, Parabathynellidae, eutroglobiont

Pseudantrobathynella husmanni Schminke, 1988, Bathynellidae, eutroglobiont

Flohkrebse

Amphipoda

Flohkrebse haben eine längliche, seitlich abgeflachte und meist leicht gekrümmte Körperform. Manche Arten erreichen eine Körpergröße von bis zu 3 cm. Die eutroglobionten Arten sind augen- und pigmentlos und bewegen sich schwimmend oder kriechend fort. Die Ernährungsweise der Flohkrebse ist sehr vielfältig. Es gibt unter ihnen Räuber, Aas-, Detritus- und Sedimentfresser, sowie Filtrierer. Weltweit kennt man etwa 6.000 Arten von Flohkrebsen. Für Deutschland sind 26 cavernicole Arten aus vier Familien bekannt, von denen 2 als eutroglophil und 24 als eutroglobiont eingestuft werden. Der Anteil an endemischen Arten ist bei Grundwasserflohkrebsen relativ hoch. Die Vertreter dieser Gruppe gehören zu den häufigsten Bewohnern des Grundwassers und sind regelmäßig in Höhlengewässern, Brunnen und im Interstitial anzutreffen. Von einigen Arten sind tageszeitliche Wanderungen zwischen dem Grundwasser und Quellen bekannt. Neuere genetische Untersuchungen zeigen, dass einige der bekannten Flohkrebsarten vermutlich Artengruppen sind, die in Wirklichkeit mehrere Arten umfassen.

Höhlen- und Grundwasserarten:

Bogidiella albertimagni Hertzog, 1933, Bogidiellidae, eutroglobiont

Crangonyx subterraneus Bate, 1859, Crangonyctidae, eutroglobiont, ⇒ **S. 216**

Gammarus fossarum C.L. Koch, 1835, Gammaridae, eutroglophil, ⇒ **S. 220**

Gammarus pulex (Linnaeus, 1758), Gammaridae, eutroglophil

Microniphargus leruthi Schellenberg, 1934, Niphargidae, eutroglobiont

Niphargellus arndti (Schellenberg, 1933), Niphargidae, eutroglobiont

Niphargellus nolli Schellenberg, 1938, Niphargidae, eutroglobiont

Niphargopsis casparyi (Pratz, 1866), Niphargidae, eutroglobiont

Niphargus aquilex Schiödte, 1855, Niphargidae, eutroglobiont

Niphargus auerbachi Schellenberg, 1934, Niphargidae, eutroglobiont

Niphargus bajuvaricus Schellenberg, 1932, Niphargidae, eutroglobiont

Niphargus fontanus Bate, 1859, Niphargidae, eutroglobiont

Niphargus foreli Humbert, 1876, Niphargidae, eutroglobiont

Niphargus inopinatus Schellenberg, 1932, Niphargidae, eutroglobiont

Niphargus kieferi Schellenberg, 1936, Niphargidae, eutroglobiont

Niphargus kochianus Bate, 1859, Niphargidae, eutroglobiont

Niphargus laisi Schellenberg, 1936, Niphargidae, eutroglobiont

Niphargus puteanus (C.L. Koch, 1836), Niphargidae, eutroglobiont

Niphargus rhenorhodanensis Schellenberg, 1937, Niphargidae, eutroglobiont

Niphargus schellenbergi (Karaman, 1932), Niphargidae, eutroglobiont, ⇒ **S. 218**

Niphargus strouhali Schellenberg, 1933, Niphargidae, eutroglobiont

Niphargus stygius (Schiödte, 1848), Niphargidae, eutroglobiont

Niphargus tatrensis Wrzesniowsky, 1888, Niphargidae, eutroglobiont

Niphargus thienemanni Schellenberg, 1934, Niphargidae, eutroglobiont

Niphargus tonywhitteni Fišer, Alther, Zakšek, Borko, Fuchs & Altermatt, 2018, Niphargidae, eutroglobiont

Niphargus virei Chevreux, 1896, Niphargidae, eutroglobiont

Männchen des Schellenberg-Grundwasserflohkrebses (Niphargus schellenbergi)

Gemeiner Süßwasserflohkrebs (Gammarus pulex)

Asseln

Isopoda

Asseln gehören zu den Krebstieren (Crustacea). Es gibt land- und wasserbewohnende Arten. Die Landbewohner haben sich völlig an ein terrestrisches Leben angepasst: Sie müssen die Eier oder Larven nicht mehr in ein Gewässer abgeben, sondern legen die Eier in einen Brutraum (Marsupium) auf der Körperunterseite, der aus plattenförmig ausgebildeten Beinanhängen gebildet wird und auch zum Heranreifen der Jungtiere dient. Weltweit sind fast 10.000 Asselarten aus ca. 120 Familien bekannt. In Deutschland gibt es etwa 60 Arten. Davon gelten derzeit 22 Arten aus 8 Familien als cavernicol. Eine Art wird als subtroglophil, 16 Arten werden als eutroglophil und 5 Arten als eutroglobiont eingestuft. Die eutroglobionten Arten in Deutschland sind alle Grundwasser bewohnende Wasserasseln.

Höhlen- und Grundwasserarten:

Androniscus dentiger Verhoeff, 1908, Trichoniscidae, eutroglophil, ⇒ **S. 234**

Androniscus roseus roseus (C.L. Koch, 1837), Trichoniscidae, eutroglophil

Armadillidium nasatum Budde-Lund, 1885, Armadillidiidae, eutroglophil

Armadillidium pictum Brandt, 1833, Armadillidiidae, eutroglophil, ⇒ **S. 238**

Asellus aquaticus Linnaeus, 1758, Asellidae, eutroglophil, ⇒ **S. 222**

Cylisticus convexus (De Geer, 1778), Cylisticidae, eutroglophil, ⇒ **S. 236**

Haplophthalmus mengii (Zaddach, 1844), Trichoniscidae, eutroglophil
Hyloniscus riparius (C.L. Koch, 1838), Trichoniscidae, eutroglophil
Ligidium germanicum Verhoeff, 1901, Ligidae, eutroglophil
Ligidium hypnorum (Cuvier, 1792), Ligidae, eutroglophil, ⇒ **S. 226**
Mesoniscus alpicola (Heller, 1858), Mesoniscidae, eutroglophil
Oniscus asellus Linnaeus, 1758, Oniscidae, eutroglophil, ⇒ **S. 228**
Porcellio dilatatus Brandt, 1833, Porcellionidae, eutroglophil
Porcellio scaber Latreille, 1804, Porcellionidae, eutroglophil, ⇒ **S. 230**
Porcellio spinicornis Say, 1818, Porcellionidae, subtroglophil, ⇒ **S. 232**
Proasellus cavaticus (Leydig, 1871), Asellidae, eutroglobiont, ⇒ **S. 224**
Proasellus coxalis (Dollfus, 1892), Asellidae, eutroglobiont
Proasellus nolli (Karaman, 1952), Asellidae, eutroglobiont
Proasellus slavus (Remy, 1948), Asellidae, eutroglobiont
Proasellus walteri (Chappuis, 1948), Asellidae, eutroglobiont
Trichoniscoides helveticus (Carl, 1908), Trichoniscidae, eutroglophil
Trichoniscus pusillus Brandt, 1833, Trichoniscidae, eutroglophil

Mauerassel (Oniscus asellus) an der Höhlenwand

Hundertfüßer

Chilopoda

Bei den Hundertfüßern sitzt an jedem Segment jeweils nur ein Beinpaar. Sie haben neben drei Paar Mundwerkzeugen am ersten Rumpfsegment noch ein weiteres, dem Nahrungserwerb dienendes Extremitätenpaar – die Maxillipeden. Diese enden jeweils in einer spitzen Klaue, in der eine Giftdrüse mündet. Hundertfüßer ernähren sich stets räuberisch. Die Beutetiere, vor allem Insekten, Spinnen und andere Gliederfüßer, werden durch das offenbar sehr wirksame Gift fast augenblicklich getötet. Weltweit sind etwa 3.000 Arten von Hundertfüßern bekannt. In Deutschland gibt es etwa 50 Arten, von denen 12 Arten aus 4 Familien als cavernicol gelten. Diese Arten werden alle als eutroglophil eingestuft.

Brauner Steinläufer (Lithobius forficatus)

Höhlenarten:

Cryptops parisi Brölemann, 1920, Cryptopidae, eutroglophil, ⇒ **S. 240**

Lithobius aeruginosus L. Koch, 1862, Lithobiidae, eutroglophil

Lithobius crassipes L. Koch, 1862, Lithobiidae, eutroglophil

Lithobius forficatus (Linnaeus, 1758), Lithobiidae, eutroglophil, ⇒ **S. 242**

Lithobius macilentus L. Koch, 1862, Lithobiidae, eutroglophil

Lithobius lucifugus L. Koch, 1862, Lithobiidae, eutroglophil

Lithobius nodulipes Latzel, 1880, Lithobiidae, eutroglophil

Lithobius piceus L. Koch, 1862, Lithobiidae, eutroglophil, ⇒ **S. 244**
Lithobius tricuspis Meinert, 1872, Lithobiidae, eutroglophil
Schendyla nemorensis (C.L. Koch, 1837), Schendylidae, eutroglophil
Strigamia acuminata (Leach, 1815), Linotaeniidae, eutroglophil
Strigamia crassipes (C.L. Koch, 1835), Linotaeniidae, eutroglophil

Zwergfüßer

Symphyla

Im Gegensatz zu den Hundertfüßern (Chilopoda) fehlen den Zwergfüßern die Maxillipeden, ein dem Nahrungserwerb dienendes Extremitätenpaar am ersten Rumpfsegment. Sie besitzen daher drei Paar Mundwerkzeuge: ein Paar Mandibeln und zwei Paar Maxillen. Das zweite Maxillenpaar ist in der Mitte zur Unterlippe verwachsen. Der Rumpf ist deutlich segmentiert. Die Zwergfüßer leben hauptsächlich in der obersten Bodenschicht oder unter Steinen, werden in Höhlen aber oft auch auf Wasserbecken gefunden. Dabei ernähren sie sich von organischen Stoffen und Pflanzenteilen. Sie werden maximal 9 mm lang. Weltweit sind etwa 150 Arten dieser sehr kleinen, pigment- und augenlosen Tiere bekannt. In Deutschland werden 2 Arten als eutroglophil eingestuft.

Zwergfüßer der Gattung Scutigerella, letztes Jugendstadium mit 11 Beinpaaren

Höhlenarten:

Scutigerella immaculata (Newport, 1845), Scutigerellidae, eutroglophil, ⇒ **S. 246**

Symphylella major Scheller, 1961, Scolopendrellidae, eutroglophil

Doppelfüßer

Diplopoda

Die Doppelfüßer besitzen als auffälligstes Merkmal an den meisten Rumpfringen jeweils zwei Beinpaare. Diese Rumpfringe sind offensichtlich aus der Verschmelzung jeweils zweier Segmente hervorgegangen. Die Mundwerkzeuge sind gegenüber den anderen Tausendfüßergruppen auffällig abgewandelt. Die zweite Maxille ist vollständig reduziert, die erste zu einer weitgehend ungegliederten Platte verwachsen. Diese Platte bedeckt die Kopfunterseite vollständig und kann zur Nahrungsaufnahme zurückgeklappt werden. Als Nahrung dienen den Doppelfüßern ausschließlich Pflanzenteile und tote organische Substanzen. Neben Asseln und Regenwürmern erfüllen sie damit eine sehr wichtige Aufgabe bei der Aufarbeitung von Falllaub und tragen ganz wesentlich zur Humusbildung bei. Weltweit sind etwa 10.000 Arten von Doppelfüßern bekannt. Damit stellen sie die größte Gruppe der Tausendfüßer. In Deutschland gibt es etwa 130 Arten, von denen 27 Arten aus 8 Familien als cavernicol gelten. Von diesen werden 3 Arten als subtroglophil, 22 Arten als eutroglophil und 2 Arten als eutroglobiont eingestuft.

Höhlenarten:

Allajulus nitidus (Verhoeff, 1891), Julidae, eutroglophil

Archiboreoiulus pallidus (Brade-Birks, 1920), Blaniulidae, eutroglophil

Blaniulus guttulatus (Fabricius, 1798), Blaniulidae, eutroglophil, ⇒ **S. 258**

Brachychaeteuma bagnalli Verhoeff, 1911, Brachychaeteumatidae, eutroglobiont

Brachychaeteuma bradeae (Brölemann & Brade-Birks, 1917), Brachychaeteumatidae, eutroglophil, ⇒ **S. 248**

Brachydesmus superus (Latzel, 1884), Polydesmidae, eutroglophil

Choneiulus palmatus (Nemec, 1895), Blaniulidae, eutroglophil

Chordeuma sylvestre C.L. Koch, 1847, Chordeumatidae, eutroglophil, ⇒ **S. 250**

Craspedosoma rawlinsii Leach, 1815, Craspedosomatidae, eutroglophil

Großer Westlicher Bandfüßer (Polydesmus angustus) auf dem Höhlenboden

Cylindroiulus punctatus (Leach, 1815), Julidae, eutroglophil
Cylindroiulus vulnerarius (Berlese, 1888), Julidae, eutroglophil
Glomeris hexasticha Brandt, 1833, Glomeridae, subtroglophil, ⇒ **S. 252**
Glomeris marginata (Villers, 1789), Glomeridae, eutroglophil, ⇒ **S. 254**
Glomeris undulata C.L. Koch, 1847, Glomeridae, eutroglophil, ⇒ **S. 256**
Julus scandinavius Latzel, 1884, Julidae, eutroglophil
Melogona gallica (Latzel, 1884), Chordeumatidae, eutroglophil
Melogona voigtii (Verhoeff, 1899), Chordeumatidae, eutroglophil
Mycogona germanica (Verhoeff, 1892), Chordeumatidae, eutroglophil
Nopoiulus kochii (Gervais, 1847), Blaniulidae, subtroglophil
Polydesmus angustus (Latzel, 1884), Polydesmidae, eutroglophil, ⇒ **S. 264**
Polydesmus complanatus (Linnaeus, 1761), Polydesmidae, eutroglophil
Polydesmus denticulatus C.L. Koch, 1847, Polydesmidae, subtroglophil
Propolydesmus testaceus C.L. Koch, 1847, Polydesmidae, eutroglophil
Proteroiulus fuscus (Am Stein, 1857), Blaniulidae, eutroglophil, ⇒ **S. 260**
Tachypodoiulus niger (Leach, 1815), Julidae, eutroglophil, ⇒ **S. 262**
Typhloiulus seewaldi (Strasser, 1967), Julidae, eutroglobiont
Xylophageuma vomrathi Verhoeff, 1911, Haaseidae, eutroglophil

Zweireihen-Saftkugler (Glomeris pustulata) an einem Felsen

Doppelschwänze

Diplura

Als typische Bodenbewohner leben Doppelschwänze in der Pflanzenstreu, im Humus, unter Steinen oder in Höhlenlebensräumen. Charakteristisches Merkmal der cavernicolen Doppelschwänze sind zwei lange Schwanzanhänge, die sehr leicht abbrechen können. Die Tiere sind weiß gefärbt und augenlos. Die meisten Arten leben von Pilzhyphen und Detritus, manche auch räuberisch. Weltweit sind etwa 500 Doppelschwanzarten bekannt, davon die meisten in den Tropen und Subtropen. In Mitteleuropa und Deutschland gibt es etwa 15 Arten. Davon gelten derzeit 5 Arten aus einer Familie als cavernicol. 2 Arten werden als eutroglophil und 3 Arten als eutroglobiont eingestuft.

Höhlenarten:

Campodea lankesteri Silvestri, 1912, Campodeidae, eutroglophil

Campodea wallacei Bagnall, 1918, Campodeidae, eutroglophil

Litocampa humilis (Condé, 1948), Campodeidae, eutroglobiont

Plusiocampa dobati Condé in Dobat, 1975, Campodeidae, eutroglobiont

Plusiocampa inopinata Sendra & Weber, 2018, Campodeidae, eutroglobiont, ⇒ **S. 266**

Doppelschwanz bei der Körperpflege

Springschwänze

Collembola

Springschwänze sind kleine, weichhäutige und flügellose Tiere. Die Körpergröße kann dabei zwischen 0,3 und 7 mm liegen. Sie leben vorwiegend auf oder im Boden und haben einen hohen Bedarf an Luftfeuchtigkeit, was auch die Artenvielfalt in Höhlen erklärt. Die meisten Springschwänze ventilieren durch Hautatmung. Nur wenige Arten besitzen ein einfaches Tracheensystem. Das Hauptvorkommen der Springschwänze liegt in Landbiotopen. Nur wenige Arten sind an das Leben auf Stillwasserflächen angepasst. Weltweit sind derzeit etwa 8.000 Arten beschrieben, wobei die tatsächliche Artenzahl um ein vielfaches höher liegen dürfte. In Deutschland kommen über 500 Arten vor, von denen 70 (Unter-)Arten aus 10 Familien als cavernicol eingestuft werden. Davon gelten 54 als eutroglophil und 16 als eutroglobiont.

Höhlenarten:

Entomobryomorpha

Desoria neglecta (Schäffer, 1900), Isotomidae, eutroglophil

Desoria propinqua (Axelson, 1902), Isotomidae, eutroglophil

Entomobrya marginata (Tullberg, 1871), Entomobryidae, eutroglophil

Folsomia candida Willem, 1902, Isotomidae, eutroglophil

Folsomia fimetaria (Linnaeus, 1758), Isotomidae, eutroglophil

Folsomia inoculata Stach, 1947, Isotomidae, eutroglophil

Heteromurus nitidus (Templeton, 1835), Entomobryidae, eutroglophil

Lepidocyrtus curvicollis Bourlet, 1839, Entomobryidae, eutroglophil

Lepidocyrtus cyaneus Tullberg, 1871, Entomobryidae, eutroglophil

Lepidocyrtus lignorum (Fabricius, 1775), Entomobryidae, eutroglophil

Lepidocyrtus violaceus (Fourcroy, 1785), Entomobryidae, eutroglophil

Plutomurus unidentatus (Börner, 1901), Entomobryidae, eutroglobiont

Pogonognathellus flavescens (Tullberg, 1871), Tomoceridae, eutroglophil, ⇒ **S. 270**

Pseudosinella aelleni Da Gama, 1973, Entomobryidae, eutroglobiont

Pseudosinella alba (Packard, 1873), Entomobryidae, eutroglophil

Pseudosinella decipiens Denis, 1924, Entomobryidae, eutroglophil

Pseudosinella denisi Gisin, 1954, Entomobryidae, eutroglophil

Pseudosinella duodecimpunctata Denis, 1931, Entomobryidae, eutroglobiont

Pseudosinella immaculata (Lie Pettersen, 1896), Entomobryidae, eutroglophil

Pseudosinella ksenemani Gisin, 1944, Entomobryidae, eutroglophil

Lepidocyrtus curvicollis aus der Familie der Laufspringer (Entomobryidae)

Orchesella cincta aus der Familie der Laufspringer (Entomobryidae)

Pseudosinella lamperti germanica Da Gama, 1973, Entomobryidae, eutroglobiont
Pseudosinella lamperti lamperti (Schäffer, 1900), Entomobryidae, eutroglobiont
Pseudosinella octopunctata Börner, 1901, Entomobryidae, eutroglophil
Pseudosinella petterseni Börner, 1901, Entomobryidae, eutroglophil
Pseudosinella plachteri Stomp, 1986, Entomobryidae, eutroglobiont
Pseudosinella sollaudi Denis, 1924, Entomobryidae, eutroglobiont
Pseudosinella vandeli relicta Gisin, 1964, Entomobryidae, eutroglobiont
Pseudosinella vandeli vandeli (Denis, 1923), Entomobryidae, eutroglobiont
Tomocerus minor (Lubbock, 1862), Tomoceridae, eutroglophil
Tomocerus vulgaris (Tullberg, 1871), Tomoceridae, eutroglophil

Neelipleona

Megalothorax minimus Willem, 1900, Neelidae, eutroglophil
Neelus murinus Folsom, 1896, Neelidae, eutroglophil

Poduromorpha

Anurida granaria (Nicolet, 1847), Neanuridae, eutroglophil
Bonetogastrura cavicola (Börner, 1901), Hypogastruridae, eutroglobiont
Ceratophysella armata (Nicolet, 1841), Hypogastruridae, eutroglophil
Ceratophysella bengtssoni (Agren, 1904), Hypogastruridae, eutroglophil
Deuteraphorura cebennaria (Gisin, 1956), Onychiuridae, eutroglobiont
Deuteraphorura handschini (Denis, 1924), Onychiuridae, eutroglobiont
Deuteraphorura inermis (Tullberg, 1871), Onychiuridae, eutroglophil
Deuteraphorura silvaria (Gisin, 1952), Onychiuridae, eutroglophil
Deuteraphorura variabilis (Stach, 1954), Onychiuridae, eutroglophil
Hypogastrura burkilli Bagnall, 1940, Hypogastruridae, eutroglophil
Hypogastrura franconiana (Stach, 1949), Hypogastruridae, eutroglobiont
Hypogastrura manubrialis (Tullberg, 1869), Hypogastruridae, eutroglophil
Hypogastrura purpurescens (Lubbock, 1867), Hypogastruridae, eutroglophil
Hypogastrura vernalis (Carl, 1901), Hypogastruridae, eutroglophil
Kalaphorura heterodoxus Gisin, 1964, Onychiuridae, eutroglophil, ⇒ **S. 272**
Kalaphorura paradoxus (Schäffer, 1900), Onychiuridae, eutroglophil
Mesaphorura krausbaueri Börner, 1901, Tullbergiidae, eutroglophil
Micraphorura absoloni (Börner, 1901), Onychiuridae, eutroglophil
Neanura muscorum (Templeton, 1835), Neanuridae, eutroglophil
Onychiurus ambulans (Linnaeus, 1758), Onychiuridae, eutroglophil

Onychiurus dunarius Gisin, 1956, Onychiuridae, eutroglophil

Onychiurus franconianus Gisin, 1961, Onychiuridae, eutroglobiont

Onychiurus sibiricus (Tullberg, 1876), Onychiuridae, eutroglophil

Protaphorura armata (Tullberg, 1869), Onychiuridae, eutroglophil, ⇒ **S. 274**

Protaphorura prolata (Gisin, 1956), Onychiuridae, eutroglophil

Protaphorura quadriocellata (Gisin, 1947), Onychiuridae, eutroglophil

Schaefferia emucronata Absolon, 1900, Hypogastruridae, eutroglophil

Schaefferia quadrioculata (Stach, 1939), Hypogastruridae, eutroglobiont

Schaefferia sexoculata (Gisin, 1947), Hypogastruridae, eutroglophil

Schaefferia willemi (Bonet, 1930), Hypogastruridae, eutroglophil

Supraphorura furcifera (Börner, 1901), Onychiuridae, eutroglophil

Mesaphorura macrochaeta (Mikroskopaufnahme)

Symphypleona

Arrhopalites caecus (Tullberg, 1871), Arrhopalitidae, eutroglophil

Arrhopalites principalis Stach, 1945, Arrhopalitidae, eutroglophil

Arrhopalites pygmaeus (Wankel, 1860), Arrhopalitidae, eutroglophil, ⇒ **S. 268**

Arrhopalites secundarius Gisin, 1958, Arrhopalitidae, eutroglophil

Disparrhopalites patrizii (Cassagbnau & Delamare, 1953), Arrhopalitidae, eutroglophil

Ptenothrix atra (Linnaeus, 1758), Dicyrtomidae, eutroglophil

Dicyrtomina minuta aus der Familie der Spinnenspringer (Dicyrtomidae)

Felsenspringer

Archaeognatha

Felsenspringer besitzen lange Antennen und drei lange Schwanzanhänge. Die Tiere leben vor allem in Gesteinsschutt und an Felsen, wo sie sich von Algen, Flechten und weiteren organischen Stoffen ernähren. Dabei befindet sich der Mundapparat außerhalb der Kopfkapsel. Felsenspringer haben ein ausgesprochen gutes Sprungvermögen, wobei sie sich mit Hilfe ihrer Schwanzanhänge und den Beinen vom Boden abstoßen. Weltweit sind etwa 450 Arten bekannt, davon 15 in Mitteleuropa. In Deutschland kennt man 8 Arten aus einer Familie. Eine Art davon gilt als subtroglophil.

Höhlenarten:

Dilta hibernica (Carpenter, 1907), Machilidae, subtroglophil, ⇒ **S. 276**

Kurzfühler-Felsenspringer (Dilta hibernica)

Langfühlerschrecken

Ensifera

Heuschrecken gehören zu den Insekten mit unvollständiger Verwandlung. Diese entwickeln sich aus dem Ei über eine unterschiedliche Zahl von Larvenstadien zur Imago, dem ausgewachsenen Tier. Das sonst für die Metamorphose vieler Insekten typische Puppenstadium fehlt also. Weltweit kennt man etwa 26.000 Heuschreckenarten, von denen etwa 90 Arten in Deutschland vorkommen. Cavernicol ist davon nur eine eutroglophile Art aus der Familie der Höhlenschrecken (Rhaphidophoridae), von der es aber nur sehr vereinzelte Vorkommen gibt. Höhlenschrecken besitzen weder Flügel noch Hörorgane. Die Fühler, die Beine und die Taster sind stark verlängert.

Höhlenarten:

Troglophilus neglectus Krauss, 1879, Rhaphidophoridae, eutroglophil, ⇒ **S. 278**

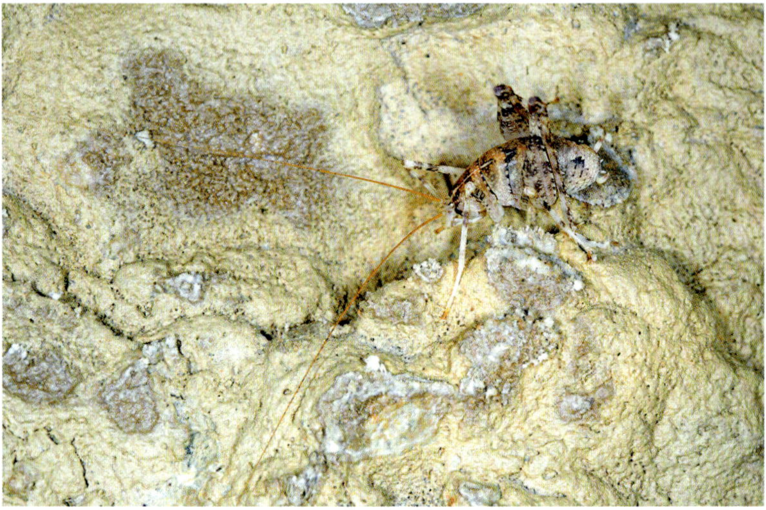

Männchen der Höhlenschrecke Troglophilus cavicola in einer Höhle auf Kreta

Staubläuse

Psocoptera

Die Staubläuse erreichen in der Regel eine Körpergröße von 0,7 bis 10 Millimeter. Eine Besonderheit bei dieser Tiergruppe sind die kauend-stemmenden Mundwerkzeuge. Die Mandibeln der Tiere sind asymmetrisch, die inneren Kauladen der Maxillen sind zu einem am Vorderende gezähnten oder löffelartigen Chitinstab verlängert. Sie können presslufthammerartig vorgestoßen werden und zugleich eine Drehung bis zu 180° um ihre Achse ausführen. So können sie wie ein Bohrmeißel eingesetzt werden. Bei vielen Arten finden sich Spinndrüsen. Die Tiere ernähren sich von Pilzmyzel, Sporen, Flechten, Grünalgen oder Ähnlichem. Entsprechend findet man sie an Pflanzen, unter Rinden, an Baumstämmen und Totholz, in Vogelnestern oder auch in Gebäuden. Mit Ausnahme der *Prionoglaris*-Arten dürften alle Staubläuse in der Lage sein, Feuchtigkeit in Form von Wasserdampf aufzunehmen. Weltweit gibt es ca. 5.600 Staublaus-Arten, etwa 100 von ihnen sind in Mitteleuropa und Deutschland verbreitet. Eine Art davon wird als subtroglophil, zwei Arten werden als eutroglophil eingestuft.

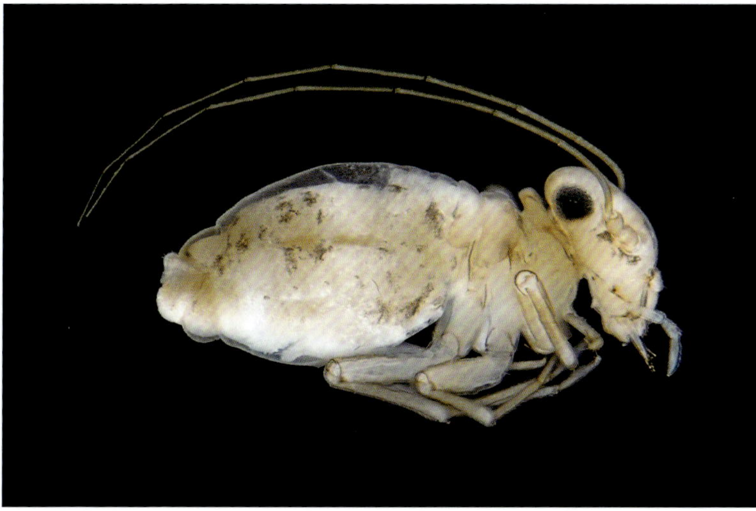

Seitenansicht einer Larve der vorwiegend in Höhleneingängen lebenden Staublaus Prionoglaris stygia

Höhlenarten:

Bertkauia lucifuga (Rambur, 1842), Epipsocidae, subtroglophil, ⇒ **S. 280**
Prionoglaris stygia Enderlein, 1909, Prionoglarididae, eutroglophil
Psyllipsocus ramburii Sélys-Longchamps, 1872, Psyllipsocidae, eutroglophil

Wanzen

Heteroptera

Die weltweit vorkommenden, mehr als 40.500 Wanzenarten sind vor allem Bewohner der Tropen und Subtropen. In Mitteleuropa sind etwa 1.000 Arten bekannt. In Deutschland kann nur eine Art als eutroglophil angesehen werden, die zu den Wasserwanzen gehört. In der Verwandtschaftsgruppe Gerromorpha sind die räuberisch lebenden sogenannten Wasserläufer zusammengefasst, von denen weltweit etwa 1.600 Arten bekannt sind. Hiervon fallen auf die Bachläufer etwa 600 Arten. Die Tiere leben ausschließlich zoophag, bewohnen meistens Fließgewässer und halten sich dabei zumeist in Ufernähe auf. Beutetiere sind kleine Gliederfüßer in und auf dem Wasser, hauptsächlich aber auf der Wasseroberfläche treibende, ins Wasser geratene Insekten.

Höhlenarten:

Velia caprai Tamanini, 1947, Veliidae, eutroglophil, ⇒ **S. 282**

Die Bettwanze (Cimex lectularius) findet man oft in Wochenstuben des Großen Mausohrs

Käfer

Coleoptera

Käfer besitzen ein Merkmal, das sie von allen anderen Insekten unterscheidet: die Umwandlung ihrer Vorderflügel in harte oder wenigstens zähe, schwer zu verletzende Flügeldecken (Elytren). Diese bieten einen guten Schutz für die zarten Hinterflügel und oft auch für den Hinterleib. Ihr Außenskelett ist härter als bei den meisten anderen Insekten und schützt die Tiere nicht nur gegen Feinde, sondern verhindert auch den Feuchtigkeitsverlust in trockenen Lebensräumen. Die Käfer sind mit ca. 400.000 beschriebenen Arten in rund 180 Familien die weltweit größte Ordnung aus der Klasse der Insekten. In Mitteleuropa kommen rund 8.000 Arten vor, davon etwa 6.800 Arten in Deutschland. 43 dieser Arten aus 8 Familien gelten als cavernicol. 41 Arten werden als eutroglophil und 2 (Unter-)Arten als eutroglobiont eingestuft. Die größten Gruppen stellen dabei die Kurzflügler und die Nestkäfer.

Höhlenarten:

Kurzflügler (Staphylinidae)

Kurzflügelkäfer (Familie Staphylinidae)

Aloconota insecta (Thomson, 1854), eutroglophil
Atheta fungi (Gravenhorst, 1806), eutroglophil
Atheta trinotata (Kraatz, 1856), eutroglophil
Bisnius cephalotes (Gravenhorst, 1802), eutroglophil
Coprophilus striatulus (Fabricius, 1793), eutroglophil
Lesteva longoelytrata (Goeze, 1777), eutroglophil
Ochthephilus aureus (Fauvel, 1871), eutroglophil
Omalium rivulare (Paykull, 1789), eutroglophil
Omalium validum Kraatz, 1858, eutroglophil
Othius punctulatus (Goetze, 1777), eutroglophil
Proteinus brachypterus (Fabricius, 1792), eutroglophil
Proteinus ovalis Stephens, 1834, eutroglophil
Quedius mesomelinus (Marsham, 1802), eutroglophil, ⇒ **S. 290**
Sepedophilus testaceus (Fabricius, 1793), eutroglophil
Syntomium aeneum (P. Müller, 1821), eutroglophil
Tachinus rufipennis Gyllenhal, 1810, eutroglophil
Tachinus subterraneus (Linnaeus, 1758), eutroglophil
Xylodromus concinnus (Marsham, 1802), eutroglophil

Nestkäfer (Cholevidae)

Nestkäfer (Familie Cholevidae)

Apocatops nigrita (Erichson, 1837), eutroglophil
Catops coracinus Kellner, 1846, eutroglophil
Catops fuliginosus Erichson, 1837, eutroglophil
Catops fuscus (Panzer, 1794), eutroglophil
Catops longulus Kellner, 1846, eutroglophil, ⇒ **S. 284**
Catops morio (Fabricius, 1792), eutroglophil
Catops nigricans (Spence, 1815), eutroglophil
Catops picipes (Fabricius, 1787), eutroglophil
Catops subfuscus Kellner, 1846, eutroglophil
Catops tristis (Panzer, 1794), eutroglophil
Choleva cisteloides (Frölich, 1799), eutroglophil
Choleva elongata (Paykull, 1789), eutroglophil
Choleva glauca Britten, 1918, eutroglophil
Choleva oblonga Latreille, 1807, eutroglophil
Choleva reitteri Petri, 1915, eutroglophil
Choleva septentrionis holsatica Benick & Ihssen, 1937, eutroglobiont, ⇒ **S. 286**
Choleva septentrionis sokolowskii Ipsen & Tolasch, 1997, eutroglobiont
Choleva spadicea (Sturm, 1839), eutroglophil
Sciodrepoides watsoni (Spence, 1815), eutroglophil

Übrige Käferarten

Caenoscelis subdeplanata C. Brisout de Barneville, 1882, Cryptophagidae, eutroglophil

Cerylon ferrugineum Stephens, 1830, Cerylonidae, eutroglophil

Hydroporus ferrugineus Stephens, 1828, Dytiscidae, eutroglophil

Leptinus testaceus Müller, 1817, Leiodidae, eutroglophil, ⇒ **S. 288**

Mycetaea subterranea (Fabricius, 1801), Endomychidae, eutroglophil

Sphodrus leucophthalmus (Linnaeus, 1758), Carabidae, eutroglophil

Hautflügler

Hymenoptera

Hautflügler haben viele gemeinsame charakteristische Merkmale. Normalerweise besitzen sie zwei Paar Flügel, wobei die Hinterflügel stets auffallend kleiner als die Vorderflügel sind. Die bei uns bekannten Höhlenarten gehören ausnahmslos zur Unterordnung der Apocrita. Entscheidendes Merkmal ist hier, dass der Hinterleib mit der Brust durch einen mehr oder weniger langen Stiel verbunden ist und dadurch sehr beweglich wird. Von den weltweit etwa 156.000 Hautflüglerarten sind ca. 11.000 Arten in Mitteleuropa nachgewiesen. In Deutschland sind etwa 9.000 Arten bekannt, von denen 7 als subtroglophil eingestuft werden.

Höhlenarten:

Amblyteles armatorius (Forster, 1771), Ichneumonidae, subtroglophil

Diphyus palliatorius (Gravenhorst, 1829), Ichneumonidae, subtroglophil

Diphyus quadripunctorius (O.F. Müller, 1776), Ichneumonidae, subtroglophil, ⇒ **S. 292**

Exallonyx longicornis (Nees, 1834), Proctotrupidae, subtroglophil, ⇒ **S. 296**

Exephanes ischioxanthus (Gravenhorst, 1829), Ichneumonidae, subtroglophil, ⇒ **S. 294**

Exephanes rhenanus Habermehl, 1918, Ichneumonidae, subtroglophil

Exephanes riesei (Habermehl, 1916), Ichneumonidae, subtroglophil

Weibchen der Gelben Schlupfwespe (Amblyteles armatorius) an der Höhlenwand

Köcherfliegen

Trichoptera

Köcherfliegen sind nahe mit den Schmetterlingen verwandt und verwandeln sich ebenso von der Larve über ein Puppenstadium zum fertigen Fluginsekt. Der größte Teil der Arten entwickelt sich im Wasser, nur wenige leben als Larven und Puppen terrestrisch. Viele Larven bauen als Schutz einen Köcher aus organischem (z. B. Holz) oder anorganischem Material (z. B. Steine), das mit einem Sekret aus ihren Spinndrüsen zusammengeklebt wird. Eine weitere Gruppe baut Fangnetze und ein kleiner Teil der Arten jagt freilebend nach kleinen Wassertieren. Die Flügel werden bei den Fluginsekten immer dachartig über dem Körper zusammengefaltet. Körper und Flügel sind behaart und nicht wie bei den Schmetterlingen beschuppt. Die meisten Köcherfliegen sind dämmerungs- und nachtaktiv. Weltweit sind etwa 6.500 Arten bekannt. In Deutschland gibt es ungefähr 300 Arten. Davon gelten 7 Arten als subtroglophil, da sie den Sommer in Höhlen verbringen.

Die Köcherfliegen der Gattung Stenophylax verbringen den Sommer oft in größeren Ansammlungen in Höhlen

Höhlenarten:

Micropterna lateralis (Stephens, 1837), Limnephilidae, subtroglophil

Micropterna nycterobia McLachlan, 1875, Limnephilidae, subtroglophil

Micropterna sequax McLachlan, 1875, Limnephilidae, subtroglophil

Micropterna testacea (Gmelin, 1789), Limnephilidae, subtroglophil

Stenophylax mitis McLachlan, 1876, Limnephilidae, subtroglophil

Stenophylax permistus McLachlan, 1895, Limnephilidae, subtroglophil, ⇒ **S. 298**

Stenophylax vibex (Curtis, 1834), Limnephilidae, subtroglophil

Schmetterlinge

Lepidoptera

Schmetterlinge kommen mit Ausnahme der Arktis und der Antarktis auf der ganzen Welt vor. Weltweit sind fast 160.000 Arten beschrieben. In Deutschland sind etwa 180 Tagfalterarten und über 3.000 vorwiegend nachtaktive Schmetterlingsarten bekannt. Nur 10 dieser Arten nutzen Höhlen zumeist als Winterquartier und können als subtroglophil eingestuft werden. Schmetterlinge verwandeln sich nach der Eiablage über ein Raupenstadium und eine Verpuppung zum fertigen Falter. Oft entwickeln sich im Laufe des Jahres mehrere Generationen, die teilweise überwintern.

Wegdornspanner (Triphosa dubitata) mit außergewöhnlich heller Zeichnung an der Höhlenwand

Höhlenarten:

Aglais io (Linnaeus, 1758), Nymphalidae, subtroglophil, ⇒ **S. 306**

Aglais urticae (Linnaeus, 1758), Nymphalidae, subtroglophil, ⇒ **S. 308**

Agonopterix arenella (Denis & Schiffermüller, 1775), Elachistidae, subtroglophil

Agonopterix heracliana (Linnaeus, 1758), Elachistidae, subtroglophil

Alucita hexadactyla Linnaeus, 1758, Alucitidae, subtroglophil, ⇒ **S. 304**

Digitivalva granitella (Treitschke, 1833), Glyphipterigidae, subtroglophil

Monopis laevigella (Denis & Schiffermüller, 1775), Tineidae, subtroglophil

Scoliopteryx libatrix (Linnaeus, 1758), Noctuidae, subtroglophil, ⇒ **S. 300**

Triphosa dubitata (Linnaeus, 1758), Geometridae, subtroglophil, ⇒ **S. 302**

Triphosa sabaudiata (Duponchel, 1830), Geometridae, subtroglophil

Flöhe

Siphonaptera

Flöhe sind seitlich abgeflachte, flügellose Insekten, die sich mit ihren stechend-saugenden Mundwerkzeugen vom Blut verschiedener Warmblüter ernähren. Mit Hilfe der Hinter- und Mittelbeine erlangen viele Arten ein beachtliches Sprungvermögen. Flöhe durchlaufen einen vollständigen Entwicklungszyklus (Ei, Puppe, mehrere Larvenstadien) bis hin zum erwachsenen Tier. Von den weltweit etwa 2.400 Floharten sind ca. 80 Arten in Mitteleuropa nachgewiesen. In Deutschland sind 74 Floharten bekannt, von denen 9 Fledermausfloharten (Ischnopsyllidae) und 15 Arten anderer Flohfamilien in Höhlen nachgewiesen wurden. Als Ektoparasiten an Säugetieren und Vögeln gelangen Flöhe ausschließlich passiv über ihre Wirte in Höhlen. Entsprechend der Häufigkeit, mit der die Wirte Höhlen aufsuchen, werden auch bestimmte für sie typische Floharten dorthin verschleppt. Einige Arten werden unregelmäßig in Höhlen verschleppt, wenn sie eher zufällig auf einen anderen (Fehl-)Wirt übergewechselt sind. So lassen sich etwa Nachweise des Kaninchenflohs (*Spilopsyllus cuniculi*) in Höhlen mit hoher Wahrscheinlichkeit auf den Fuchs zurückführen. Analog ihrer bevorzugten subtroglophilen Wirtstiere (als Hauptwirte gelten Dachs, Rotfuchs, Siebenschläfer und cavernicole Fledermäuse) werden 13 Floharten hier als subtroglophil eingestuft.

Höhlenarten:

Ceratophyllus sciurorum (Schrank, 1803), Ceratophyllidae, subtroglophil

Chaetopsylla globiceps (Taschenberg, 1880), Vermipsyllidae, subtroglophil

Chaetopsylla trichosa Kohaut, 1903, Vermipsyllidae, subtroglophil

Ischnopsyllus hexactenus (Kolenati, 1856), Ischnopsyllidae, subtroglophil

Ischnopsyllus intermedius (Rothschild, 1898), Ischnopsyllidae, subtroglophil

Ischnopsyllus mysticus Jordan, 1942, Ischnopsyllidae, subtroglophil

Ischnopsyllus octactenus (Kolenati, 1856), Ischnopsyllidae, subtroglophil

Ischnopsyllus simplex (Rothschild, 1906), Ischnopsyllidae, subtroglophil, ⇒ **S. 312**

Ischnopsyllus variabilis (Wagner, 1898), Ischnopsyllidae, subtroglophil

Nycteridopsylla dictena (Kolenati, 1856), Ischnopsyllidae, subtroglophil

Nycteridopsylla longiceps Rothschild, 1908, Ischnopsyllidae, subtroglophil

Nycteridopsylla pentactena (Kolenati, 1856), Ischnopsyllidae, subtroglophil

Paraceras melis (Walker, 1856), Ceratophyllidae, subtroglophil, ⇒ **S. 310**

Floh der Gattung Ctenophthalmus

Mücken

Nematocera

Mücken sind meist zarte, langbeinige Fluginsekten. Wie die Fliegen besitzen sie nur zwei Flügel (Ordnung Diptera – Zweiflügler). Ihre Fühler sind fadenförmig mit mindestens sieben etwa gleichgestalteten Fühlergliedern. Der Körper trägt niemals Borsten, aber Haare und zuweilen Schuppen. Die Larven der Mücken haben stets eine Kopfkapsel, die aber auch in den Körper zurückgezogen sein kann. Ein Großteil der Mückenarten ist nachtaktiv. Von den etwa 140 Zweiflüglerfamilien entfallen etwa 1/3 auf die Mücken. In Deutschland sind 66 cavernicole Mückenarten aus 8 Familien bekannt. Von diesen werden 39 (Unter-)Arten als subtroglophil, 23 Arten als eutroglophil und 4 Arten als eutroglobiont eingestuft. Die größten Gruppen stellen dabei die Pilzmücken (24 Arten) und die Trauermücken (21 Arten).

Höhlenarten:

Langhornmücken (Keroplatidae)

Macrocera lutea Meigen, 1804, subtroglophil

Orfelia fasciata (Meigen, 1804), subtroglophil

Pilzmücken (Mycetophilidae)

Exechia contaminata Winnertz, 1863, subtroglophil

Exechia dizona Edwards, 1925, subtroglophil

Exechia exigua Lundström, 1909, subtroglophil

Exechia festiva Winnertz, 1863, subtroglophil

Exechia fusca (Meigen, 1804), subtroglophil

Exechiopsis clypeata (Lundström, 1911), subtroglophil

Exechiopsis fimbriata (Lundström, 1909), subtroglophil

Exechiopsis indecisa (Walker, 1856), subtroglophil

Exechiopsis intersecta (Meigen, 1818), subtroglophil

Exechiopsis jenkinsoni (Edwards, 1925), subtroglophil

Exechiopsis lackschewitziana (Stackelberg, 1948), subtroglophil

Exechiopsis magnicauda (Lundström, 1911), subtroglophil

Exechiopsis subulata (Winnertz, 1863), subtroglophil

Mycetophila ichneumonea Say, 1823, subtroglophil

Mycetophila ornata Stephens, 1832, subtroglophil

Mycetophila unipunctata Meigen, 1818, subtroglophil

Phronia forcipula Winnertz, 1863, subtroglophil

Rymosia fasciata (Meigen, 1804), subtroglophil, ⇒ **S. 322**

Rymosia placida Winnertz, 1863, subtroglophil

Speolepta leptogaster (Winnertz, 1863), eutroglophil, ⇒ **S. 324**

Tarnania dziedzickii (Edwards, 1941), subtroglophil

Tarnania fenestralis (Meigen, 1818), eutroglophil

Tarnania nemoralis (Edwards, 1941), eutroglophil, ⇒ **S. 328**

Tarnania tarnanii (Dziedzicki, 1909), subtroglophil

Pilzmücke (Mycetophilidae)

Schmetterlingsmücken (Psychodidae)

Psychoda albipennis Zetterstedt, 1850, subtroglophil

Psychoda cinerea Banks, 1894, subtroglophil, ⇒ **S. 330**

Psychoda gemina (Eaton, 1904), subtroglophil

Psychoda lobata Tonnoir, 1940, subtroglophil

Psychoda phalaenoides Linnaeus, 1758, subtroglophil

Psychoda surcoufi Tonnoir, 1922, subtroglophil

Schmutzmücken (Bolitophilidae)

Bolitophila cinerea Meigen, 1818, eutroglophil, ⇒ **S. 314**

Bolitophila maculipennis Walker, 1836, subtroglophil

Bolitophila saundersii (Curtis, 1836), subtroglophil

Bolitophila spinigera Edwards, 1925, eutroglophil

Stechmücke (Culicidae)

Stechmücken (Culicidae)

Culex pipiens molestus (Forskal, 1775), subtroglophil, ⇒ **S. 316**
Culex pipiens pipiens Linnaeus, 1758, subtroglophil, ⇒ **S. 316**
Culex torrentium Martini, 1925, subtroglophil
Culiseta alaskaensis (Ludlow, 1906), subtroglophil
Culiseta annulata (Schrank, 1776), subtroglophil, ⇒ **S. 318**
Culiseta glaphyroptera (Schiner, 1864), subtroglophil

Stelzmücken (Limoniidae)

Limonia nubeculosa Meigen, 1804, subtroglophil, ⇒ **S. 320**

Trauermücken (Sciaridae)

Bradysia cavernicola Mohrig & Eckert, 1999, eutroglophil
Bradysia forficulata (Bezzi, 1914), eutroglobiont
Bradysia placida (Winnertz, 1867), eutroglophil
Camptochaeta ofenkaulis (Lengersdorf, 1925), eutroglobiont
Camptochaeta scanica Hippa & Vilkamaa, 1994, subtroglophil
Corynoptera antennaria Menzel & Heller, 2013, eutroglophil
Corynoptera cavipes Mohrig, 1993, eutroglophil
Corynoptera setosa Freeman, 1983, eutroglophil
Corynoptera spoeckeri (Lengersdorf, 1930), eutroglobiont
Corynoptera subforcipata Mohrig & Menzel, 1990, eutroglobiont
Cratyna breviflagellata (Mohrig & Mamaev, 1985), eutroglophil
Epidapus atomarius (De Geer, 1778), eutroglophil
Epidapus schillei (Börner, 1903), eutroglophil
Leptosciarella defecta (Strobl, 1910), eutroglophil
Leptosciarella rejecta (Winnertz, 1867), eutroglophil
Lycoriella cellaris (Lengersdorf, 1934), eutroglophil
Lycoriella felix (Schmitz, 1919), eutroglophil
Lycoriella ingenua (Dufour, 1839), eutroglophil
Lycoriella weberi Menzel & Heller, 2013, eutroglophil
Pnyxia scabiei (Hopkins, 1895), eutroglophil
Scatopsciara atomaria (Zetterstedt, 1851), eutroglophil

Wintermücken (Trichoceridae)

Trichocera maculipennis Meigen, 1818, eutroglophil, ⇒ **S. 332**
Trichocera regelationis (Linnaeus, 1758), eutroglophil

Kopf der Gemeinen Höhlenstelzmücke (Limonia nubeculosa)

Fliegen

Brachycera

Fliegen sind meist gedrungen und kompakt gebaut. Wie die Mücken besitzen sie nur zwei Flügel (Ordnung Diptera – Zweiflügler). Ihre Fühler sind generell kurz und bestehen gewöhnlich aus nur drei, oft unterschiedlich geformten Fühlergliedern. Die Tiere besitzen mehr oder weniger kräftige Körperborsten. Bei vielen Fliegenlarven ist die Kopfkapsel verschwunden und es sind nur noch die in einem Haken endenden Kiefer übriggeblieben. Alle an der Erdoberfläche lebenden Fliegenarten sind tagaktiv. Von den etwa 140 Zweiflüglerfamilien entfallen etwa 2/3 auf die Fliegen. In Deutschland sind 65 cavernicole Fliegenarten aus 6 Familien bekannt. Von diesen werden 28 Arten als subtroglophil, 36 Arten als eutroglophil und eine Art als eutroglobiont eingestuft. Die größten Gruppen stellen dabei die Dungfliegen (21 Arten), die Scheufliegen (17 Arten) und die Buckelfliegen (16 Arten).

Höhlenarten:

Buckelfliegen (Phoridae)

Megaselia albicaudata (Wood, 1910), subtroglophil
Megaselia ciliata (Zetterstedt, 1848), eutroglophil
Megaselia costalis (von Roser, 1840), eutroglophil
Megaselia rufipes (Meigen, 1804), eutroglophil
Megaselia pulicaria (Fallén, 1823), eutroglophil
Megaselia sericata Schmitz, 1935, eutroglophil
Megaselia vernalis (Wood, 1909), eutroglophil, ⇒ **S. 342**
Megaselia lutescens (Wood, 1910), eutroglophil
Megaselia melanocephala (von Roser, 1840), subtroglophil
Megaselia pleuralis (Wood, 1909), eutroglophil
Megaselia posticata (Strobl, 1898), eutroglophil
Megaselia tenebricola Schmitz, 1934, eutroglophil
Triphleba distinguenda (Strobl, 1892), eutroglophil
Triphleba hyalinata (Meigen, 1830), eutroglophil
Triphleba antricola (Schmitz, 1918), eutroglophil, ⇒ **S. 344**
Triphleba aptina (Schiner, 1853), eutroglophil

Fledermausfliegen (Nycteribiidae)

Basilia nana Theodor & Moscona, 1954, subtroglophil
Basilia nattereri (Kolenati, 1857), subtroglophil
Nycteribia kolenatii Theodor & Moscona, 1954, subtroglophil, ⇒ **S. 350**
Nycteribia latreillei (Leach, 1817), subtroglophil
Nycteribia schmidlii Schiner, 1853, subtroglophil
Nycteribia vexata Westwood, 1835, subtroglophil
Penicillidia dufourii (Westwood, 1835), subtroglophil
Phthiridium biarticulatum (Hermann, 1804), subtroglophil

Dungfliegen (Sphaeroceridae)

Apteromyia claviventris (Strobl, 1909), eutroglophil
Crumomyia fimetaria (Meigen, 1830), subtroglophil
Crumomyia glabrifrons (Meigen, 1830), subtroglophil, ⇒ **S. 334**
Crumomyia nigra (Meigen, 1830), subtroglophil
Crumomyia nitida (Meigen, 1830), subtroglophil
Crumomyia notabilis (Collin, 1902), subtroglophil

Crumomyia rohaceki Norrbom & Kim, 1985, subtroglophil
Crumomyia roserii (Rondani, 1880), subtroglophil
Gigalimosina flaviceps (Zetterstedt, 1847), subtroglophil
Herniosina bequaerti (Villeneuve, 1917), eutroglophil
Herniosina pollex Rohacek, 1993, eutroglophil
Leptocera caenosa (Rondani, 1880), eutroglophil
Limosina silvatica (Meigen, 1830), subtroglophil
Spelobia clunipes (Meigen, 1830), eutroglophil
Spelobia manicata (Richards, 1927), eutroglophil
Spelobia pseudonivalis (Dahl, 1909), subtroglophil
Spelobia pseudosetaria (Duda, 1918), subtroglophil
Spelobia talparum (Richards, 1927), eutroglophil
Telomerina flavipes (Meigen, 1830), eutroglophil
Terrilimosina racovitzai (Bezzi, 1911), eutroglophil
Terrilimosina schmitzi (Duda, 1918), eutroglophil

Dungfliege (Sphaeroceridae)

Lanzenfliegen (Lonchopteridae)

Lonchoptera strobli De Meure, 1906, subtroglophil
Lonchoptera tristis Meigen, 1824, subtroglophil, ⇒ **S. 346**

Scheufliegen (Heleomyzidae) bei der Paarung

Scheufliegen (Heleomyzidae)

Eccoptomera emarginata Loew, 1862, eutroglophil
Eccoptomera obscura (Meigen, 1830), subtroglophil
Eccoptomera pallescens (Meigen, 1830), subtroglophil
Gymnomus caesius (Meigen, 1830), subtroglophil
Gymnomus czernyi Papp & Woznica, 1993, eutroglophil
Gymnomus soosi Papp & Woznica, 1993, subtroglophil
Gymnomus spectabilis (Loew, 1862), eutroglophil
Heleomyza captiosa (Gorodkov, 1962), eutroglophil, ⇒ **S. 336**
Heleomyza modesta (Meigen, 1835), eutroglophil
Heleomyza serrata (Linnaeus, 1758), eutroglophil, ⇒ **S. 338**
Heteromyza atricornis Meigen, 1830, eutroglobiont
Oecothea fenestralis (Fallén, 1820), eutroglophil
Oecothea praecox Loew, 1862, eutroglophil
Scoliocentra amplicornis (Czerny, 1924), eutroglophil
Scoliocentra brachypterna (Loew, 1873), eutroglophil
Scoliocentra dupliciseta (Strobl, 1894), eutroglophil
Scoliocentra villosa (Meigen, 1830), eutroglophil, ⇒ **S. 340**

Schwebfliegen (Syrphidae)

Eristalis tenax (Linnaeus, 1758), subtroglophil, ⇒ **S. 348**

Knochenfische

Osteichthyes

Die bei uns im Süßwasser lebenden Fische sind wechselwarme Wirbeltiere mit Kiemenatmung. Die Körperoberfläche ist zumeist mit kleinen Schuppen bedeckt. Die Gruppe der Knochenfische besitzt ein knöchernes Skelett. Echte (eutroglobionte) Höhlenfische sind aus Mitteleuropa nicht bekannt. Allerdings gibt es mit der Groppe und der Bachschmerle zwei Fischarten, die zumindest als eutroglophil gelten.

Die Groppe (Cottus gobio) kann in aktiven Wasserhöhlen feste Populationen bilden

Höhlen- und Grundwasserarten:

Barbatula barbatula (Linnaeus, 1758), Cypriniformes, Nemacheilidae, eutroglophil, ⇒ **S. 354**

Cottus gobio Linnaeus, 1758, Perciformes, Cottidae, eutroglophil, ⇒ **S. 352**

Amphibien

Amphibia

Amphibien sind wechselwarme Wirbeltiere mit drüsenreicher, nackter Haut, die glatt, körnig oder warzig sein kann. Man unterscheidet Froschlurche (Anura) und Schwanzlurche (Caudata). Als echter (eutroglobionter) Höhlenlurch ist in Europa nur der Grottenolm bekannt. Einige der heimischen Froschlurche und Wassermolche gelten als subtroglophil, da sie die Höhlen in der Regel nur zum Überwintern nutzen. Die Unterarten des Feuersalamanders gelten als eutroglophil, da auch feste Höhlenpopulationen bekannt sind.

Grasfrosch (Rana temporaria) in einem Bergwerksstollen

Höhlen- und Grundwasserarten:

Bufo bufo (Linnaeus, 1758), Anura, Bufonidae, subtroglophil, ⇒ **S. 356**

Ichthyosaura alpestris (Laurenti, 1768), Caudata, Salamandridae, subtroglophil, ⇒ **S. 360**

Lissotriton vulgaris (Linnaeus, 1758), Caudata, Salamandridae, subtroglophil, ⇒ **S. 362**

Proteus anguinus (Laurenti, 1768), Caudata, Proteidae, eutroglobiont, ⇒ **S. 368**

Rana temporaria Linnaeus, 1758, Anura, Ranidae, subtroglophil, ⇒ **S. 358**

Salamandra salamandra salamandra (Linnaeus, 1758), Caudata, Salamandridae, eutroglophil, ⇒ **S. 366**

Salamandra salamandra terrestris Lacépede, 1788, Caudata, Salamandridae, eutroglophil, ⇒ **S. 366**

Triturus cristatus (Laurenti, 1768), Caudata, Salamandridae, subtroglophil, ⇒ **S. 364**

Fledermäuse

Chiroptera/Microchiroptera

Fledermäuse gehören zu den Säugetieren. Sie sind gleichwarm, besitzen ein Fell, äußere Ohrmuscheln, gebären lebende Junge und säugen diese. Ein wichtiges Bestimmungsmerkmal ist der im Ohr sichtbare Knochen, der sogenannte Tragus. Als einzige Gruppe der Säugetiere haben Fledertiere die Fähigkeit zum aktiven Flug entwickelt. Als einzige Landtiere haben sie die Ultraschall-Echoorientierung entwickelt. Diese hat die Arten unabhängig vom Sehen und damit vom Tageslicht gemacht und erlaubt die Beutesuche bei Nacht und die Orientierung in Höhlensystemen. Weltweit gibt es etwa 1.000 Fledermausarten, davon kommen in Deutschland 25 Arten aus den Familien der Glattnasen (Vespertilionidae) und der Hufeisennasen (Rhinolophidae) vor, die alle Insektenfresser sind. Höhlen und andere Untertagequartiere werden von 17 Arten regelmäßig genutzt, die alle als subtroglophil eingestuft werden. Viele Arten nutzen dabei die Höhlen als Winterquartier, aber auch zeitweise als Tagesversteck, selten als Wochenstube.

Höhlenarten:

Barbastella barbastellus (Schreber, 1774), Vespertilionidae, subtroglophil, ⇒ **S. 370**

Eptesicus nilssonii (Keyserling & Blasius, 1839), Vespertilionidae, subtroglophil, ⇒ **S. 372**

Eptesicus serotinus Schreber, 1774, Vespertilionidae, subtroglophil, ⇒ **S. 374**

Myotis bechsteinii (Kuhl, 1817), Vespertilionidae, subtroglophil, ⇒ **S. 376**

Myotis brandtii (Eversmann, 1845), Vespertilionidae, subtroglophil, ⇒ **S. 378**

Myotis dasycneme (Boie, 1825), Vespertilionidae, subtroglophil, ⇒ **S. 382**

Myotis daubentonii (Kuhl, 1817), Vespertilionidae, subtroglophil, ⇒ **S. 384**

Myotis emarginatus (Geoffroy, 1806), Vespertilionidae, subtroglophil, ⇒ **S. 386**

Myotis myotis (Borkhausen, 1797), Vespertilionidae, subtroglophil, ⇒ **S. 390**

Myotis mystacinus (Kuhl, 1817), Vespertilionidae, subtroglophil, ⇒ **S. 380**

Myotis nattereri (Kuhl, 1817), Vespertilionidae, subtroglophil, ⇒ **S. 388**

Pipistrellus pipistrellus (Schreber, 1774), Vespertilionidae, subtroglophil, ⇒ **S. 392**

Plecotus auritus (Linnaeus, 1758), Vespertilionidae, subtroglophil, ⇒ **S. 394**

Plecotus austriacus (Fischer, 1829), Vespertilionidae, subtroglophil, ⇒ **S. 396**

Rhinolophus ferrumequinum (Schreber, 1774), Rhinolophidae, subtroglophil, ⇒ **S. 400**

Rhinolophus hipposideros (Bechstein, 1800), Rhinolophidae, subtroglophil, ⇒ **S. 402**

Vespertilio murinus Linnaeus, 1758, Vespertilionidae, subtroglophil, ⇒ **S. 398**

Flugaufnahme des Großen Mausohrs

Säugetiere (sonstige)

Mammalia

Die bei uns auf dem Land lebenden Säugetiere sind gleichwarme Wirbeltiere mit Haarkleid. Sie besitzen zwei Gliedmaßenpaare. Alle heimischen Arten sind lebendgebärend. Die Jungtiere werden mit dem Sekret der Milchdrüsen ernährt. Weltweit sind (inkl. der Fledermäuse) über 6.000 rezente Säugetierarten bekannt. In Deutschland gibt es neben den Fledermäusen etwa 70 wildlebende Arten. Davon gelten derzeit der Siebenschläfer, der Dachs und der Rotfuchs als subtroglophil. Von den letzten beiden Arten werden in Höhlen auch oft nur die Knochen gefunden. Zumindest anhand der Schädel sind die Arten dann eindeutig zu unterscheiden.

Der massige Schädel des Dachses zeigt einen bis zu 16 mm hohen Scheitelkamm

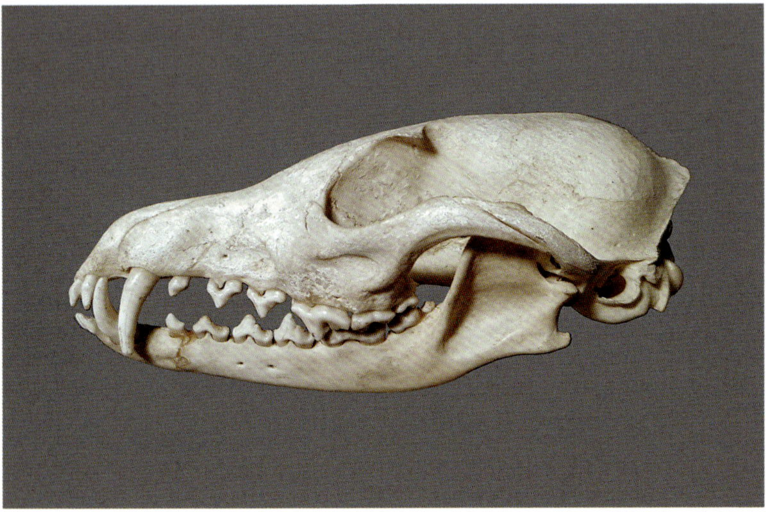

Der Schädel des Fuchses ist langgestreckt und es fehlt ein Scheitelkamm

Höhlenarten:

Glis glis Linnaeus, 1758, Gliridae, subtroglophil, ⇒ **S. 404**

Meles meles (Linnaeus, 1758), Mustelidae, subtroglophil, ⇒ **S. 406**

Vulpes vulpes (Linnaeus, 1758), Canidae, subtroglophil, ⇒ **S. 408**

Steckbriefe der Höhlentiere

In den folgenden Steckbriefen sind beispielhafte Vertreter der in Deutschland vorkommenden Höhlentiere beschrieben. In der Titelzeile sind die Tiergruppe (Klasse, Ordnung oder Unterordnung) sowie die Familie angegeben, zu der die jeweilige Art gehört. Es folgen Angaben zur Körpergröße und zur Fundregion im unterirdischen Lebensraum. In die Beschreibung sind Angaben zur Morphologie und Ökologie der Tierarten aufgenommen worden. Im Anschluss werden Ausführungen zur Verbreitung der Art gemacht und Verwechslungsmöglichkeiten mit ähnlichen Arten angeführt. Die Beschreibungen werden durch Bilder der Arten ergänzt.

Das Piktogramm zeigt auf einen Blick die Lebensweise, die ökologische Klassifikation der Art und in welchen Monaten diese in unterirdischen Lebensräumen gefunden werden kann, wobei Ausnahmen hiervon natürlich immer möglich sind.

Beispiele:

Beispiel (linker Kreis):

Die terrestrisch lebende, subtroglophile Art wird in den Monaten September bis April in Höhlen gefunden.

Höhlen-Süßwasserpolyp

Hydra oligactis f. *subterranus*

Körpergröße: Bis 10 mm

Fundregion: In Höhlenseen, festsitzend an Holz

Beschreibung: Der weiße Höhlen-Süßwasserpolyp besitzt 6 fadenartige Tentakel, mit denen er in der Höhle wohl hauptsächlich Ruderfußkrebse erbeutet. Siegmund Fries gibt 1879 im Zoologischen Anzeiger in seinen „Mittheilungen aus dem Gebiete der Dunkel-Fauna" folgende Beschreibung des Höhlen-Süßwasserpolyps: „Aus der Hilgershäuser Höhle führe ich ausser dem oben schon genannten noch eine vollständig albinotische *Hydra* an, die ich (am 1. Sept. 1878) in dem Quellwasser an altem Holz zahlreich und vielfach in Knospung begriffen antraf. Von der ganz weissen Farbe abgesehen, stimmt sie am meisten mit *Hydra fusca* überein, besonders in der Grösse und in der Länge der Tentakeln und so mag sie zunächst als Varietät der letzteren gelten. In der Gefangenschaft hat diese ein ungemein zartes und zierliches Aussehen bietende *Hydra* nicht lange ausgehalten. Schon bei Besprechung des *Gammarus puteanus* wurde gelegentlich erwähnt, dass ein sehr kleines Exemplar, das sich beim Transport aus der Höhle im gleichen Glase mit einer (ziemlich grossen, mit Knospen versehenen) *Hydra* befand, von letzterer vertilgt wurde. Junge von *Gammarus* und *Asellus* mögen in der Höhle öfters unserer *Hydra* zur Nahrung dienen." Bei gezielter Nachsuche im Höhlensee der Hilgershäuser Höhle konnten in den Jahren 2001 und 2004 einzelne Exemplare des Süßwasserpolyps wiedergefunden werden. Ob es sich um eine Unterart oder eine eigene Art handelt, werden künftige DNA-Untersuchungen ergeben. Bemerkenswert sind die gemessenen hohen pH-Werte (bis 7,7) und elektrischen Leitfähigkeiten (bis 1.648 μS/cm) im Höhlensee.

Verbreitung: Der einzige bekannte Fundort dieser (Unter-)Art ist bisher der Höhlensee in der Kammerbacher Höhle (auch als Hilgershäuser Höhle oder Hohlstein bekannt) im Meißnervorland (Nordhessen).

Ähnliche Arten: Weitere Arten von Süßwasserpolypen in Höhlen sind bisher nicht bekannt.

Süßwasserpolypen fangen mit ihren Tentakeln kleine Wasserorganismen

Höhlenplanarie

Dendrocoelum cavaticum

Körpergröße: Bis 26 mm

Fundregion: Im Grundwasser, in Höhlengewässern und in Quellen

Beschreibung: Bei der Höhlenplanarie handelt es sich um eine kaltstenotherme Art, die sicher bisher nur in wenigen Höhlen und in kalten Quellen auf der Schwäbischen Alb und im Südschwarzwald gefunden wurde. Die Familie der Dendrocoelidae, zu der die Höhlenplanarie gehört, zeichnet sich durch eine ungewöhnliche Anordnung der Muskelschichten des Pharynx aus. Der Pharynx (Rachen) ist ein Schlauch aus Bindegewebe und Muskulatur und bildet den gemeinsamen Anfang der Atem- und Speisewege. Während bei den meisten freilebenden Strudelwürmern die innere Muskulatur des Pharynx aus zwei Muskelschichten besteht, einer kreisförmigen und einer längsgerichteten, sind bei der Höhlenplanarie die kreisförmigen und längsgerichteten Fasern miteinander verschmolzen und bilden eine gemischte Schicht.

Verbreitung: Neben den Funden der Höhlenplanarien in Höhlen und Quellen auf der Schwäbischen Alb gibt es verstreute Funde der Art in allen Höhlengebieten Deutschlands. Allerdings ist bei diesen Funden nicht eindeutig geklärt, ob es sich wirklich um die Art *Dendrocoelum cavaticum* handelt.

Ähnliche Arten: Die Art kann mit der Milchweißen Planarie (*Dendrocoelum lacteum*) verwechselt werden, die aber in wärmeren Oberflächengewässern vorkommt und zwei Augen besitzt. Ansonsten sind noch weitere weiße und augenlose Strudelwürmer bekannt, die nur sehr schwer zu unterscheiden sind.

Höhlenplanarie auf dem Gewässerboden

Höhlenplanarie in Ruhestellung

Dreieckskopf-Strudelwurm

Dugesia gonocephala

Körpergröße: Bis 25 mm

Fundregion: Im Grundwasser, in Höhlengewässern und in größeren Quellen

Beschreibung: Der Dreieckskopf-Strudelwurm ist auf der Oberseite einheitlich braun, grau bis fast schwarz gefärbt. Die Unterseite ist immer wesentlich heller. Der Kopf ist dreieckig, die seitlichen Lappen sind beweglich und mit Sinneszellen besetzt. In der Mitte des Kopfes sitzen in der Regel zwei große schwarze Augen, deren Abstand zum Kopfrand etwa so groß ist wie der Augenabstand selbst. Die Augen sind von einem hellen Vorhof umgeben. Gelegentlich kommen auch Populationen vor, die ein oder drei Augen besitzen. Dreieckskopf-Strudelwürmer sind nachtaktiv und halten sich tagsüber unter Steinen verborgen. Sie ernähren sich von kleinen Gliedertieren wie Flohkrebsen und Insektenlarven. Bei den Tieren ist sowohl die geschlechtliche als auch die ungeschlechtliche Vermehrung möglich. Aus Teilungen hervorgegangene Individuen bleiben immer etwas kleiner. Die braunen, gestielten Eikokons werden zumeist auf der Unterseite von Steinen abgelegt. Aus ihnen schlüpfen 3 bis 18 Junge. Dreieckskopf-Strudelwürmer bevorzugen die stärker strömenden Bäche der Mittelgebirge und des Gebirges, kommen aber auch in Quellen und Höhlenbächen vor. Dorthin gelangen sie zumeist über größere Karstquellen in die unterirdischen Gewässernetze. Die Tiere sind meist häufig und reagieren empfindlich gegen Gewässerverschmutzung.

Verbreitung: Der Dreieckskopf-Strudelwurm ist über Mittel- und Südeuropa, sowie in Teilen Afrikas und Asiens weit verbreitet.

Ähnliche Arten: Die Art kann aufgrund ihres markanten Kopfes mit keiner anderen heimischen Art verwechselt werden.

Die dreieckige Kopfform ist charakteristisch für die Art.

Dreieckskopf-Strudelwürmer im Wasser auf dem Boden eines Bergwerksstollens

Alpenstrudelwurm

Crenobia alpina

Körpergröße: Bis 18 mm

Fundregion: Im Grundwasser, in Höhlengewässern und in Quellen

Beschreibung: Der Alpenstrudelwurm ist meist dunkelgrau oder schwarz, seltener braun gefärbt. Die Bauchseite ist immer wesentlich heller. Die Art besitzt auf der Kopfoberseite zwei Augen. Der Abstand zwischen den Augen und dem Vorderende ist mindestens dreimal so lang wie der Augenabstand selber. Vorne am Kopf sitzt ein Paar seitlich abstehender, kurzer, breiter und ausstreckbarer Tentakel. Der Kopf erscheint abgestutzt. Eine geschlechtliche Fortpflanzung der Alpenstrudelwürmer findet nur im Winter statt. Dabei werden die ca. 2 mm großen, kugeligen Kokons mit bis zu 50 Eiern frei abgelegt. Im Sommer pflanzen sich die Tiere durch Querteilung fort. Als Nahrung dienen der Art hauptsächlich kleine Gliedertiere, wie z. B. Bachflohkrebse, die die lichtscheuen Tiere vorwiegend nachts erbeuten. In den Alpen kommt die Art noch freilebend in den Oberläufen der Bäche unter Steinen und zwischen Wasserpflanzen vor. Nördlich der Alpen hat sich die Art überwiegend ins Grundwasser zurückgezogen, bewohnt aber regelmäßig kalte Quellen der Mittelgebirge. Im Flachland wird die Art nur selten gefunden. Als kaltstenotherme Art bevorzugt der Alpenstrudelwurm zumeist Temperaturen von bis zu 8 °C. Die Art liebt kalkreiche und meidet saure Gewässer. In Höhlen und Bergwerksstollen wird die Art zumeist gefunden, wenn von dort eine Fließverbindung zur Erdoberfläche besteht. Die Art ist ein Anzeiger von absolut sauberem Wasser und gilt in Mitteleuropa als Eiszeitrelikt.

Verbreitung: Der Alpenstrudelwurm ist über Europa und Nordasien weit verbreitet, kommt aber nicht auf der Iberischen Halbinsel vor.

Ähnliche Arten: Die Art kann im Freiland leicht mit dem Gehörnten Vielaugen-Strudelwurm (*Polycelis felina*) verwechselt werden. Mit der Lupe oder unter dem Binokular sind die Arten allerdings sehr leicht an der Anzahl und Stellung der Augen zu unterscheiden.

Alpenstrudelwurm auf dem Gewässerboden

Zwei Augen und spitze Tentakel am Kopf kennzeichnen den Alpenstrudelwurm.

Gehörnter Vielaugen-Strudelwurm

Polycelis felina

Körpergröße: Bis 18 mm

Fundregion: Im Grundwasser, in Höhlengewässern und in Quellen

Beschreibung: Der Gehörnte Vielaugen-Strudelwurm ist auf der Oberseite meist braun oder dunkelgrau gefärbt. Er besitzt einen abgerundeten Kopf, mit zwei seitlich ansitzenden, zugespitzten Tentakeln. Die Tentakel ragen meist schräg nach vorn. Das vordere Körperdrittel ist am Körperrand von einer Vielzahl von Augen gesäumt. Bei dieser Strudelwurmart ist sowohl eine ungeschlechtliche Vermehrung durch Teilung möglich als auch eine geschlechtliche Fortpflanzung. Die durch Teilung entstandenen Tiere sind zumeist etwas kleiner. Bei der geschlechtlichen Fortpflanzung werden ovale Kokons fest an Steine gekittet. Sie enthalten zwischen 5 und 30 Jungtiere. Gehörnte Vielaugen-Strudelwürmer ernähren sich von Flohkrebsen und Insektenlarven. In Höhlen und Bergwerksstollen wird die Art zumeist gefunden, wenn von dort eine Fließverbindung zur Erdoberfläche besteht. Oberirdisch hält sich die lichtscheue Art tagsüber zumeist an der Unterseite von Steinen auf. In gewissen Grenzen verträgt die Art organische Verunreinigungen.

Verbreitung: Der Gehörnte Vielaugen-Strudelwurm ist in ganz Mittel- und Südeuropa weit verbreitet und häufig.

Ähnliche Arten: Die Art kann im Freiland leicht mit dem Alpenstrudelwurm (*Crenobia alpina*) verwechselt werden. Mit der Lupe oder unter dem Binokular sind die Arten allerdings sehr leicht an der Anzahl und Stellung der Augen zu unterscheiden.

Gehörnte Vielaugen-Strudelwürmer

Charakteristisches Merkmal sind die Augenreihen am Seitenrand des Vorderkörpers

Nolls Brunnenwürmchen

Onchulus nolli

Körpergröße: Männchen 3 bis 3,3 mm; Weibchen 2,5 bis 4,3 mm

Fundregion: Im Grundwasser

Beschreibung: Nolls Brunnenwürmchen gehört zur Ordnung der Peitschenwürmer (Enoplida) und ist eine von 7 Arten der Gattung *Onchulus*. Die Art hat einen drehrunden Körper, der von einer flexiblen, aber zugleich widerstandsfähigen Hautschicht (Kutikula) umgeben ist. Das Tier bewegt sich schlängelnd oder gleitend durch das Wasser und das Sediment. Am Vorderende des Körpers befindet sich die Mundöffnung des Verdauungstraktes. Diese ist von Lippen umgeben, die sechs gut ausgebildete und lange Borsten tragen. Die Art ernährt sich vorwiegend räuberisch von anderen Fadenwürmern, Rädertierchen (Rotatoria) und Bakterien. Unter bestimmten Umweltbedingungen ernähren sich die erwachsenen Tiere und alle vorausgehenden Entwicklungsstadien von pflanzlicher und tierischer Nahrung. Die Art gilt als Indikator für eine gute Wasserqualität, wurde aber wiederholt auch in Gewässern mit hohen Nitratwerten angetroffen.

Verbreitung: Vertreter der Fadenwurmfamilie Onchulidae sind generell sehr selten anzutreffen und oftmals nur von einem Fundort bekannt. Hauptverbreitungsgebiet der Familie sind die Tropen. Nolls Brunnenwürmchen ist in Mitteleuropa verbreitet. Die Art wurde in Deutschland beschrieben und ist regelmäßig in unseren Grundwasserkörpern anzutreffen.

Ähnliche Arten: Die Art ist nur sehr schwer von anderen Fadenwürmern zu unterscheiden.

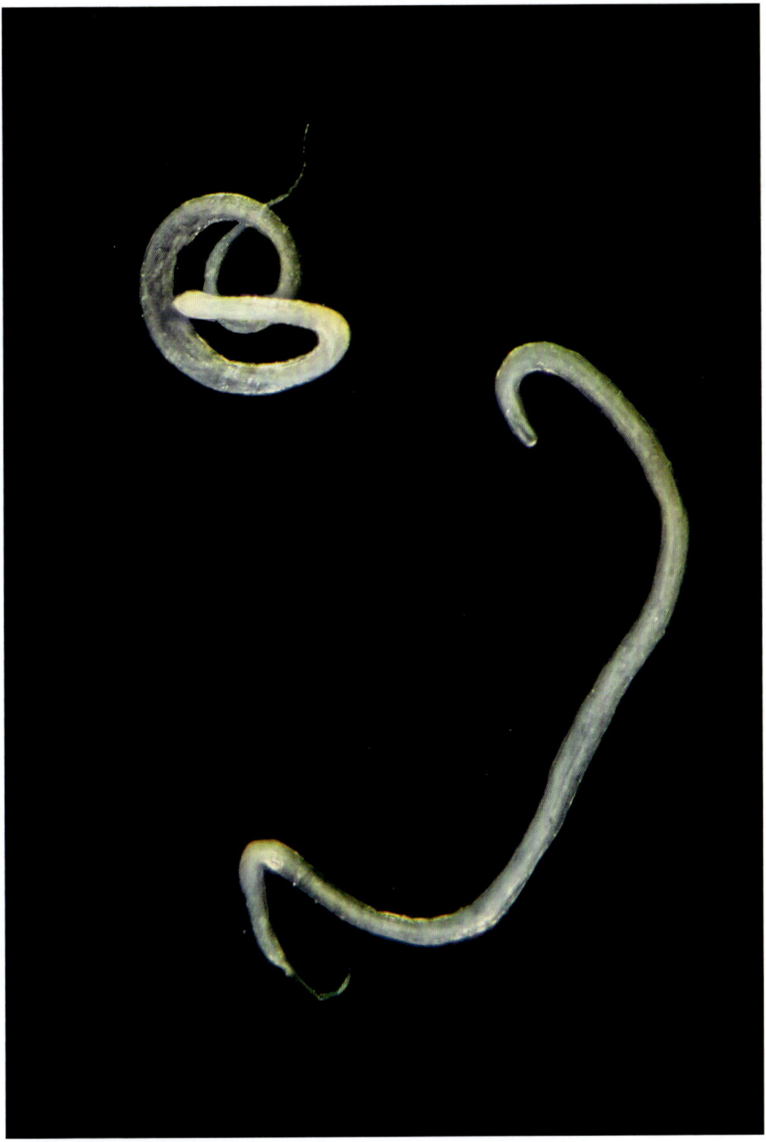

Nolls Brunnenwürmchen

Quell-Erbsenmuschel

Pisidium personatum

Körpergröße: Schale 3 bis 4 mm breit und 2,5 bis 3,5 mm hoch

Fundregion: In grundwasserbeeinflussten Sedimenten, vor allem in Quellen und Wasseraustritten von Bergwerksstollen

Beschreibung: Die Quell-Erbsenmuschel besitzt eine zweiklappige Schale, deren beiden Hälften von einem Schloss (Ligament) zusammengehalten werden. Die Schalenhälften sind kreis- bis eiförmig und weisen nur schwach hervortretende Wirbel auf. Die Art lebt in der obersten Feinsedimentschicht von stets kalten Quellen und Quellbächen, jedoch auch in Mooren, am Gewässerboden in der Tiefenzone von Seen sowie in Höhlengewässern. Die Quell-Erbsenmuschel atmet durch Kiemen und ernährt sich von Bakterien und organischen Schwebstoffen, die sie aus dem Wasser filtriert. Die Tiere sind nur wenig austrocknungsresistent und ihr Auftreten weist auf eine hohe Stetigkeit des Gewässers hin. Ein erhöhter Kalkgehalt und leicht saures bis schwach basisches Wasser werden bevorzugt. Als Besonderheit betreibt die Art Brutpflege. Die Jungtiere werden nicht als Larven ins Freiwasser abgegeben, sondern im Kiemenraum im Innern der Schale großgezogen. Dadurch wird die Population an Ort und Stelle erhalten und ein Abdriften der Larven in ungünstigere Lebensräume verhindert. Eine passive Ausbreitung der Tiere über Land kann durch Wildschweine, die sich im Quellbereich suhlen, erfolgen.

Verbreitung: Die Art ist in ganz Mittel- und Nordeuropa verbreitet und oftmals häufig.

Ähnliche Arten: Aufgrund ihrer geringen Größe und allgemeinen Merkmalsarmut ist die morphologische Artbestimmung innerhalb der Erbsenmuscheln (Gattung *Pisidium*) sehr schwierig. Eine genetische Bestimmung mittels DNA-Barcoding ist möglich.

Die Schalen der Quell-Erbsenmuscheln sind oft braun verkrustet.

Schale der Quell-Erbsenmuschel

Rote Wegschnecke/Schwarze Wegschnecke

Arion rufus/Arion ater

Körpergröße: Länge 10 bis 18 cm

Fundregion: An der Höhlenwand, der Decke und auf dem Boden, bevorzugt in der Eingangs- und Übergangsregion

Beschreibung: Sowohl die Rote Wegschnecke als auch die Schwarze Wegschnecke sind regelmäßig in Höhlen anzutreffen. Der Mantelschild bedeckt mehr als ein Drittel der Körperlänge und auf der rechten Körperseite ist ein Atemloch vorzufinden. Anders als bei den Schnegeln sitzt dieses in der vorderen Hälfte des Mantelschilds. Da die Rote Wegschnecke neben roten, orangenen und grauen Farbvarianten auch komplett schwarze oder dunkelbraune Erscheinungsbilder hervorbringen kann, ist eine eindeutige Artzuweisung von schwarzen und dunkelbraunen Tieren nur über die Genitalmorphologie oder das DNA-Barcoding möglich. Zudem sind weitere, teilweise unbeschriebene *Arion*-Arten der Roten Wegschnecke äußerlich sehr ähnlich. Bei der Schwarzen Wegschnecke können Albinos vorkommen. Die Jungtiere weisen unterschiedliche Farbvarianten auf. Wegschnecken sind Simultanzwitter und befruchten sich bei der Paarung gegenseitig. Gewöhnlich sterben die erwachsenen Tiere kurz nach der Eiablage. Die Eigelege, welche regelmäßig im Übergangsbereich von Höhlen vorzufinden sind, stellen vermutlich einen signifikanten Nährstoffeintrag in unterirdische Ökosysteme dar. So ernährt sich beispielsweise der Wurmschnegel von den Eigelegen der Wegschnecken und macht auch Jagd auf frisch geschlüpfte Jungtiere. Wegschnecken selbst sind Allesfresser und zersetzen frische und welkende Pflanzenreste, Pilze, Kot und Aas. Wegschnecken sind nachtaktiv und in Wäldern und feuchten Lebensräumen anzutreffen. Bei Regen findet man sie auch tagsüber.

Verbreitung: Beide Wegschneckenarten sind in Mitteleuropa weit verbreitet. Die Schwarze Wegschnecke ist vor allem in Nordeuropa häufig. Die Rote Wegschnecke gilt als typische Art der Mittelgebirge.

Ähnliche Arten: Bei Wegschnecken liegt das Atemloch in der vorderen Hälfte des Mantelschilds, bei Schnegeln (Limacidae) in der hinteren Hälfte und es ist ein Kiel ausgeprägt. Die einzelnen *Arion*-Arten sind schwer zu bestimmen.

Schwarze Wegschnecke bei der Nahrungssuche

Rote Wegschnecke in Ruhestellung an der Höhlenwand

Wurmschnegel

Boettgerilla pallens

Körpergröße: Länge bis 6 cm

Fundregion: An der Höhlenwand, der Decke und auf dem Boden, in allen Lichtregionen

Beschreibung: Der Wurmschnegel weist ein charakteristisches, wurmartiges Erscheinungsbild auf, welchem er seinen Namen verdankt. Seine Färbung ist durchgängig weiß bis grau; Jungtiere sind gelb bis dreckigweiß. Er besitzt eine sehr kleine, innere Schale, die allerdings nicht mehr dem Schutz dient. Die Tiere sind sehr lichtscheu und bewegen sich vorwiegend unterirdisch im Boden (z. B. in Maulwurfsgängen) und größeren Spaltensystemen (z. B. in Höhlen und Bergwerksstollen) fort, können aber auch oberirdisch unter Steinen und Totholz vorgefunden werden. In Deutschland ist der Wurmschnegel eine der wenigen Schneckenarten, die regelmäßig auch in der Tiefenregion anzutreffen ist. Bevorzugt werden allgemein natürliche Landschaften. Die Nahrungsaufnahme erfolgt sporadisch, wobei der Verzehr von Detritus, weichen Pflanzenteilen, Eiern anderer Nacktschneckenarten und Maulwurfsausscheidungen beobachtet werden konnte. Die Art kann in manchen Gewächshausanlagen als Schädling angesehen werden. Während des Spätsommers bis Herbst werden Eipakete von 1 bis 6 Eiern tief im Boden abgelegt. Die erwachsenen Tiere überleben zwar die Eiablage, verenden jedoch kurze Zeit später.

Verbreitung: Ursprünglich aus dem Kaukasus stammend, kommt der Wurmschnegel heute in ganz West-Europa vor. Auch Überseepopulationen aus Kanada, Mexiko und Kolumbien sind nachgewiesen. In Deutschland war er bis 1960 unbekannt, wurde aber schlicht übersehen und als juvenile Nacktschnecke angesprochen, was durch Betrachtung älterer Museumsfunde bestätigt werden konnte.

Ähnliche Arten: Die Art ist durch ihre wurmförmige, langgestreckte Erscheinung, den scharfen Kiel und die zwei Mantelrinnen gut von anderen einheimischen Nacktschneckenarten zu unterscheiden.

Wurmschnegel an der Höhlenwand

Wurmschnegel in Ruhestellung

Baumschnegel

Lehmannia marginata

Körpergröße: Länge 2,5 bis 5 cm

Fundregion: An der Höhlenwand, der Decke, auf dem Boden und an Totholz, bevorzugt in der Eingangs- und Übergangsregion

Beschreibung: Der Baumschnegel ist grau-braun bis gelblich in seiner Grundfärbung und besitzt einen helleren Mittelkielstreifen. Der Kiel selbst erscheint erst zum Körperende hin deutlich ausgeprägt. Der Mantel zeigt zwei dunkle Bänder, die auch in ein Fleckenmuster übergehen oder gänzlich verwaschen können und so verschiedene Farbvarianten hervorbringen. Wie bei allen Schnegeln befindet sich das Atemloch in der hinteren Hälfte des Mantelschildes. Das Körperende läuft spitz zusammen. Der Baumschnegel lebt vorwiegend in Laubwäldern. Die Tiere sind sehr aktiv und im Totholz unter Rinde, an Felswänden, aber auch – wie namensgebend – in den Baumkronen anzutreffen. Das Erklimmen von Bäumen ist eine verhaltensbiologische Besonderheit dieser Art und unterscheidet sie von anderen in Mitteleuropa vorkommenden Vertretern der Gattung *Lehmannia*. Das Nahrungsspektrum umfasst Algen, Pilze und Flechten, die der Baumschnegel von der Baumrinde abraspelt. Unterirdische Lebensräume werden vermutlich bei großer Hitze und Trockenheit aufgesucht. Ob Höhlen auch aktiv zur Nahrungssuche oder für die Eiablage aufgesucht werden, ist nicht bekannt.

Verbreitung: Die Art ist über ganz Mitteleuropa weit verbreitet.

Ähnliche Arten: Der Baumschnegel kann mit dem nicht-einheimischen Gewächshaus-Schnegel (*Lehmannia valentiana*) und dem Östlichen Schnegel (*Lehmannia nyctelia*) verwechselt werden. Beide Arten sind bei uns selten und reine Bodenbewohner, aber nur sicher über ihre Genitalmorphologie oder die Genetik vom Baumschnegel zu trennen, der bisher als einzige *Lehmannia*-Art in deutschen Höhlen nachgewiesen wurde.

Baumschnegel, ausgestreckt und in Ruhestellung

Schwarzer Schnegel

Limax cinereoniger

Körpergröße: Länge bis 20 cm

Fundregion: An der Höhlenwand, der Decke und auf dem Boden, in allen Lichtregionen

Beschreibung: Der Schwarze Schnegel ist eine der größten einheimischen Landschneckenarten. Gewöhnlich ist er schwarz bis grau gefärbt, kann aber regional teilweise gänzlich weiße oder rötliche Farbvarianten hervorbringen. Die Tiere besitzen einen hellen Rückenstrich und einen langen markanten Kiel. Auch gefleckte oder getigerte Exemplare und Albinos sind möglich. Die Jungtiere sind stets einfarbig braun. In einigen Höhlengebieten ist die Art ein typischer Höhlenbewohner und bildet feste unterirdische Populationen aus. Generell werden naturbelassene Landschaften wie Buchenwälder besiedelt, wo wiederum feuchte Lebensräume bevorzugt werden. Größtenteils fehlt er in städtischen Gebieten und Kulturlandschaften. Der Schwarze Schnegel ist nachtaktiv und ernährt sich von Pflanzenresten, Algen und Pilzen. Die Paarung geschieht im Juni/Juli. Die erwachsenen Tiere hängen dann kopfüber, z. B. an Bäumen. Auch Selbstbefruchtung ist möglich. Die befruchteten Tiere legen über mehrere Wochen hinweg etwa 400 bis 800 Eier unter Moos oder bei Höhlenpopulationen einfach an die Höhlenwand. Die Geschlechtsreife wird nach anderthalb bis zwei Jahren erlangt. Die Lebenserwartung liegt bei insgesamt drei Jahren. Vermutlich handelt es sich beim Schwarzen Schnegel um einen Art-Komplex.

Verbreitung: Die Art ist in ganz Mitteleuropa verbreitet. Nach Norden hin nimmt ihre Häufigkeit zu.

Ähnliche Arten: Schwarze Schnegel können mit sehr dunkel gefärbten Exemplaren des Großen Schnegels (*Limax maximus*) verwechselt werden. Die Färbung der Fußsohle ist hier ein gutes Merkmal, die beim ausgewachsenen Schwarzen Schnegel allgemein hell, aber am Rand dunkel gefärbt ist.

Schwarzer Schnegel in Normalfärbung

Albino des Schwarzen Schnegels

Schwarzer Schnegel, braune Variante (Jungtier)

Großer Schnegel

Limax maximus

Körpergröße: Länge 10 bis 20 cm

Fundregion: An der Höhlenwand, der Decke und auf dem Boden, in allen Lichtregionen

Beschreibung: Große Schnegel fallen dem Betrachter sofort durch ihre kontrastreiche Färbung auf. Auf hellem Grund befinden sich viele unregelmäßige dunkle Flecken. Allerdings kann die Färbung sehr variabel sein und manche Tiere, die fast schwarz oder aschegrau sind, können eine sichere Artzuweisung erschweren. Große Schnegel besitzen einen im Mantel befindlichen Schalenrest, der ihnen als Kalkspeicher dient. Die Art ist ausschließlich nachtaktiv und ernährt sich von Pilzen, Detritus, Aas, anderen Nacktschnecken und seltener lebenden Pflanzenteilen. In Höhlen kommt die Art ganzjährig, allerdings mit einem klaren Schwerpunkt im Winterhalbjahr vor. Wie alle Schnegel sind sie Simultanzwitter und besitzen gleichzeitig weibliche und männliche Genitalien. Die Paarung erfolgt von Juli bis Oktober und ist sehr komplex. Nachdem ein Tier die Schleimspur seines Paarungspartners aufgenommen hat, kann eine durchaus mehrere Stunden andauernde Verfolgung ablaufen. Am Ende dieser bilden die Tiere einen Kreis, nähern sich immer weiter an und umschlingen sich letztendlich. Als Paar seilen sie sich an einem oft mehrere Dutzend Zentimeter langen Schleimfaden kopfüber ab und verdrillen ihre männlichen Geschlechtsteile. Letztere formen abschließend zusammen die sogenannte „Lampenglocke", in welcher der wechselseitige Austausch der Spermapakete erfolgt. Die Tiere werden 2 bis 3 Jahre alt und besitzen zwei Legeperioden, in welcher jeweils zwei bis vier Eigelege mit wenigen hundert Eiern abgelegt werden.

Verbreitung: Die Art ist über ganz Europa weit verbreitet und vielerorts Kulturfolger (d. h. häufig auch in Kellern anzutreffen). Vermutliches Ursprungsgebiet ist Südwesteuropa. Außerhalb Europas sind Vorkommen aus Nordamerika, Australien und Südafrika bekannt.

Ähnliche Arten: Dunkel gefärbte Tiere können mit dem Schwarzen Schnegel (*Limax cinereoniger*) verwechselt werden. Jungtiere sind generell sehr schwer eindeutig einer Art zuzuweisen.

Großer Schnegel an der Höhlenwand

Großer Schnegel mit abweichendem Fleckenmuster in Ruhestellung

Kleine Brunnenschnecke

Bythiospeum acicula

Körpergröße: Gehäuse 2 bis 5,5 mm hoch, etwa 1 mm breit

Fundregion: Im Grundwasser; vereinzelt auch in Quellen, Brunnen und grundwasserbeeinflussten Flusssedimenten

Beschreibung: Die Gehäuse der Brunnenschnecken sind turmförmig, haben eine abgeflachte Spitze und erscheinen bei lebenden Tieren durchsichtig-matt. Leere Gehäuse können weißlich-grau und deutlich rauer wirken. Die Gehäuseöffnung ist durch einen Deckel (Operculum) verschließbar. Der Körper der Schnecke ist transparent bis blass durchscheinend. Oftmals lässt sich so im Inneren des Tieres der mit Nahrungsresten gefüllte Darm erkennen. An der Basis der zwei Fühler befinden sich weißliche Pigmentreste, welche die zurückgebildeten Augen darstellen. Der Kopf mündet in eine Art Rüssel, der zur Nahrungsaufnahme dient. Brunnenschnecken ernähren sich von feinen organischen Sedimenten, in denen sie drei bis vier Millimeter breite Kriechspuren und ihre eigenen Ausscheidungen hinterlassen. Die endemische Husmanns Brunnenschnecke (*Bythiospeum husmanni*) wurde 2009 zum Weichtier des Jahres gewählt.

Verbreitung: In Deutschland kommt die Gattung *Bythiospeum* vorwiegend im Süden vor. Das nördlichste Vorkommen ist aus dem Grundwasser im Ruhrtal bei Schwerte bekannt, von wo die endemische Husmanns Brunnenschnecke beschrieben wurde.

Ähnliche Arten: Die Artbestimmung bei Brunnenschnecken anhand von Schalenmerkmalen ist äußerst schwierig. Aufgrund der Formenvielfalt ihrer Gehäuse wurden in der Vergangenheit allein für Deutschland mehr als 30 Arten beschrieben. Nach einer 2017 durchgeführten taxonomischen Revision, die auch genetische Merkmale berücksichtigte, sind allerdings mehr als 20 davon auf die Art *Bythiospeum acicula* zurückzuführen und werden nun als Synonyme betrachtet.

Brunnenschnecke auf Totholz unter Wasser

Brunnenschnecken haben ein durchscheinendes Gehäuse

Bauchige Zwerghornschnecke

Carychium minimum

Körpergröße: Gehäuse 1,5 bis 2,5 mm hoch, etwa 1 mm breit

Fundregion: In wassergesättigten Laubschichten und unter Holz, vorwiegend in Eingangsnähe

Beschreibung: Die Bauchige Zwerghornschnecke besitzt ein bauchiges, durchscheinend glasiges bis weißes Gehäuse, durch das bei jüngeren Tieren der Weichkörper sichtbar ist. Zwerghornschnecken haben unabhängig von den anderen hier erwähnten terrestrischen Schneckenarten im Laufe ihrer Evolution aus marinen Vorfahren das Land besiedelt. Noch heutzutage spiegelt sich das in ihren ökologischen Anforderungen an dauerhaft feuchte und dunkle Lebensräume wider. So besiedeln Arten der Gattung *Carychium* die Wasserfilme zwischen den Laubschichten, Arten der Schwestergattung *Zospeum* sind gänzlich auf südeuropäische Höhlen als Lebensräume angewiesen. Aufgrund ihrer ökologischen Ansprüche und geringen Größe verwundert es nicht, dass Zwerghornschnecken oftmals auch in größerer Anzahl in Höhlen vorkommen, in denen sie das verwitternde Totholz und die Streulaubschicht besiedeln. Die Tiere sind saisonale Zwitter und wandeln ihr Geschlecht im Laufe des Lebens. Zu Beginn der Lebensphase sind die Tiere männlich und werden mit zunehmendem Alter weiblich. Für die Paarung finden sich immer beide Geschlechter zusammen.

Verbreitung: Die Art kommt in ganz Europa in fast allen Höhenlagen und zumeist in Gewässernähe vor. Sie besiedelt auch Kulturlandschaften (z.B. Parkanlagen, Gärten) sowie Gewächshäuser. Durch die zunehmende Globalisierung wurde sie vermutlich über den Schiffstransport nach Nordamerika und auf die Azoren verschleppt.

Ähnliche Arten: Eine hohe Verwechslungsgefahr besteht selbst für Kenner mit der nah verwandten Schlanken Zwerghornschnecke (*Carychium tridentatum*), die ebenso häufig in unseren Höhlen vorkommt. Beide Arten weisen relativ variable Gehäusemerkmale auf, die überlappen können. Sie lassen sich allerdings eindeutig über das DNA-Barcoding identifizieren. Zudem benötigt die Bauchige Zwerghornschnecke deutlich feuchtere Habitate.

Bauchige Zwerghornschnecke (Carychium minimum)

Schlanke Zwerghornschnecke (Carychium tridentatum)

Hain-Bänderschnecke

Cepaea nemoralis

Körpergröße: Gehäuse etwa 18 mm hoch und 23 mm breit

Fundregion: An der Höhlenwand, auf dem Boden oder in kleinen Felsspalten, bevorzugt in der Eingangs- und Übergangsregion

Beschreibung: Das Gehäuse der Hain-Bänderschnecke kann einfarbig gelb, rot, braun, dunkelviolett oder fast weiß und mit mehreren dunklen Spiralbändern versehen sein. Der Weichkörper selbst ist grau bis dunkelbraun. Der extreme Farb-Polymorphismus führte in der Vergangenheit dazu, dass Dutzende Arten beschrieben wurden. Heute geht man davon aus, dass sich die genetisch bestimmten Farbvarianten der Schnecke aufgrund unterschiedlicher Umwelteinflüsse halten oder entwickeln. So sind einfarbig helle Formen vor allem in offenen, sonnenbeschienenen Standorten anzutreffen. Dunkle Gehäuse würden schnell aufheizen, helle Farbvarianten dagegen reflektieren mehr Sonnenlicht und sorgen für eine Thermoregulation. Die Ausprägung von dunklen Bandenmustern wiederum wird in strukturreichen Lebensräumen als Anpassung an eine kontrastreiche Umwelt verstanden; um sich besser zu tarnen und vor Räubern zu schützen. Da die Art sehr geringe Ansprüche an ihre Umwelt stellt, kommt sie in den unterschiedlichsten Lebensräumen vor (Wälder, Wiesen, Feuchtgebiete, Städte, Höhlen). Die Art ernährt sich vorwiegend von abgestorbenen und verrottenden Pflanzenteilen. Im Frühjahr findet die Paarung der zwittrigen Tiere statt. Im Laufe des Sommers werden etwa 50 Eier in Erdhöhlen gelegt. Die Jungtiere schlüpfen nach drei Wochen und werden nach drei Jahren geschlechtsreif. Die maximale Lebenserwartung beträgt acht Jahre. Die Tiere halten Winterschlaf, können aber während wärmeren Wochen auch im Winter aktiv sein.

Verbreitung: Die Hain-Bänderschnecke ist über ganz Mitteleuropa weit verbreitet und meist sehr häufig. Nach Nordamerika wurde die Art eingeschleppt.

Ähnliche Arten: Die Hain-Bänderschnecke kann mit der Garten-Bänderschnecke (*Cepaea hortensis*) verwechselt werden, da beide fast identische Farbvarianten hervorbringen. Als Merkmale dienen der dunkle Mundsaum und die dunkle innere Lippe, die beide charakteristisch für die Hain-Bänderschnecke sind.

Hain-Bänderschnecken vor der Paarung. Man erkennt den weißen „Liebespfeil“ im Körper des linken Tieres.

Der dunkle Mundsaum ist charakteristisch bei der Hain-Bänderschnecke.

Steinpicker

Helicigona lapicida

Körpergröße: Gehäuse 7 bis 9 mm hoch, 12 bis 20 mm breit

Fundregion: An der Höhlenwand, der Decke, oft in Felsspalten und auf dem Boden, häufig im Eingangs- und Übergangsbereich

Beschreibung: Der Steinpicker besitzt ein charakteristisches, flach-linsenförmiges Gehäuse mit ausgeprägtem Kiel. Die Oberseite ist unregelmäßig gestreift und weist ein variables, rot-braunes Fleckenmuster auf. Auf der Unterseite ist ein tiefer Nabel vorhanden. An der Mundöffnung des Gehäuses ist eine starke weiße Lippe ausgeprägt. Die Art bewohnt insbesondere schattige und vegetationsreiche Mauern und Felsen. Die flache Gehäuseform erlaubt es dem Steinpicker, sich bei Trockenheit oder zur Überwinterung tief in Spalten und Klüfte zurückziehen, wo eine höhere Luftfeuchtigkeit vorgefunden werden kann. Die Art ist ganzjährig in Höhlen anzutreffen. Markierungsexperimente haben eine maximale Ausbreitungsdistanz von 32 m pro Jahr feststellen können (Mittel: 3,5 m), was vermutlich der ständigen Wiederkehr zum selben Unterschlupf zuzuschreiben ist. Der Steinpicker ernährt sich von Algen und Flechten, unter Laborbedingungen allerdings auch von anderen Schnecken.

Verbreitung: Die Art ist in Mittel- und Westeuropa weit verbreitet und häufig. Das eigentliche Verbreitungsgebiet der Gattung *Helicigona* befindet sich in Südosteuropa (v. a. Balkanhalbinsel und Inseln der Ägäis), von wo viele endemische Arten beschrieben sind.

Ähnliche Arten: Aufgrund der Größe und des stark gekielten Gehäuses ist die Art kaum zu verwechseln.

Steinpicker an der Höhlenwand

Steinpicker in Ruhestellung und Wintergesellschaft in einer Felsspalte im Höhleneingang

Riemenschnecke

Helicodonta obvoluta

Körpergröße: Gehäuse 4,5 bis 7 mm hoch, 10 bis 15 mm breit

Fundregion: An der Höhlenwand und auf dem Boden, häufig im Eingangs- und Übergangsbereich

Beschreibung: Das Gehäuse der Riemenschnecke ist braun, dick-scheibenförmig und vor allem bei jüngeren Tieren dicht mit etwa 1 mm langen Haaren bedeckt. Im lebenden Zustand sind zudem die schwarzen Flecken auf dem im Inneren befindlichen Mantel gut durch das Gehäuse zu erkennen, sodass dieses braun-schwarz gefleckt wirkt. Durch die Einsenkung der letzten Windung (Apex) ist die Oberseite des Gehäuses mittig leicht eingedrückt. Auf der Unterseite ist ein tief eingedrückter Nabel vorhanden. Die Gehäuseöffnung zeigt eine stark ausgeprägte, weißlich bis rötliche Lippe; der Mundsaum ist nach außen umgeschlagen. Kopf und Fuß der Schnecke sind gräulich gefärbt. Die Riemenschnecke ernährt sich vermutlich von abgestorbenen Pflanzenteilen und Pilzgeflechten. Zur Trockenzeit und zur Überwinterung können die Tiere ihr Gehäuse mit einem dünnen Kalkhäutchen (Diaphragma) verschließen, wodurch sie sich vor zunehmender Austrocknung schützen. Zusätzlich ziehen sie sich dann in luftfeuchtere Lebensräume zurück, sodass sie oft im Eingangs- und Übergangsbereich von Höhlen angetroffen werden. Diese Lebensräume sind im Winter aufgrund ihrer geringen Frostwahrscheinlichkeit ebenso zur Überwinterung geeignet.

Verbreitung: Die Art ist in ganz Mitteleuropa weit verbreitet, nach Norden hin wird sie allerdings seltener. Aus Norddeutschland sind nur wenige Reliktvorkommen in Schleswig-Holstein bekannt. Die Art bevorzugt kalkreiche Böden, wo sie an schattigen Felsen, unter Steinen und Totholz sowie in der Laubschicht auftritt.

Ähnliche Arten: Durch ihre allgemeine Gehäuseform und das auf der Oberseite mittig leicht eingedrückte Gehäuse ist die Art gut zu erkennen.

Riemenschnecke in Ruhestellung mit Kalkhäutchen (Diaphragma) in der Gehäusemündung

Riemenschnecke an der Höhlenwand

Rötliche Laubschnecke, Inkarnatschnecke

Monachoides incarnatus

Körpergröße: Gehäuse 6 bis 11 mm hoch, 10 bis 16 mm breit

Fundregion: An der Höhlenwand und auf dem Boden, häufig im Eingangs- und Übergangsbereich von Höhlen mit starkem organischem Eintrag

Beschreibung: Der Name Inkarnatschnecke nimmt Bezug auf die rötliche oder fleischfarbige Mundöffnung des Gehäuses (lat. carnis, das Fleisch). Das restliche Gehäuse ist allerdings eher gelblich bis rot-bräunlich gefärbt. Der Weichkörper ist blass rot und wird zum Kopf hin gräulich. Die auf dem Mantel befindlichen schwarzen Flecken scheinen bei lebenden Tieren durch das Gehäuse durch und täuschen ein Fleckenmuster vor. Die Unterseite des Gehäuses besitzt einen engen aber geöffneten Nabel, der teilweise bedeckt sein kann. Die Schneckenart besiedelt die Streulaubschicht von feuchteren Wäldern oder ist in Gesteinsgeröllen, Büschen und unter Totholz in Gewässernähe zu finden. In den eingangsnahen Bereichen von Höhlen werden regional feste Populationen gebildet. Die Tiere ernähren sich von bereits abgestorbenen und sich zersetzenden Pflanzenmaterialien. Im Spätsommer legt die Rötliche Laubschnecke Pakete von 20 bis 60 Eiern in selbstgegrabene Erdlöcher. Nach etwa drei Wochen schlüpfen die Jungtiere. Die Lebensdauer beträgt 2 Jahre.

Verbreitung: Die Art ist in Mitteleuropa häufig und kommt in ganz Deutschland vor.

Ähnliche Arten: Aufgrund ihrer Gehäuseform und Färbung gut zu erkennen. Einzig in der Fränkischen Schweiz zwischen Scheßlitz, Pegnitz und Altdorf bei Nürnberg kommt mit der Karpaten-Laubschnecke (*Monachoides vicinus*) eine sehr ähnliche Art vor. Höhlenfunde der Karparten-Laubschnecke sind nicht bekannt, können aber auch nicht ausgeschlossen werden. Die Rötliche Laubschnecke lässt sich von der Karpaten-Laubschnecke vor allem durch ihren geöffneten Nabel unterscheiden, der bei letzterer geschlossen ist.

Rötliche Laubschnecke an der Höhlenwand

Fühler- und Kopfpartie der Rötlichen Laubschnecke

Rötliche Daudebardie

Daudebardia rufa

Körpergröße: Gehäuse 4 bis 6 mm breit

Fundregion: An der Höhlenwand, auf dem Boden und im Laub, bevorzugt in der Eingangs- und Übergangsregion

Beschreibung: Die Rötliche Daudebardie, auch Rötliche Raubglanzschnecke genannt, besitzt ein sehr kleines Gehäuse, in das sich nur das Jungtier zum Schutz vor Austrocknung und vor Fressfeinden komplett zurückziehen kann. Bei älteren Tieren sitzt das dünne, leicht gelblich scheinende Gehäuse frei auf dem Mantelende – das heißt, es wird von diesem nicht überlagert. Das Gehäuse ist abgeflacht und zeigt 2 bis 2,5 Windungen. Die letzte Windung ist ohrförmig erweitert. Oftmals sind gut sichtbare Wachstumsstreifen vorhanden. Der Weichkörper selbst ist blaugrau. Als Halbnacktschnecke ist die Rötliche Daudebardie auf eine hohe Luftfeuchte angewiesen. Man findet sie deshalb vorwiegend unter Laub und Steinen in feuchten und naturbelassenen Mittelgebirgswäldern. Regelmäßig dringt sie auch in tiefere Felsspalten und Höhlen vor, wo sie ab und zu feste Populationen bildet. Als Räuber stellt die Art dort anderen wirbellosen Tieren wie Insekten, Schnecken und Regenwürmern nach. Zur Ökologie ist sonst nur sehr wenig bekannt. Lange Zeit wurde die Art in zahlreiche Unterarten aufgeteilt, die aktuell aber allesamt synonymisiert werden.

Verbreitung: Die Rötliche Daudebardie ist in ganz Süd- und Mitteleuropa verbreitet. Ihre nördlichsten Vorkommen bildet die Art im Harz und Erzgebirge.

Ähnliche Arten: Vor allem Jungtiere der Rötlichen Daudebardie können mit Vertretern der Kleinen Daudebardie (*Daudebardia brevipes*) verwechselt werden. Beide Arten leben in den gleichen Habitaten und zeigen ein überlappendes Verbreitungsgebiet. Bei der Kleinen Daudebardie ist das Gehäuse nur 4 bis 4,6 mm groß und mit 1,5 bis 1,75 Windungen versehen.

Das Gehäuse der Rötlichen Daudebardie ist im Verhältnis zum Körper sehr klein ausgebildet.

Eine Rötliche Daudebardie neben dem wesentlich größeren Schwarzen Schnegel (Limax cinereoniger) an der Höhlenwand

Keller-Glanzschnecke

Oxychilus cellarius

Körpergröße: Gehäuse 4,5 bis 6 mm hoch, 11 mm breit

Fundregion: An der Höhlenwand und auf dem Boden, in allen Lichtregionen

Beschreibung: Die Keller-Glanzschnecke besitzt eine durchscheinende und sehr glatte Gehäuseoberseite, die einen gelb-gräulichen Schimmer aufweist. Auf der Gehäuseunterseite ist ein kleiner trichterförmiger Nabel vorhanden. Die Gehäusemündung ist scharfkantig und verläuft geradlinig. Der Weichkörper der Tiere variiert in seiner Färbung von graublau bis hellgrau. Das Ernährungsspektrum ist vielseitig und umfasst Detritus, Pflanzen und kleinere Würmer, aber auch andere Schneckenarten und deren Eigelege. Aus Höhlen sind Beobachtungen bekannt, bei denen die Keller-Glanzschnecke überwinternde Nachtfalter frisst. Zwischen Februar und Oktober findet die Eiablage statt, bei der kleinere bis mittelgroße Eigelege abgelegt werden (7 bis 45 Stück). Nach etwa zwei Wochen schlüpfen die Jungtiere, die nach einigen Monaten ausgewachsen und im darauffolgenden Jahr geschlechtsreif sind. Die Lebenserwartung der Schneckenart liegt bei etwa 12 bis 14 Monaten. Die Keller-Glanzschnecke besiedelt feuchte und schattige Standorte. Sie kommt in Wäldern, Gebüschen, zwischen Felsen und in Gärten vor und ist auch in Naturhöhlen, Bergwerksstollen und Felsenkellern weit verbreitet. Hier bildet die Art feste Höhlen-Populationen, die weit in die Tiefenregionen hineinwandern.

Verbreitung: Die Art ist in ganz West- und Mitteleuropa vertreten. Im Norden kommt sie bis nach Skandinavien und im Osten mit isolierten Vorkommen bis ins Baltikum vor. Die Art wurde zudem nach Nordamerika und Neuseeland verschleppt, wo sie aufgrund ihrer Ernährungsweise eine Gefahr für die einheimische Schneckenfauna darstellt.

Ähnliche Arten: Die Art kann mit der Großen Glanzschnecke (*Oxychilus draparnaudi*) und der etwas kleineren Knoblauch-Glanzschnecke (*Oxychilus alliarius*) verwechselt werden. Alle drei Arten können im selben Lebensraum vorkommen.

Das Gehäuse der Keller-Glanzschnecke ist flach und glänzend.

Keller-Glanzschnecke an der Höhlenwand

Große Glanzschnecke

Oxychilus draparnaudi

Körpergröße: Gehäuse 4,5 bis 6 mm hoch, 12 bis 14 mm breit

Fundregion: An der Höhlenwand und auf dem Boden, in allen Lichtregionen

Beschreibung: Die Große Glanzschnecke hat ein gelb- bis dunkelbraun gefärbtes Gehäuse. Es ist flachgewölbt und besitzt eine leicht abgesetzte Gehäusespitze. Aufgrund der dünnwandigen Schale scheint der blaugraue bis dunkelblaue Weichkörper der Schnecke durch das Gehäuse hindurch und lässt es dunkler erscheinen, als es in Wirklichkeit ist. Die Art ernährt sich vorwiegend räuberisch von anderen Schneckenarten, wie Jungtieren der Bänderschnecken, Nacktschnecken oder der nah verwandten Keller-Glanzschnecke. Der starke Höhlenbezug der Art kann dadurch erklärt werden, dass viele Schneckenarten die kühleren und luftfeuchteren unterirdischen Bereiche zur Eiablage nutzen. Diese Eigelege stehen ebenfalls auf dem Speiseplan der Großen Glanzschnecke. Zusätzlich verzehrt die Art frische und welke Pflanzenteile. Die Fortpflanzung geschieht von Mai bis September. Die erwachsenen Tiere sterben oftmals nach der Eiablage. Es können bis zu 70 Eier abgelegt werden. Jungtiere schlüpfen nach zwei Wochen und werden nach acht bis neun Monaten geschlechtsreif. Die Lebenserwartung beträgt etwa zwei Jahre.

Verbreitung: Die Art ist in Europa weit verbreitet. Zusammen mit der Keller-Glanzschnecke (*Oxychilus cellarius*) wurde sie bis nach Nordamerika und Neuseeland verschleppt, wo sie aufgrund ihrer Ernährungsweise eine Gefahr für die einheimische Schneckenfauna darstellt.

Ähnliche Arten: Das Gehäuse der Großen Glanzschnecke ist etwas größer als das der häufig vergesellschafteten Keller-Glanzschnecke und erweitert sich in Richtung der Gehäusemündung allmählich.

Große Glanzschnecke an der Höhlenwand

Der Weichkörper der Großen Glanzschnecke ist charakteristisch bläulich gefärbt.

Gefleckte Schüsselschnecke

Discus rotundatus

Körpergröße: Gehäuse 2 bis 4 mm hoch, 5,5 bis 7,0 mm breit

Fundregion: An der Höhlenwand und auf dem Boden, vorwiegend in Eingangsnähe

Beschreibung: Die Gefleckte Schüsselschnecke besitzt ein recht flaches, geriffeltes Gehäuse mit rötlichbraunem Punktmuster. Der Nabel auf der Unterseite des Gehäuses ist immer breiter als die Gehäuseöffnung. Das Tier selbst ist auf der Oberseite am Vorderkörper schwach bläulich. Die Art kommt bevorzugt in Wäldern vor und lebt dort an feuchten, geschützten Orten wie unter Totholzrinde und Steinen, in Gesteinsspalten oder Höhleneingängen. Sie besiedelt auch nicht-kalkhaltige Landschaftsformen. Örtlich ist die Gefleckte Schüsselschnecke zumeist in großen Kolonien mit zahlreichen Individuen vorhanden. Es verwundert daher nicht, dass einige wenige Exemplare auch in der Tiefenregion von Höhlen angetroffen werden. Das Ernährungsspektrum reicht von pflanzlicher Kost über Pilze bis hin zu tierischen Kadavern (z. B. Regenwürmer). Die Tiere können sich sowohl geschlechtlich als auch ungeschlechtlich fortpflanzen. Gegenüber der Selbstbefruchtung erfolgt die Eiablage bei der sexuellen Reproduktion früher und mit mehr und größeren Eiern. Die Eiablage findet zwischen Juni und Oktober statt. Die frischgeschlüpften Jungtiere zeigen sporadischen Ei-Kannibalismus. Die Lebensdauer beträgt 2 bis 3 Jahre.

Verbreitung: Die Art ist über ganz Europa weit verbreitet und auch in Kulturlandschaften (z. B. Parkanlagen, Gärten) häufig anzutreffen.

Ähnliche Arten: Neben der Gefleckten Schüsselschnecke kommen vor allem in den Höhenlagen der deutschen Mittelgebirge und Alpen vereinzelt die beiden nah verwandten Arten *Discus ruderatus* (Braune Schüsselschnecke) und *Discus perspectivus* vor. Eine Unterscheidung ist oftmals schwierig.

Das Gehäuse der Gefleckten Schüsselschnecke ist stark geriffelt.

Gefleckte Schüsselschnecke mit Albinogehäuse

Große Glasschnecke

Phenacolimax major

Körpergröße: Gehäuse 3,5 mm hoch, 5 bis 7 mm breit

Fundregion: Unter Blättern am Boden und in Spalten an der Wand und Decke, häufig im Eingangs- und Übergangsbereich

Beschreibung: Die Große Glasschnecke weist den Körperbau einer „Halbnacktschnecke" auf. Ein Gehäuse ist zwar noch vorhanden, jedoch können sich nur noch Jungtiere oder stark ausgetrocknete erwachsene Tiere vollständig in dieses zurückziehen. Aufgrund seiner dünnen Beschaffenheit ist es im frischen Zustand fast immer durchscheinend und sehr fragil, was der Familie ihren Namen gab. Das Gehäusegewinde ist fast vollständig vom Mantellappen bedeckt. Die Große Glasschnecke bevorzugt warme, aber feuchte Wälder, Wiesen und Gebirgshänge, wo die Art zwischen Steinen, unter Gehölz und in der Streulaubschicht gefunden werden kann. Von September bis November findet die nächtliche Paarung der zwittrigen Tiere statt. Es werden Pakete von 8 bis 15 Eiern abgelegt und an Steinen oder Holz befestigt. Nach etwa drei Wochen schlüpfen die leicht rötlich gefärbten Jungtiere, die selbst nach acht bis zehn Monaten ihre Geschlechtsreife erlangen. In die vorderen Höhlenbereiche zieht sich die Schnecke zum Überwintern zurück.

Verbreitung: Das Verbreitungsgebiet der Art umfasst Südwest- und West-Europa. In Deutschland ist sie hauptsächlich westlich des Rheins anzutreffen, im übrigen Gebiet fehlt sie gänzlich oder ist sehr selten. Es ist ein genereller Rückgang der Populationen festzustellen.

Ähnliche Arten: Glasschnecken sind allgemein schwer anhand ihrer Gehäuse zu bestimmen. Das Gehäuse der Großen Glasschnecke kann mit dem der Kugeligen Glasschnecke (*Vitrina pellucida*) verwechselt werden, ist jedoch etwas stärker abgeflacht als dieses. Lebende Exemplare sind gut an dem größeren Mantellappen zu erkennen, der fast die letzte Windung des Gehäuses berührt. Bei der Kugeligen Glasschnecke ist dieser deutlich kleiner und nicht so weitreichend.

Große Glasschnecke auf einem Blatt

Das Gehäuse der Großen Glasschnecke ist zurückgebildet.

Kugelige Glasschnecke

Vitrina pellucida

Körpergröße: Gehäuse 4 bis 6,5 mm breit, etwa 3 mm hoch

Fundregion: An der Höhlenwand und Decke, auf dem Boden und im Laub, bevorzugt in der Eingangs- und Übergangsregion

Beschreibung: Die Art trägt ein gewölbtes bis kugelförmiges Gehäuse mit insgesamt 2 3/4 bis 3 1/2 Windungen. Wie für Glasschnecken typisch ist das Gehäuse sehr dünn, durchscheinend und äußerst zerbrechlich. Ein Nabel ist nicht vorhanden, die Gehäusemundöffnung ist scharfkantig. Die Gehäusespitze (Apex) wird nicht vom Mantellappen bedeckt. Der Weichkörper selbst ist grau bis dunkelgrau und hat eine Länge von bis zu einem Zentimeter. Er lässt das Gehäuse insgesamt dunkler erscheinen. Die Kugelige Glasschnecke hat nur geringe Umweltansprüche und ist zudem sehr kältetolerant. Die Tiere bewohnen trockene bis feuchte Standorte verschiedenster Waldtypen, auch saure Böden werden besiedelt. Man findet sie unter Steinen, im Moos, auf Wiesen, in Geröllhalden sowie in Höhlen. Die Populationen der Art sind einjährig, im Gebirge auch mehrjährig. Ein Großteil der Tiere stirbt nach der im Spätsommer/Herbst erfolgten Eiablage. Die Jungtiere schlüpfen im Frühjahr aus den im Boden abgelegten Eiern, verbringen aber die Zeit bis zum Herbst und ihrer eigenen Geschlechtsreife unterirdisch. Im Gebirge können auch im Sommer geschlechtsreife Tiere beobachtet werden. Die Kugelige Glasschnecke ernährt sich pflanzlich und von abgestorbenen Wirbellosen (z. B. Regenwürmern).

Verbreitung: Die Art ist in ganz Europa weit verbreitet und kommt in den Alpen bis zu 3.000 m über dem Meeresspiegel vor.

Ähnliche Arten: Das kugelförmige Gehäuse ist charakteristisch für die Kugelige Glasschnecke. Vor allem im südwestlichen Deutschland kann die Art jedoch mit der Großen Glasschnecke (*Phenacolimax major*) verwechselt werden, die ein ähnliches, aber insgesamt breiter wirkendes Gehäuse besitzt. Die letzte Windung macht zudem mehr als 50 % des Gehäusedurchmessers aus. Beim lebenden Tier erreicht der Mantellappen die Gehäusespitze.

Im Verhältnis zum Körper ist das Gehäuse der Kugeligen Glasschnecke sehr klein.

Die Gehäuse der Glasschnecken sind durchscheinend und sehr zerbrechlich.

Vielborstiger Urringelwurm

Troglochaetus beranecki

Körpergröße: Länge bis 0,7 mm

Fundregion: Im Grundwasser und grundwasserbeeinflussten Gewässersedimenten, sowie in Brunnen und Höhlengewässern

Beschreibung: Der Vielborstige Urringelwurm ist der einzige Vertreter der Vielborster (Polychaeta) im europäischen Grundwasser und einer von nur wenigen süßwasserbewohnenden Vielborstern überhaupt. Er hat sich wahrscheinlich in küstennahen Gebieten aus marinen Vorfahren entwickelt und an das Sandlückensystem im Grundwasser angepasst. Man findet ihn vor allem in tieferen Grundwasserbereichen. Der Ringelwurm besitzt acht Körpersegmente mit beinartigen Fortsätzen (Parapodien), welche wiederum mit zwei Paar Borstenbüscheln besetzt sind. Der Vorderkörper weist einen Kopflappen mit zwei keulenförmigen Tastern auf. Im Gegensatz zu anderen Vielborstern besitzt die Art keine Antennen. Der Vielborstige Urringelwurm ist ein hermaphroditischer Zwitter und zeigt eine externe Befruchtung. Die Jungtiere entwickeln sich direkt zu den erwachsenen Tieren, ohne Larvenstadien zu durchlaufen. Die Nahrungsgrundlage ist noch ungeklärt, vermutlich aber ernähren sich die Tiere wie andere Vielborster auch von Mikroorganismen und organischen Schwebstoffen (Detritus), die sie im Sandlückensystem finden.

Verbreitung: Die Art ist in Deutschland und Mitteleuropa (zumeist nördlich der Alpen) weit verbreitet, generell aber selten anzutreffen. Sie wurde auch in den Vereinigten Staaten von Amerika nachgewiesen.

Ähnliche Arten: Als einziger Grundwasser-Vielborster Europas unverwechselbar.

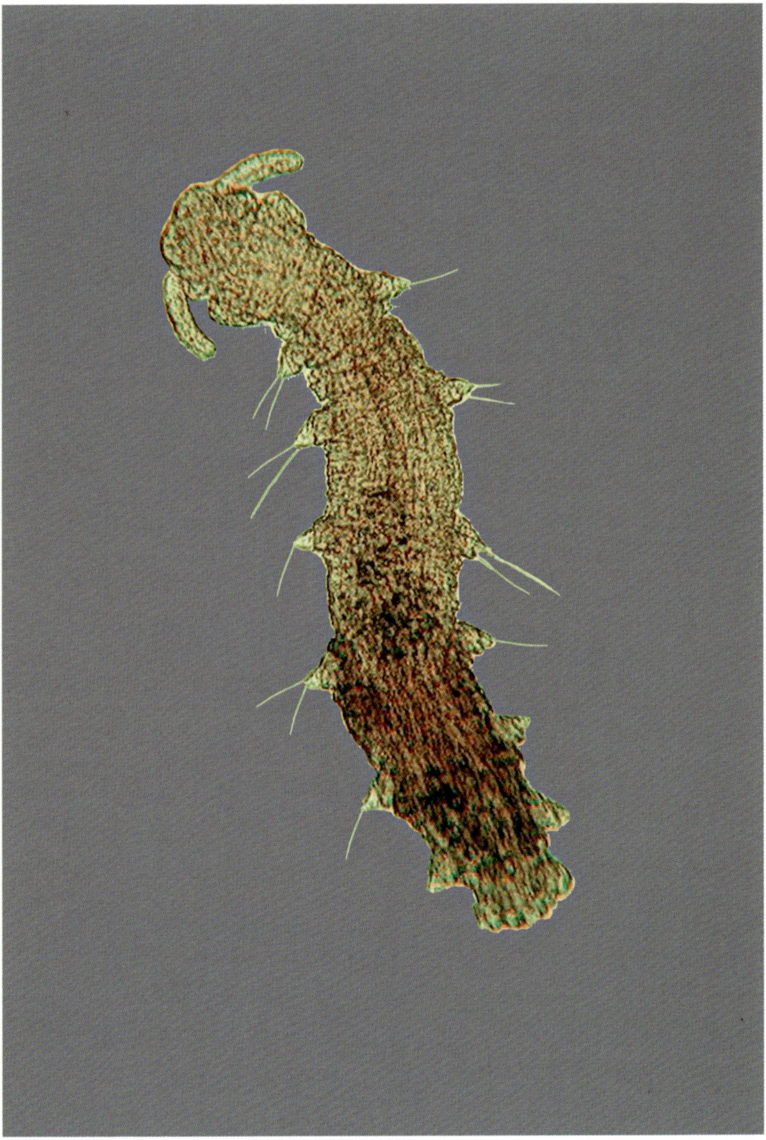

Vielborstiger Urringelwurm unter dem Mikroskop

Gemeiner Schlammröhrenwurm

Tubifex tubifex

Körpergröße: Länge 15 bis 50 mm

Fundregion: In zumeist strömungsarmen Höhlengewässern und Wasserbecken mit schlammigem oder sandigem Untergrund

Beschreibung: Schlammröhrenwürmer sind durch ihre hämoglobinhaltige Körperflüssigkeit zumeist rötlich gefärbt. Die einzelnen Körpersegmente sind abgesetzt, wodurch der ganze Körper geringelt erscheint. Auf dem Rücken befinden sich nach hinten gerichtete Borstenbündel. In der vorderen Körperhälfte liegt das sogenannte Clitellum, ein verdickter Abschnitt, in dem sich die Öffnungen der Geschlechtsorgane befinden. Schlammröhrenwürmer legen senkrechte Gänge im Schlamm an, aus denen sie den hinteren Körperabschnitt hervorstrecken. Dabei leben sie oft in größeren Kolonien. Leuchtet man bei Höhlenpopulationen diese an, verschwinden die Würmer sehr schnell in ihren Röhren, so dass man in Höhlengewässern nur aufgrund der vielen kleinen Löcher im Schlammboden darauf aufmerksam wird. Durch ständige pendelnde Bewegungen wird frisches Atemwasser herbeigestrudelt. Je niedriger der Sauerstoffgehalt im Wasser ist, umso heftiger sind diese Pendelbewegungen. Die Tiere sind Zwitter, die sich fast nur geschlechtlich fortpflanzen. Die Eier werden in grauen elliptischen Kokons abgelegt. Besonders häufig findet man Schlammröhrenwürmer in organisch stark verschmutzen Gewässern, z. B. in Abwasserkanälen.

Verbreitung: Der Gemeine Schlammröhrenwurm ist weltweit in verschiedensten Still- und Fließgewässern verbreitet.

Ähnliche Arten: Beim Gemeinen Schlammröhrenwurm handelt es sich um einen Artenkomplex aus mehreren sehr ähnlichen Arten, die morphologisch kaum zu bestimmen sind. Zur Bestimmung werden neben dem DNA-Barcoding der Bau der männlichen Ausführorgane und die Struktur der rückseitigen Hakenborsten herangezogen.

Gemeiner Schlammröhrenwurm

Vierkantwurm

Eiseniella tetraedra

Körpergröße: Länge 2 bis 8 cm

Fundregion: In feuchter Erde, in und am Wasser von unterirdischen Gewässern

Beschreibung: Der Körper des Vierkantwurms besteht aus 60 bis 100 Segmenten, die nur wenige Borsten besitzen. Diese Beborstung dient im Zusammenspiel mit den hydraulischen Bewegungen des Hautmuskelschlauchs der Fortbewegung. Der Vierkantwurm erscheint in der Körpermitte am dicksten und weist dahinter eine charakteristische tetraeder-förmige Körperform auf. In der vorderen Körperhälfte ist ein unsegmentierter, drüsenreicher und an einen Sattel erinnernder Abschnitt vorhanden (Clitellum). Das Clitellum umfasst gewöhnlich fünf bis sechs Segmente und dient der Entwicklung von Eiern und der Ausbildung von Kokons. Verglichen mit anderen Regenwürmern liegt das Clitellum beim Vierkantwurm sehr nahe am Körperanfang. Die hervorgebrachten Kokons beinhalten jeweils nur ein einziges Ei und werden bei der Ablage tief in der Erde vergraben. Nach etwa zehn Tagen schlüpfen farblose Würmer, die nach wenigen weiteren Tagen eine erste schwache bräunliche oder rötliche Körperpigmentierung aufweisen. Die Art vermehrt sich ausschließlich durch Selbstbefruchtung. Als Lebensräume nutzt sie sowohl oberirdische und unterirdische Gewässer als auch feuchte Böden und Moosschichten. Ist die Art in einem Gewässer vorhanden, ist das ein Anzeichen dafür, dass dieses mäßig organisch belastet ist. Der Vierkantwurm ernährt sich von Detritus und besitzt eine Lebenserwartung von fünf bis acht Jahren. Bemerkenswert ist die Fähigkeit zur Selbstregeneration von Körperteilen.

Verbreitung: In ganz Europa häufig und weit verbreitet. Die Art kommt heutzutage zudem fast kosmopolitisch vor und ist unter anderem auch in der Antarktis anzutreffen.

Ähnliche Arten: Innerhalb der Art sind viele Unterarten beschrieben. Auch deuten aktuelle genetische Studien auf das Vorkommen von kryptischen Arten hin. Ob letztere mit den beschriebenen Unterarten übereinstimmen, ist noch ungeklärt. Jungtiere lassen sich eindeutig nur mittels DNA-Barcoding von anderen Regenwürmern unterscheiden.

Vierkantwurm auf einem feuchten Blatt

Typisch für den Vierkantwurm ist der tetraeder-förmige Hinterleib.

Großer Scherenspringer

Chthonius ischnocheles

Körpergröße: Länge Weibchen bis 2,5 mm, Männchen bis 1,6 mm

Fundregion: In Spalten an der Wand und im Bodenlaub, in allen Lichtregionen

Beschreibung: Die verdickten Hinterschenkel und das Sprungvermögen sind charakteristisch für die Familie der Scherenspringer (Chthoniidae). Der Große Scherenspringer ist einer der häufigsten Vertreter dieser Familie in unseren Höhlen und zumeist häufiger als der Moosskorpion anzutreffen. Die Art wird regelmäßig weit vom Eingangsbereich entfernt nachgewiesen. Von der Balkanhalbinsel sind mehrere blinde und vollkommen an das Höhlenleben angepasste eutroglobionte *Chthonius*-Arten beschrieben. Der Große Scherenspringer besitzt allerdings vier Augen. Die Greifscheren (Pedipalpen) der Art sind fast genau so lang wie der restliche Körper. Die Tiere leben zwischen Steinen und Totholz, seltener sind sie in Tierbauten zu finden. Sie bauen Nester, die sie stets an feste Oberflächen anbringen. In diesen brüten sie den Nachwuchs aus und überdauern den Winter. Die ersten Eier trägt das Weibchen ab Juni umher. Das erste Larvenstadium (Protonymphe) ist ab Juni und bis in den Oktober anzutreffen, was auf eine mehrere Monate andauernde Reproduktionszeit hindeutet. Das zweite (Deutonymphe) und dritte Larvenstadium (Tritonymphe) überwintern. Die Tiere erreichen die Geschlechtsreife im Sommer des Folgejahres. Der Übergang zwischen den Larvenstadien beträgt jeweils etwa einen Monat.

Verbreitung: Die Art ist in ganz Europa weit verbreitet.

Ähnliche Arten: Der Große Scherenspringer ist nur unter dem Binokular oder durch das DNA-Barcoding von anderen Vertretern der Familie Chthoniidae sicher zu unterscheiden. Ein wichtiges Unterscheidungsmerkmal stellt die Kombination an kurzen und langen Haaren am Hinterende der Kopfbrust dar. Die Art weist hier vier lange Haare auf. Ebenfalls häufig in unseren Höhlen anzutreffen ist die Art *Ephippiochthonius tetrachelatus*. Die Art trägt zwei lange Haare.

Großer Scherenspringer

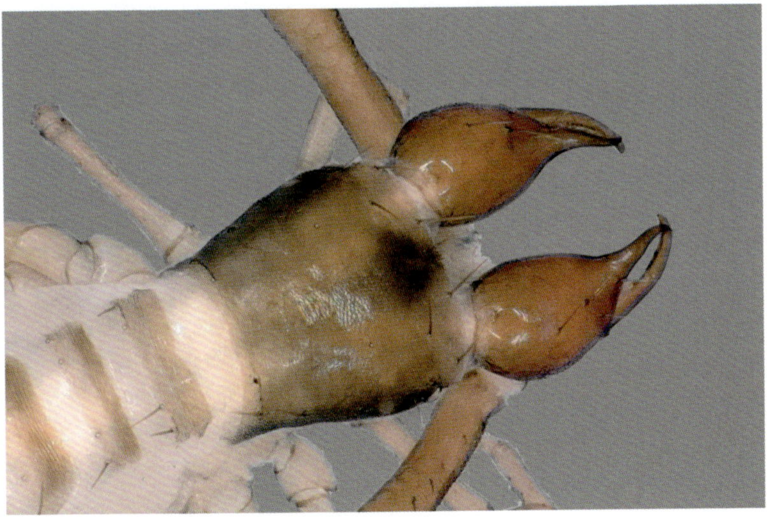

Kopfbereich des Großen Scherenspringers

Großer Scherenspringer (Chthonius ischnocheles)

Ephippiochthonius tetrachelatus

Roncus lubricus

Neobisium simile – Kopfbereich

Moosskorpion

Neobisium carcinoides

Körpergröße: 2,2 bis 3 mm

Fundregion: In Spalten an der Wand und im Bodenlaub, überwiegend in der Eingangs- und Übergangsregion

Beschreibung: Der Moosskorpion besitzt eine rotbraune Grundfärbung. Der Vorderkörper erscheint in etwa viereckig, der Hinterleib ist dunkel quergestreift und kann zum Ende hin vollständig schwarz gefärbt sein. Die Tiere besitzen kräftig geformte rote bis orangene Greifscheren. Gegenüber ihrer Umwelt scheint die Art sehr anspruchslos zu sein und toleriert auch größere Umweltschwankungen. Man findet sie daher in vielen feuchten Lebensräumen. In den vorderen Bereichen von Höhlen wird die Art regelmäßig gefunden. Der Moosskorpion ernährt sich räuberisch, vor allem von Springschwänzen (Collembola) und anderen kleinen Gliederfüßern, die er mit den Greifscheren zerquetscht, außerhalb des Körpers verflüssigt und letztendlich komplett verzehrt. Die Fortpflanzung geschieht in Abwesenheit des anderen Geschlechtspartners. Die Männchen legen dafür Samenpakete am Boden ab, die daraufhin von Weibchen aufgefunden und aufgenommen werden. Nach der Befruchtung begibt sich das Weibchen in ein selbst gesponnenes Nest. In diesem scheidet es einen eigens für die Brutfürsorge gedachten Brutbeutel ab, den sie mit sich herum trägt und mit dem es die Eier mit Nahrung versorgt.

Verbreitung: In Deutschland und ganz Europa ist die Art weit verbreitet.

Ähnliche Arten: Im Aussehen und in seiner Größe ist der Moosskorpion mit den ebenfalls in Höhlen vorkommenden Arten *Neobisium simile* und *Roncus lubricus* zu verwechseln. Letztere Art ist durch ihren etwas länglicheren Habitus und das Vorhandensein von nur zwei Augen von den anderen beiden Arten zu unterscheiden. Aktuelle genetische Studien an *Neobisium carcinoides* deuten auf das Vorhandensein von mehreren morphologisch kaum oder gar nicht unterscheidbaren kryptischen Arten hin.

Moosskorpion

Weiblicher Moosskorpion mit Eipaket

Große Hauswinkelspinne

Eratigena atrica

Körpergröße: Männchen 10 bis 15 mm; Weibchen 12 bis 18 mm

Fundregion: An der Höhlenwand und der Decke, bevorzugt in der Eingangs- und Übergangsregion

Beschreibung: Die Große Hauswinkelspinne hat auffallend lange Beine. Die Grundfärbung ist hellbraun, auf dem Vorderkörper befinden sich zwei breite, unscharf begrenzte Längsbinden. Auf dem Hinterleib befinden sich in der Rückenmitte regelmäßig angeordnete Winkelflecken. Die Beine sind graubraun, die dunkle Kopfbrust trägt in der Mitte einen breiten, hinten stark verschmälerten, hellen Streifen und seitlich davon drei helle Fleckenpaare. Die häufige Art besiedelt höhlenartige Habitate (Keller, Ruinen, Versorgungskanäle usw.) im Siedlungsbereich, im Freiland vor allem gesteinsreiche, warme Lebensräume mit ausgeprägtem Spaltensystem (z. B. Weinberge), kommt aber auch regelmäßig in den vorderen Bereichen von Höhlen und Bergwerksstollen vor. Die Spinne baut ein unregelmäßiges Trichternetz, wo sie sich bei Störungen in ihre Gespinströhre zurückzieht. Tagsüber sitzt sie in der Wohnröhre, nachts oft auf der Gespinstdecke. Hat sie an einem Netzstandort über längere Zeit keinen Fangerfolg, begibt sich die Spinne während der Nacht auf die Suche nach ergiebigeren Fanggründen. Ebenso streifen die Männchen umher, um paarungswillige Weibchen zu finden. Adulte Männchen kommen von Juli bis Oktober vor, die Weibchen ganzjährig. Die Tiere werden mehrere Jahre alt.

Verbreitung: Das Verbreitungsgebiet der Großen Hauswinkelspinne erstreckt sich über ganz Europa. Die Art wurde zwischenzeitlich in Nordamerika eingeschleppt. In Deutschland ist sie aus allen Höhlengebieten bekannt.

Ähnliche Arten: Die Große Hauswinkelspinne kann auf den ersten Blick mit der ähnlich großen Rostroten Winkelspinne (*Tegenaria ferruginea*) verwechselt werden. Allerdings unterscheiden sich die Arten durch die Färbung und die Körperzeichnung. Jungtiere können leicht mit anderen Trichterspinnenarten (Agelenidae) verwechselt werden.

Männchen der Großen Hauswinkelspinne

Weibchen der Großen Hauswinkelspinne im Trichternetz

Waldtrichterspinne

Histopona torpida

Körpergröße: Männchen 4,5 bis 6,5 mm; Weibchen 5,8 bis 7,2 mm

Fundregion: Am Höhlenboden oder bodennahen Wandbereichen, bevorzugt in der Eingangs- und Übergangsregion

Beschreibung: Der Vorderleib der Waldtrichterspinne ist gelblich-grau, die Augenregion hellgelb. Die Brust ist hellgrau, mit aufgehellter Mitte. Die Beine sind gelbgrau, die hinteren Glieder dunkler. Der Hinterleib ist hell gelbbraun-rötlichbraun, auf der Oberseite mit feinen schwarzen oder braunen Strichen und Flecken. Bei der Art berühren sich die vorderen und hinteren Seitenaugen, die hinteren Mittelaugen sind größer als die vorderen. Diese Augenstellung unterscheidet die Art eindeutig von den weiteren heimischen Trichterspinnenarten. Die Waldtrichterspinne lebt häufig unter Steinen, Holzstücken, Moos und zwischen Baumwurzeln in nicht zu feuchten Laub- und Nadelwäldern. In Höhlen bevorzugt die Spinne die trockeneren bis mäßig feuchten Bereiche der vorderen Lichtregionen, wo sie ihr kleines Trichternetz direkt am Boden in kleinen Höhlungen baut. Zur Paarungszeit im Sommer sucht das Männchen das Netz des Weibchens auf. Ist dieses paarungsbereit, zieht es die Beine eng an den Körper und verhält sich vollkommen passiv. Darauf wird es vom Männchen gepackt und an die Trichtermündung gezerrt, wo die Paarung stattfindet. Danach erwacht das Weibchen aus der Starre und versucht das Männchen zu ergreifen und zu verzehren.

Verbreitung: Das Verbreitungsgebiet der Waldtrichterspinne erstreckt sich von Europa bis in den Kaukasus. Auf der Iberischen Halbinsel, in Großbritannien und in Skandinavien fehlt die Art. In Deutschland ist sie aus allen Höhlengebieten bekannt.

Ähnliche Arten: Die Waldtrichterspinne kann in Höhlen mit den juvenilen Tieren der Großen Hauswinkelspinne und der Rostroten Winkelspinne sowie mit der etwa gleichgroßen Waldwinkelspinne und der Kleinen Hauswinkelspinne verwechselt werden.

Weibchen der Waldtrichterspinne an der Höhlenwand

Weibchen der Waldtrichterspinne

Kleine Hauswinkelspinne

Tegenaria domestica

Körpergröße: Männchen 6 bis 9 mm; Weibchen 7,5 bis 11,5 mm

Fundregion: An der Höhlenwand und der Decke, bevorzugt in der Eingangs- und Übergangsregion

Beschreibung: Der Vorderleib der Kleinen Hauswinkelspinne ist gelbbraun, mit breitem, dunklerem Rand sowie dunklen Strichen. Die Brust ist braun, mit breitem, hellem Mittelteil und hellen Flecken. Die Beine sind gelblich, mit braunen Flecken, der Hinterleib hellgrau mit dunkleren Winkelflecken. Die Kleine Hauswinkelspinne lebt unter Steinen (z. B. auf Schuttplätzen) sowie sehr häufig in Häusern. Die Art bevorzugt die vorderen Bereiche trockener Höhlen und Felsenkeller. Adulte Tiere findet man ganzjährig. Die Weibchen können bis zu 4 Jahre alt werden, während die Männchen kurz nach der Paarung sterben. Die Paarung läuft deutlich schneller ab als bei anderen *Tegenaria*-Arten. Sie ist mit keiner besonderen Partnerwerbung verbunden und bereits nach wenigen Minuten trennen sich die Tiere wieder. Das Weibchen stellt mehrere Eikokons her, die es z. B. an einer Mauer befestigt und mit Fremdpartikeln bedeckt. Die Kokons enthalten jeweils 50 bis 60 gelblich gefärbte Eier.

Verbreitung: Das Verbreitungsgebiet der Kleinen Hauswinkelspinne erstreckt sich über ganz Europa und Asien, einschließlich Japan. Die Art wurde nach Australien, Neuseeland, sowie Nord- und Südamerika eingeschleppt. In Mitteleuropa ist die Spinne sehr häufig. In Deutschland ist sie aus allen Höhlengebieten bekannt.

Ähnliche Arten: Die Kleine Hauswinkelspinne kann in Höhlen mit den juvenilen Tieren der Großen Hauswinkelspinne und der Rostroten Winkelspinne sowie mit der Waldwinkelspinne und der Waldtrichterspinne verwechselt werden.

Kleine Hauswinkelspinne auf dem Höhlenboden

Weibchen der Kleinen Hauswinkelspinne

Rostrote Winkelspinne

Tegenaria ferruginea

Körpergröße: Männchen 9 bis 15 mm; Weibchen 11 bis 14 mm

Fundregion: An der Höhlenwand und der Decke, bevorzugt in der Eingangs- und Übergangsregion

Beschreibung: Die Färbung und Zeichnung der Rostroten Winkelspinne ist ziemlich bunt. Auffällig ist ein breiter, rötlicher Längsstreifen oben auf der Mitte des Hinterkörpers, an dessen Rand beidseits weißliche Punkte liegen. Der gesamte Körper, einschließlich der Beine, ist mit einem kontrastreichen, hell-dunklen Fleckenmuster gezeichnet. Die dunkle Kopfbrust trägt einen zweimal eingeschnürten, hellen Längsstreifen und beidseits davon vier helle Punkte. Die Art ist verbreitet, aber nicht so häufig wie die Große Winkelspinne. Sie besiedelt Häuser, Keller und Lagerschuppen im Siedlungsbereich. Im Freiland lebt die Art in Felsspalten, unter Steinen und loser Rinde von Bäumen, kommt aber auch regelmäßig im Winterhalbjahr in den vorderen Bereichen von Höhlen und Bergwerksstollen vor. Die Spinne baut ein unregelmäßiges Trichternetz, wo sie sich bei Störung in ihre Gespinströhre zurückzieht. Außerhalb von Höhlen findet man adulte Männchen von Mai bis Oktober.

Verbreitung: Das Verbreitungsgebiet der Rostroten Winkelspinne erstreckt sich über ganz Europa mit Ausnahme von Großbritannien. Die Art kommt ebenfalls auf den Azoren vor und wurde in Venezuela eingeschleppt. In Deutschland ist sie aus allen Höhlengebieten bekannt.

Ähnliche Arten: Die Rostrote Winkelspinne kann auf den ersten Blick mit der Großen Hauswinkelspinne (*Eratigena atrica*) verwechselt werden. Allerdings unterscheiden sich die Arten durch die Färbung und die Körperzeichnung.

Männchen der Rostroten Winkelspinne

Weibchen der Rostroten Winkelspinne im Trichternetz

Waldwinkelspinne

Tegenaria silvestris

Körpergröße: Männchen 5 bis 6 mm; Weibchen 6 bis 9 mm

Fundregion: An der Höhlenwand und der Decke, bevorzugt in der Eingangs- und Übergangsregion

Beschreibung: Bei der Waldwinkelspinne ist der Vorderleib hell gelblich mit dunkelbraunem Rand und trägt zwei Längsreihen dunkler Flecken. Die Brust ist dunkelbraun, mit schmalem, hellem Mittelstreifen und hellen Flecken. Die Beine sind gelblich grau mit dunkleren Flecken. Der Hinterleib ist hell gelbgrau mit Längsreihen hellerer Flecken. Die Art lebt in Wäldern an trockenen Stellen unter Steinen, am Boden liegenden Holzstücken und an Baumwurzeln. Im Siedlungsbereich kommt die Spinne in der Regel nicht vor. In Höhlen bevorzugt die Spinne die trockeneren bis mäßig feuchten Bereiche der vorderen Lichtregionen, wo sie ihre Trichternetze baut, in denen sie in einer Röhre auf Beute wartet.

Verbreitung: Das Verbreitungsgebiet der Waldwinkelspinne erstreckt sich über ganz Europa mit Ausnahme von Skandinavien. In Deutschland ist die Art vor allem in den Mittelgebirgen häufig und dort aus allen Höhlengebieten bekannt.

Ähnliche Arten: Die Waldwinkelspinne kann in Höhlen mit den juvenilen Tieren der Hauswinkelspinne und der Rostroten Winkelspinne, sowie mit der etwa gleichgroßen Waldtrichterspinne und der Kleinen Hauswinkelspinne verwechselt werden.

Weibchen der Waldwinkelspinne

Männchen der Waldwinkelspinne im Trichternetz

Wald-Finsterspinne

Amaurobius fenestralis

Körpergröße: Männchen 4 bis 7 mm; Weibchen 7 bis 9,6 mm

Fundregion: An der Höhlenwand und auf dem Boden, sowie in Felsritzen, bevorzugt in der Eingangs- und Übergangsregion

Beschreibung: Der Vorderleib der Wald-Finsterspinne ist gelblich-braun, die Seiten und die Augenregion verdunkelt. Die Brust ist gelblich, die Cheliceren braun. Die rotbraunen Beine sind undeutlich geringelt. Der Hinterleib ist gelblich-grau oder rötlich, auf der Oberseite im vorderen Teil befinden sich vier schwarze Flecken, die oft verschmolzen sind. Die Spinne lebt häufig in Wäldern unter Borke, Steinen und Moospolstern. In Höhlen bildet die Art feste Populationen. Daneben befestigt sie ihr Gespinst oft an Keller- und Wohnungsfenstern. Wald-Finsterspinnen werden nach zwei Jahren im Herbst geschlechtsreif. Im Frühjahr gehen die Männchen dann auf Partnersuche und machen sich durch Trommeln mit ihren Tastern am Netz des Weibchens bemerkbar. Das Weibchen spinnt sich im Frühsommer ein und bewacht ihre ca. 100 Eier. Kurz vor oder kurz nach dem Ausschlüpfen des Nachwuchses stirbt das Weibchen und dient als erste Nahrung für die Jungspinnen. Hierfür wird der Körper innerlich durch in großen Mengen produzierte Verdauungssäfte aufgelöst.

Verbreitung: Das Verbreitungsgebiet der Wald-Finsterspinne erstreckt sich über ganz Europa bis Zentralasien, mit Ausnahme der Iberischen Halbinsel. In Deutschland ist sie aus allen Höhlengebieten bekannt.

Ähnliche Arten: Die Wald-Finsterspinne kann in Höhlen mit der Keller-Finsterspinne (*Amaurobius ferox*) verwechselt werden. Beide Arten lassen sich aber gut anhand der Hinterleibszeichnung und der Größe auseinanderhalten. Gegenüber den Trichterspinnen (Agelenidae) zeichnen sich beide Arten dadurch aus, dass es sich um große, kräftige Spinnen mit dickem Hinterleib handelt.

Weibchen der Wald-Finsterspinne auf dem Höhlenboden

Totes Weibchen der Wald-Finsterspinne mit Jungtieren

Keller-Finsterspinne

Amaurobius ferox

Körpergröße: Männchen 8 bis 10 mm; Weibchen 11 bis 16 mm

Fundregion: An der Höhlenwand und auf dem Boden, sowie in Felsritzen, bevorzugt in der Eingangs- und Übergangsregion

Beschreibung: Der Hinterleib der Keller-Finsterspinne ist rotbraun gefärbt, der Augenbereich fast schwarz. Die Brust ist gelblich, die Cheliceren sind rotbraun bis fast schwarz. Die rotbraunen Beine sind undeutlich geringelt. Der Hinterleib ist schwarzgrau, auf der Oberseite mit unregelmäßigen, gelblichen Flecken gezeichnet. Die Art lebt fast ausschließlich in Höhlen, Kellern und feuchten Mauerritzen. In Höhlen bildet sie feste Populationen. Die große Spinnenart baut in dunklen Winkeln und Felsritzen ein weitmaschiges Trichternetz mit einer zentralen, als Schlupfwinkel dienenden Röhre. Zu den bevorzugten Beutetieren gehören vor allem Keller- und Mauerasseln. Der Ablauf der Paarung und Entwicklung der Jungtiere ähnelt der Wald-Finsterspinne (*Amaurobius fenestralis*). Auch hier stirbt das Weibchen und dient den Jungspinnen als erste Nahrung. Die Keller-Finsterspinne kann Menschen beißen, vor allem, wenn das Tier versehentlich gequetscht wird. Der Biss ist schmerzhaft wie ein Wespenstich, der Schmerz lässt aber innerhalb von 12 Stunden völlig nach. Möglicherweise kann eine moderate lokale Schwellung und Rötung auftreten.

Verbreitung: Das Verbreitungsgebiet der Keller-Finsterspinne erstreckt sich über ganz Europa bis in die Türkei. Die Art wurde nach Nordamerika eingeschleppt. In Deutschland ist sie aus allen Höhlengebieten bekannt.

Ähnliche Arten: Die Keller-Finsterspinne kann in Höhlen mit der Wald-Finsterspinne verwechselt werden. Beide Arten lassen sich aber gut anhand der Hinterleibszeichnung und der Größe auseinanderhalten. Gegenüber den Trichterspinnen (Agelenidae) zeichnen sich beide Arten dadurch aus, dass es sich um große, kräftige Spinnen mit dickem Hinterleib handelt.

Weibchen der Keller-Finsterspinne

Männchen der Keller-Finsterspinne

Haus-Zartweber

Lepthyphantes leprosus

Körpergröße: Männchen 2,5 bis 3,5 mm; Weibchen 2,5 bis 4 mm

Fundregion: An der Höhlenwand, bevorzugt in der Eingangs- und Übergangsregion

Beschreibung: Der Vorderleib des Haus-Zartwebers ist hellbraun gefärbt und besitzt einen schwarzen Rand. Die undeutlich geringelten Beine sind gelbbraun. Die Art besitzt einen flachen und unbehaarten Rückenschild, der vorne flacher ist als hinten. Der Hinterleib ist gelblich-grau mit dunkler Zeichnung, länglich-oval und läuft zu den Spinnwarzen hin spitz aus. Der Haus-Zartweber kommt häufig in Gebäuden, Kellern, Gewächshäusern, Ställen und Waschküchen, seltener im Freien in Gärten, auf Feldern und Wiesen vor. In den vorderen Bereichen von Höhlen, Stollen oder Tunneln mit hoher Luftfeuchtigkeit werden feste Populationen gebildet. Die Baldachinspinne scheint ein typischer Bewohner von Kanalisationsschächten zu sein. Adulte Tiere werden das ganze Jahr über gefunden. Die Spinne baut ein typisches Baldachinnetz. In diesem sitzt sie unter dem Netzteppich und wartet darauf, dass ein Insekt durch die Stolperfäden zum Absturz gebracht wird und auf den Teppich fällt. Hier wird es dann durch das Gespinst hindurch ergriffen und durch einen Giftbiss getötet und ausgesogen. Zur Paarungszeit sitzen die Männchen in den Netzen der Weibchen und werden von diesen nicht als Beute betrachtet.

Verbreitung: Das Verbreitungsgebiet des Haus-Zartwebers erstreckt sich über ganz Europa und Asien. Die Art kommt inzwischen auch in Nordamerika vor und wurde nach Chile eingeschleppt. In Deutschland ist sie aus allen Höhlengebieten bekannt.

Ähnliche Arten: Der Haus-Zartweber kann mit verschiedenen kleineren Spinnenarten leicht verwechselt werden. Der sehr ähnliche Keller-Zartweber (*Megalepthyphantes nebulosus*) besitzt eine gegabelte Längsbinde auf dem Vorderkörper. Beide Arten kommen in Höhlen vor.

Weibchen des Haus-Zartwebers im Netz an der Höhlenwand

Männchen des Haus-Zartwebers

Großes Kleinauge

Porrhomma convexum

Körpergröße: Männchen und Weibchen 2,2 bis 3,2 mm

Fundregion: An der Höhlenwand, der Decke und auf dem Boden, in allen Lichtregionen

Beschreibung: Bei den *Porrhomma*-Arten handelt es sich um meist einfarbige, sehr kleine Spinnen, bei denen die Bestimmung und Arttrennung oft sehr schwierig ist. Viele dieser Arten haben sich immer mehr an ein Höhlenleben angepasst, was sich in einer abnehmenden Pigmentierung des Körpers, in einer zunehmenden Länge der Beine und in einer immer schwächer werdenden Ausbildung der Augen zeigt (z. B. bei der eutroglobionten *Porrhomma rosenhaueri*). Das Große Kleinauge ist eine Zwergspinne, die an Rinnsalen und Bachufern, aber vor allem in Höhlen, feuchten Felsenkellern und Bergwerken, bis in die alpine Stufe, vorkommt. In Höhlen mit hoher Luftfeuchtigkeit ist sie oft in größeren Individuenzahlen anzutreffen. Dabei bildet sie feste Populationen bis weit in die Tiefenregion hinein. Das Große Kleinauge ist die größte heimische *Porrhomma*-Art. Der Vorderkörper der Spinne ist hellbraun bis dunkelbraun, der Hinterkörper einfarbig hellgrau. Die Beine sind im Verhältnis zum Körper ziemlich lang und hell rötlich braun gefärbt. Als Nahrung dienen in der Hauptsache kleine Springschwänze und Milben.

Verbreitung: Das Verbreitungsgebiet des Großen Kleinauges erstreckt sich über ganz Europa und Asien bis nach Westsibirien. Die Art kommt auch in Nordamerika vor. In Deutschland ist sie aus allen Höhlengebieten bekannt.

Ähnliche Arten: Die Unterscheidung der verschiedenen *Porrhomma*-Arten ist nur von Fachleuten anhand von Genital-Präparaten oder durch DNA-Barcoding möglich.

Männchen des Großen Kleinauges

Weibchen des Großen Kleinauges

Bleiche Höhlenspinne

Kryptonesticus eremita

Körpergröße: Männchen 3,7 bis 4,7 mm; Weibchen 3,8 bis 6 mm

Fundregion: An der Wand und der Decke, bevorzugt in der Übergangs- und Tiefenregion

Beschreibung: Bei der Bleichen Höhlenspinne ist der Vorderleib des Männchens etwa 1,7 bis 2,3 mm lang und hellgelb gefärbt. Auf dem vorderen Klauenfurchenrand der Cheliceren sitzen drei Zähne, auf dem hinteren Rand fünf Zähne. Bei den Weibchen ist der Vorderleib 1,7 bis 2,6 mm lang und hell gelblich mit einem dunklen Mittelband gefärbt. Die Augen sind bei dieser Art gut entwickelt. Der Hinterleib ist fast einheitlich hell gelblich oder besitzt eine sehr schwache Zeichnung. Die Lebensweise der Spinne entspricht der von *Nesticus cellulanus*. Die Bleiche Höhlenspinne ist in Deutschland sehr selten und wurde bislang in Abwasserkanälen (Kanalisation), Durchlässen unter Bahnstrecken und Bunkeranlagen gefunden. Vermutlich verbreitet sie sich über die großen Flusssysteme und das Schienennetz und kann dann in geeigneten unterirdischen Biotopen überleben und feste Populationen bilden. Aus natürlichen Höhlen sind in Deutschland bisher keine Funde bekannt.

Verbreitung: Die Art war ursprünglich in Höhlenbiotopen Süd- und Südosteuropas (Italien, südöstliches Frankreich, Korsika, Schweiz, Slowenien, Kroatien, Montenegro, Bosnien-Herzegowina, Griechenland) verbreitet, zeigt inzwischen aber starke Ausbreitungstendenzen über ganz Europa. So liegen Fundmeldungen aus der Türkei, Großbritannien, Dänemark, Österreich und Deutschland vor. Nach Neuseeland wurde die Art ebenfalls verschleppt.

Ähnliche Arten: Die Bleiche Höhlenspinne kann mit der Gefleckten Höhlenspinne (*Nesticus cellulanus*) verwechselt werden, die meistens etwas dunkler gefärbt ist. Der dunkle Mittelstreifen auf dem Vorderleib geht bei der Gefleckten Höhlenspinne von vorne nach hinten durch und wird bei der Bleichen Höhlenspinne ab der Mitte schmal oder ist gar nicht mehr vorhanden. Eine sichere Unterscheidung kann nur durch DNA-Barcoding oder Untersuchung der Genitalien erfolgen.

Männchen (links) und Weibchen (rechts) der Bleichen Höhlenspinne

Weibchen der Bleichen Höhlenspinne

Gefleckte Höhlenspinne

Nesticus cellulanus

Körpergröße: Männchen 3,7 bis 4,5 mm; Weibchen 4 bis 5,5 mm

Fundregion: An der Höhlenwand und der Decke, bevorzugt in der Übergangs- und Tiefenregion

Beschreibung: Der Vorderleib der Gefleckten Höhlenspinne ist gelblich gefärbt und besitzt eine schwärzliche Zeichnung. Die Brust ist hellgelb mit schwarzen Flecken, die Beine sind gelblich und schwarz geringelt. Der Hinterleib ist graugelbweißlich mit schwärzlichen Flecken. Die Art ist in Höhlen, Kellern und Bergwerksstollen stellenweise sehr häufig. Im Freiland kommt sie in Geröllhalden, Mauern, vereinzelt auch in Wäldern vor. Die Spinne baut zumeist in Vertiefungen von Höhlenwänden einen weitmaschigen Netzteppich, von dem aus Fangfäden nach unten führen. Die Fangfäden sind im unteren Bereich mit einer sehr regelmäßig angeordneten Reihe von Klebetröpfchen besetzt. Sobald sich ein Beutetier an den Klebetröpfchen verfangen hat, wird es von der Spinne mit weiteren Fangfäden beworfen, dann mit mehreren Giftbissen getötet und anschließend zum Netzteppich emporgezogen. Der kugelige Eikokon, in den das Weibchen die Eier legt, wird von diesem bis zum Schlüpfen der Jungspinnen an ihren Spinnwarzen getragen.

Verbreitung: Die Art ist über ganz Europa bis in die Türkei weit verbreitet und häufig. Nach Nordamerika wurde sie verschleppt. In Deutschland ist die Gefleckte Höhlenspinne aus allen Höhlengebieten bekannt.

Ähnliche Arten: Die Gefleckte Höhlenspinne kann mit der bei uns allerdings deutlich selteneren Bleichen Höhlenspinne (*Kryptonesticus eremita*) verwechselt werden, die etwas heller gefärbt ist. Der dunkle Mittelstreifen auf dem Vorderleib geht bei der Gefleckten Höhlenspinne von vorne nach hinten durch und wird bei der Bleichen Höhlenspinne ab der Mitte schmal oder ist gar nicht mehr vorhanden. Eine sichere Unterscheidung kann nur durch DNA-Barcoding oder Untersuchung der Genitalien erfolgen.

Weibchen der Gefleckten Höhlenspinne im Netz

Männchen der Gefleckten Höhlenspinne mit Tausendfüßer als Beute

Große Zitterspinne

Pholcus phalangioides

Körpergröße: Männchen 7 bis 10 mm; Weibchen 7 bis 8 mm

Fundregion: An der Höhlenwand und der Decke, bevorzugt in der Eingangs- und Übergangsregion

Beschreibung: Beim Männchen der Großen Zitterspinne ist der Vorderleib blass gelblich-braun mit dunkelgrauem Muster, der Hinterleib oft mit paarigen, dunklen Flecken gezeichnet. Der Vorderleib des Weibchens ist hell bräunlich-gelb mit dunklerer Zeichnung, der Hinterleib oft mit hellen Fleckenpaaren. Ursprünglich handelt es sich um eine Höhlen bewohnende Art, die heute häufig in Gebäuden gefunden wird. Die bekannten Fundhöhlen sind zumeist sehr trocken. Adulte Tiere kann man ganzjährig antreffen. Die Lebensdauer der Weibchen beträgt bis zu 3 Jahre, die des Männchens nur 1 bis 2 Jahre. Die Art hängt an der Unterseite unregelmäßig gebauter Raumnetze. Bei Beunruhigung führt die Spinne in ihrem Netz schnell hin und her schwingende Bewegungen aus, die sie vor unserem Auge verschwimmen lassen und auch zu ihrem Namen geführt haben. Verhalten sich Zitterspinnen untereinander in aller Regel friedlich, erweisen sie sich als sehr angriffslustig gegenüber anderen Spinnen. So können die Tiere sogar die Große Hauswinkelspinne (*Eratigena atrica*) mit ihrem Giftbiss überwältigen. Nach der Eiablage werden die etwa 50 Eier in einem etwa 4 mm großen Kokon abgelegt, der vom Weibchen bis zum Schlüpfen der Jungspinnen mit den Cheliceren getragen wird.

Verbreitung: Die Art stammt ursprünglich aus dem westlichen Asien. Sie wurde in Europa, Nord- und Südamerika, Afrika, Australien und Neuseeland eingeschleppt. In Deutschland ist sie aus allen Höhlengebieten bekannt.

Ähnliche Arten: Die Jungtiere der Großen Zitterspinne können mit der wesentlich kleineren Kleinen Zitterspinne (*Pholcus opilionoides*) verwechselt werden, die gelegentlich auch in unterirdischen Biotopen angetroffen werden kann. Im Gegensatz zu Weberknechten, die ähnlich lange Beine haben, ist der Körper der Zitterspinne zweigeteilt. Zitterspinnen spinnen Fäden und bauen Netze – eine Fähigkeit, die den Weberknechten fehlt.

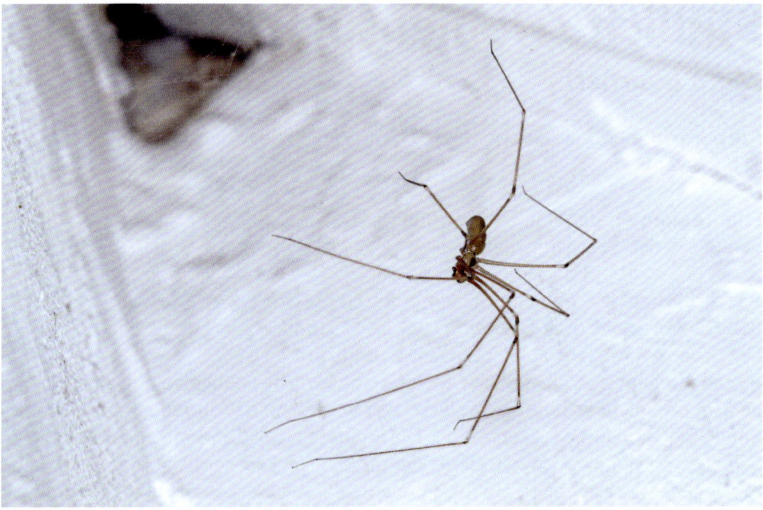

Weibchen der Großen Zitterspinne im Netz

Männchen der Großen Zitterspinne an der Wand eines Kellers

Südliche Höhlenspinne

Meta bourneti

Körpergröße: Männchen 10 bis 13 mm; Weibchen 13 bis 16 mm

Fundregion: An der Höhlenwand und der Decke, bevorzugt in der Übergangsregion

Beschreibung: Die Südliche Höhlenspinne ist der Großen Höhlenspinne (*Meta menardi*) im Aussehen und in der Lebensweise sehr ähnlich. In Größe und Färbung gibt es nur geringe Unterschiede. Meist ist die Südliche Höhlenspinne einheitlicher gefärbt und nicht so deutlich gefleckt. Der Vorderleib ist rotbraun, mit dunklerem Rand und dunklerer Augenregion. Die Beine sind rotbraun. Der Hinterleib ist gelblich, mit dunklen Querstreifen oder großen Flecken, seitlich oft ganz schwarz. Im Gegensatz zur Großen Höhlenspinne ist die Art stärker an Höhlen gebunden. Adulte Weibchen findet man ganzjährig, die Männchen in der Regel nur von August bis Dezember. Kokons findet man im Oktober und November, die Jungspinnen schlüpfen im Januar und Februar.

Verbreitung: Die Art ist im südlichen Westeuropa und Großbritannien verbreitet. Sie kommt in Italien, Frankreich und auf der Iberischen Halbinsel vor. Daneben gibt es Funde aus Nordafrika und Georgien. In Deutschland sind nur vereinzelte Funde aus Höhlen in Baden-Württemberg und Rheinland-Pfalz bekannt.

Ähnliche Arten: Die Art kann von der Kleinen Höhlenspinne (*Metellina merianae*) durch die Größe gut unterschieden werden. Eine große Ähnlichkeit besteht zur Großen Höhlenspinne (*Meta menardi*). Eine sichere Unterscheidung kann nur anhand der Genitalien oder durch DNA-Barcoding erfolgen.

Südliche Höhlenspinne an der Höhlendecke (Weibchen)

Weibchen der Südlichen Höhlenspinne im Netz

Große Höhlenspinne

Meta menardi

Körpergröße: Männchen 11 bis 13 mm; Weibchen 14 bis 17 mm

Fundregion: An der Höhlenwand und der Decke, bevorzugt in der Eingangs- und Übergangsregion

Beschreibung: Die Große Höhlenspinne ist aufgrund ihrer Größe einer der auffälligsten Höhlenbewohner in unseren Breiten. Die Paarung der Spinnen findet meist im Frühsommer statt. Das Weibchen baut dann ab Mitte Juli bis Anfang August einen etwa 2 bis 3 cm großen Kokon, der an einem Fadenstrang aufgehängt wird. Der Kokon umhüllt die ca. 200 bis 300 Eier, die das Weibchen bis zu ihrem Tod noch 2 bis 3 Monate bewacht. Gegen Ende August zerfallen die Eiballen und die Jungspinnen sind dann von außen durch den Kokon als kleine schwarze Punkte sichtbar. Der Kokon wird von den Jungspinnen erst im Frühjahr verlassen. Ein Teil der Jungspinnen verbreitet sich über Fadenflug (Ballooning), die restlichen Spinnen verbleiben in der Herkunftshöhle. Damit werden die Ausbreitung und der Fortbestand der Art gesichert. Die Große Höhlenspinne erreicht ein Alter von 2 bis 3 Jahren. Das 20 bis 30 cm große rudimentäre Netz der Höhlenspinne wird selten zum Beutefang genutzt. Die Art hält sich überwiegend in der Nähe der Höhlenwand auf, wo sie Asseln, Tausendfüßer, überwinternde Schmetterlinge und andere Wirbellose erbeutet. Oft werden diese an kleinen Fäden im Netz aufgehängt. Dieses Jagdverhalten ohne Verwendung des ursprünglich zum Beutefang gedachten Netzes wird als verhaltensbiologische Anpassung an das Höhlenleben angesehen.

Verbreitung: Die Art ist geografisch weit verbreitet. Sie besiedelt unterirdische Hohlräume in der gesamten Paläarktis mit Ausnahme von Japan. Höhlenfunde außerhalb dieses Verbreitungsgebietes liegen aus Nordamerika und Madagaskar vor. In Deutschland ist sie aus allen Höhlengebieten bekannt.

Ähnliche Arten: Die Art kann von der Kleinen Höhlenspinne (*Metellina merianae*) durch die Größe und die beiden großen dunklen Flecken auf dem Hinterleib gut unterschieden werden. Eine große Ähnlichkeit besteht zur in Deutschland sehr seltenen Südlichen Höhlenspinne (*Meta bourneti*). Eine sichere Unterscheidung kann nur anhand der Genitalien oder durch DNA-Barcoding erfolgen.

Weibchen der Großen Höhlenspinne

Weibchen der Großen Höhlenspinne mit Eikokon und Jungspinnen nach dem Schlüpfen

Jungtier der Großen Höhlenspinne

Jungtier der Großen Höhlenspinne

Männchen der Großen Höhlenspinne

Kleine Höhlenspinne

Metellina merianae

Körpergröße: Männchen 7,5 bis 8 mm; Weibchen 7,3 bis 12 mm

Fundregion: An der Höhlenwand und der Decke, bevorzugt in der Eingangs- und Übergangsregion

Beschreibung: Der Vorderleib der Kleinen Höhlenspinne ist gelblich-grün, mit unregelmäßigen schwarzen Streifen und schwarzem Rand. Die Brust ist schwarz, die Cheliceren rotbraun. Die Beine sind gelblich-grün, unregelmäßig schwarz geringelt und gefleckt. Der Hinterleib ist grünlich, bräunlich bis fast schwarz. Die Kleine Höhlenspinne lebt an Felsen, Mauern, stets in unmittelbarer Nähe von Quellen, Bächen oder an anderen Orten mit hoher Luftfeuchte. Sie besiedelt praktisch jeden feuchten Keller, Wasserdurchlässe, Abwasserkanäle, Straßen- und Bahndurchlässe. In Höhlen und anderen unterirdischen Hohlräumen ist sie wohl die häufigste heimische Spinnenart. Während außerhalb von Höhlen adulte Tiere nur von April bis Juni auftreten, findet man sie in Höhlen ganzjährig. Die Spinne ernährt sich hauptsächlich von den zahlreichen Mücken, die die vorderen Höhlenregionen besiedeln. Die Kleine Höhlenspinne baut ein auffallendes Radnetz, das im oberen Teil weniger Fangfäden trägt als im unteren, in dem sie ihre Beute fängt.

Verbreitung: Die Art ist über ganz Europa bis nach Zentralasien weit verbreitet und häufig. In Deutschland ist sie aus allen Höhlengebieten bekannt.

Ähnliche Arten: Die Art kann von der Großen Höhlenspinne (*Meta menardi*) durch die Größe und die fehlenden großen dunklen Flecken auf dem Hinterleib gut unterschieden werden. Der Hinterleib der Kleinen Höhlenspinne ist eher einheitlich gefärbt. Es gibt aber auch eine Farbvariante mit einem hellen Streifen auf dem Hinterleib. Hin und wieder kommt in den Eingangsbereichen der Höhlen auch die Herbstspinne (*Metellina segmentata*) vor, die aber nicht als cavernicol gilt.

Kleine Höhlenspinne im Netz

Farbvariante der Kleinen Höhlenspinne mit hellem Streifen auf dem Hinterleib

Große Streckerspinne

Tetragnatha montana

Körpergröße: Männchen 6 bis 8 mm; Weibchen 7 bis 13 mm

Fundregion: An der Höhlenwand und der Decke, bevorzugt in der Eingangs- und Übergangsregion

Beschreibung: Der Vorderleib der Großen Streckerspinne ist gelbbraun gefärbt. Die Brust ist dunkelbraunschwarz, die Cheliceren und die Beine sind gelbbraun. Der Hinterleib ist auf der Oberseite silbrig und mit einem hell-dunklen Netzwerk überzogen, auf der Unterseite braun gefärbt. Die Große Streckerspinne lebt häufig in der Nähe von Gewässern mit beschatteten Ufern, an Zweigen von Sträuchern und Bäumen. In den vorderen Höhlenbereichen kommt sie regelmäßig vor, wenn diese nahe an Gewässern liegen. Dort scheint die Spinne zu überwintern. Die Große Streckerspinne baut ein ähnliches Netz wie die Radnetzspinnen, allerdings mit einer stets offenen Nabe. Bei der Paarung, die im Frühsommer stattfindet, bewegt sich das Männchen ohne große Werbezeremonie auf das Weibchen zu und ergreift mit seinen Cheliceren die der Partnerin. Ihre Giftklauen werden dabei zwischen dem äußeren Fortsatz am Cheliceren-Grundglied und der eigenen Giftklaue derart eingeklemmt, dass das Weibchen keine Möglichkeit erhält, dem Partner gefährlich zu werden. Die halbkugeligen, weißen Eikokons werden vom Weibchen stets auf einer flachen Unterlage abgelegt.

Verbreitung: Das Verbreitungsgebiet der Großen Streckerspinne erstreckt sich über ganz Europa und Asien. In Deutschland ist sie aus allen Höhlengebieten bekannt.

Ähnliche Arten: Die Große Streckerspinne kann mit anderen Streckerspinnenarten, insbesondere der Langen Streckerspinne (*Tetragnatha extensa*) verwechselt werden, die jedoch nur gelegentlich in Höhlen zu finden ist und nicht als cavernicol gilt.

Subadultes Männchen der Großen Streckerspinne

Weibchen der Großen Streckerspinne an der Höhlendecke

Mitteleuropäischer Fadenkanker

Mitostoma chrysomelas

Körpergröße: Männchen 1,4 bis 1,6 mm; Weibchen 1,7 bis 2 mm

Fundregion: Auf dem Boden, an Holz und unter Steinen, in allen Lichtregionen

Beschreibung: Der Mitteleuropäische Fadenkanker fällt vor allem durch seine im Verhältnis zum Körper sehr langen, fadenförmigen Beine auf. Die Färbung ist blassbraun bis dunkelbraun mit einer variablen goldfarbenen Fleckenzeichnung. Auf der Oberseite finden sich girlandenartig angeordnete Reihen weißlicher, spitzer Zahnmuster. Diese umranden die ganze Oberseite und liegen etwa auf den Segmentgrenzen des Rückens. Die dunkelgefärbten Kiefertaster sind länger als der Körper und dicht mit klebrigen Borsten besetzt. In Höhlen und Bergwerksstollen findet man die Art zumeist an Holz, wo die Tiere auf Jagd nach Springschwänzen und Milben gehen. Hier bilden diese Fadenkanker feste Populationen und sind stellenweise in größeren Individuenzahlen anzutreffen. Außerhalb von unterirdischen Biotopen findet man den Mitteleuropäischen Fadenkanker einzeln lebend im Moos, unter Steinen und Holz in sonnengeschützten, feuchten Waldgebieten. In den Alpen findet man die Art auch noch oberhalb der Baumgrenze. Eine hohe Siedlungsdichte wird nur dort erreicht, wo die Bodenauflage klüftig und spaltenreich ist, z. B. in Geröllhalden, die von Moos und Farn überwuchert sind.

Verbreitung: Der Mitteleuropäische Fadenkanker kommt in Europa mit Schwerpunkt im atlantischen Bereich vor. Hier besiedelt er ein geschlossenes Areal von den Britischen Inseln, Frankreich, das engere Mittel- und Osteuropa bis nach Bulgarien. Die Art ist weit verbreitet, aber nicht sehr häufig.

Ähnliche Arten: Aufgrund der auffälligen Zahnmuster auf dem Rücken kann die Art eigentlich nicht mit anderen Weberknechten verwechselt werden.

Mitteleuropäischer Fadenkanker auf dem Höhlenboden

Lange Beine und Zahnmuster auf den Rücken der ausgewachsenen Tiere sind typische Bestimmungsmerkmale; Jungtieren (Bild links) fehlen die Zahnmuster noch.

Vierfleckkanker

Paranemastoma quadripunctatum

Körpergröße: Männchen 3,3 bis 4 mm; Weibchen 3,9 bis 4,1 mm

Fundregion: Auf dem Boden und an der Wand, an Holz und unter Steinen, in allen Lichtregionen

Beschreibung: Der Vierfleckkanker ist der größte heimische Fadenkanker. Der Rücken der Art ist matt tiefschwarz gefärbt und besitzt kurz vor der Mitte des Körpers zwei große Goldflecken, die mehr oder weniger deutlich in zwei Teilflecken getrennt sind. Hinzu kommen zwei weitere helle Zeichnungen kurz vor dem Hinterende des Körpers. Der Vierfleckkanker lebt vorzugsweise in feuchten Wäldern am Boden, kommt aber hin und wieder auch im Offenland in Feldgehölzen und Gebüschen vor, soweit die Bodendecke durch Falllaub, Detritus, morsches Holz oder Gesteinsschutt hinreichend strukturiert ist und eine gleichmäßig hohe Feuchtigkeit bietet. Adulte Tiere findet man ganzjährig. Höhlen und andere unterirdische Biotope mit sehr hoher Luftfeuchtigkeit werden dabei nur zur Überwinterung aufgesucht. Man findet die Tiere dann sehr oft in großen Überwinterungsgesellschaften.

Verbreitung: Der Vierfleckkanker ist in einem geschlossenen Areal von Ostfrankreich über ganz Mitteleuropa verbreitet, fehlt aber in den nördlichen Tiefebenen. Östlich kommt er bis in das Gebiet der oberen Weichsel (Polen) vor. Daneben findet man ihn in allen Alpenländern bis ins nördliche Mittelmeergebiet.

Ähnliche Arten: Aufgrund der Größe und der eindeutigen Fleckenzeichnung auf dem Rücken kann der Vierfleckkanker nicht mit anderen Fadenkankern verwechselt werden. Die deutlich kleineren Fadenkanker der Gattung *Nemastoma* sind zumeist einfarbig oder besitzen nur eine Fleckenzeichnung in der Körpermitte. Beim Östlichen Silberfleckkanker (*Nemastoma lugubre*) fehlt die Zeichnung am Hinterende des Körpers.

Vierfleckkanker mit charakteristischer Rückenzeichnung

Überwinterungsgesellschaft des Vierfleckkankers an der Höhlenwand

Schneckenkanker

Ischyropsalis hellwigii

Körpergröße: Männchen 5,6 bis 6,8 mm; Weibchen 6,8 bis 8,5 mm

Fundregion: Auf dem Boden und an der Wand, an Holz und unter Steinen, in allen Lichtregionen

Beschreibung: Der Schneckenkanker ist tiefschwarz gefärbt und unterscheidet sich von den Fadenkankern deutlich in der Größe. Charakteristisch sind die fast körperlangen Kieferzangen, die aus massigen, stark bedornten Stielgliedern und zwei sehr kräftigen Scheren bestehen. Beim Männchen tragen die Stielglieder oberseits vor dem Ende dicht behaarte Drüsenfelder, die dem Weibchen fehlen. Als Nahrung dienen dem Schneckenkanker vorzugsweise Gehäuseschnecken. Diese werden mit einer Schere am Mündungsrand ergriffen und mit der anderen Schere Stück für Stück aufgebrochen, so dass immer weitere Nahrungsbrocken vom Weichkörper abgeschnitten werden können. Die Art kommt vor allem in den Alpen und im Mittelgebirge vor. Hier lebt sie in naturnahen, feuchten Laub- und Nadelwäldern, an Baumstümpfen, am Boden unter Fallholz, im Bodenlaub oder unter Steinen. In Höhlen und alten Bergwerksstollen kann die Art feste unterirdische Populationen bilden. Der Schneckenkanker ist vor allem in schneckenreichen Gebieten im Bergland weit verbreitet, aber durchweg sehr selten. Im Spätsommer legt das Weibchen ihre Eier in einer gallertartigen Kugel, meist unter einem Holzstück ab. Die Jungtiere schlüpfen manchmal noch im Herbst, meist aber erst im folgenden Frühjahr. Adulte Tiere sind von Juli bis Oktober anzutreffen.

Verbreitung: Der Schneckenkanker besiedelt ein zerstreutes Areal von den Niederlanden über ganz Mitteleuropa bis nach Slowenien und Kroatien. Westlich des Rheins ist lediglich ein Fundort in der Eifel bekannt.

Ähnliche Arten: Im Alpenraum kommen noch weitere Schneckenkanker-Arten vor, mit denen eine Verwechslungsgefahr besteht. Jungtiere können mit kleineren Fadenkankern verwechselt werden.

Schneckenkanker im Moos

Jungtier des Schneckenkankers auf dem Höhlenboden

Höhlenlangbein

Amilenus aurantiacus

Körpergröße: Männchen 2,8 bis 3,3 mm; Weibchen 3,5 bis 5,5 mm

Fundregion: An der Höhlenwand und der Decke, in allen Lichtregionen

Beschreibung: Das Höhlenlangbein ist ein Weberknecht mit auffallend langen Beinen. Auf dem Hinterleib findet sich eine markante lyraförmige Zeichnung (etwa wie ein geschlossenes Ω), die beim Männchen wenig kontrastreich, beim Weibchen und den Jungtieren aber deutlicher auf hellem Untergrund zu erkennen ist. Das Höhlenlangbein lebt in Wäldern. Hier verbringen die Tiere das Sommerhalbjahr in der Bodenschicht unter Steinen und Holz. Zur Überwinterung ist die Art zwingend auf Höhlen- und Spaltensysteme angewiesen, in denen die Temperatur nicht oder nur geringfügig unter den Gefrierpunkt sinkt. Die ausgewachsenen Tiere legen im Frühjahr ihre Eier am Waldboden ab. Die Jungtiere entwickeln sich bis zum Herbst zu subadulten Tieren. Ab September beginnen diese in Höhlen und unterirdische Spaltensysteme vorzudringen. Dort finden sich in der Regel große Gesellschaften von Hunderten von Individuen zur Reifehäutung und Überwinterung zusammen. Zur Häutung krallen sich die Tiere an der Höhlendecke fest und ziehen die Beine schleifenförmig aus ihren Hüllen heraus. Mit Eintritt des Frühlings verlassen sie die schützende Höhle wieder.

Verbreitung: Die Art ist von den französischen Westalpen über die Schweiz, Deutschland, Belgien, Luxemburg, Österreich, Ungarn und der Balkanhalbinsel bis ins nördliche Griechenland verbreitet. In Deutschland ist die Art bisher aus dem Alpenraum, der Fränkischen und Schwäbischen Alb, dem Saarland, Rheinland-Pfalz, dem Odenwald, dem Spessart, der Rhön, dem Sauerland, Thüringen, dem Mittel- und Südharz, dem Kyffhäuser und dem Zittauer Gebirge bekannt.

Ähnliche Arten: Die markante Rückenzeichnung schließt eine Verwechslung mit anderen Arten aus.

Männchen des Höhlenlangbeins

Weibchen des Höhlenlangbeins

Ziegelrückenkanker

Leiobunum limbatum

Körpergröße: Männchen 3,9 bis 4,6 mm; Weibchen 5,3 bis 7,4 mm

Fundregion: An der Wand und der Decke, bevorzugt in der Eingangs- und Übergangsregion

Beschreibung: Der Ziegelrückenkanker ist ein extrem langbeiniger Weberknecht. Zwischen den Geschlechtern bestehen sehr deutliche Färbungs- und Zeichnungsunterschiede. Das Männchen ist oberseits ziegelrot gefärbt und nur mit wenigen dunklen Flecken gezeichnet. Das Weibchen ist ziegelrot, schiefergrau, schwarz und weiß gescheckt. Vor dem Augenhügel überwiegt die rötliche, dahinter eine dunkle Färbung. Hinter dem Augenhügel liegt ein seitlich hell begrenzter, dunkler Sattelfleck, der im hinteren Körperabschnitt meist von einer breiten, dunklen Querbinde gekreuzt wird. Der Ziegelrückenkanker lebt vorwiegend in Wäldern und Gebüschen, kommt aber auch in Parks und Gärten und in der Ufervegetation von Fließgewässern vor. Die Art dringt weit in Siedlungen und Städte vor, wo sie bevorzugt alte Steinmauern bewohnt. Allen Biotopen gemeinsam sind mehr oder weniger ausgedehnte Felswände oder zumindest Hänge aus festem Erdreich, deren Höhlungen und Nischen als Tagesverstecke aufgesucht werden. In den vorderen Bereichen von Höhlen und an geschützten Stellen in Felswänden sind die Tiere sehr häufig und in großer Zahl anzutreffen. Adulte Tiere findet man von Juli bis Dezember, Jungtiere ganzjährig.

Verbreitung: Der Ziegelrückenkanker ist eine mitteleuropäische Art. Die Vorkommen sind fast ausschließlich auf die Alpen und die südlichen Mittelgebirge beschränkt.

Ähnliche Arten: Die Art kann mit anderen *Leiobunum*-Arten verwechselt werden, die teilweise im gleichen Lebensraum vorkommen, ist aber dennoch an der Färbung und Rückenzeichnung zu unterscheiden.

Männchen des Ziegelrückenkankers an der Höhlenwand

Männchen (links) und Weibchen (rechts) des Ziegelrückenkankers

Schwarzrückenkanker

Leiobunum rupestre

Körpergröße: Männchen 3,6 bis 4,4 mm; Weibchen 5,5 bis 6,4 mm

Fundregion: An der Wand und der Decke, bevorzugt in der Eingangs- und Übergangsregion

Beschreibung: Der Schwarzrückenkanker weist deutliche Färbungsunterschiede zwischen den Geschlechtern auf. Während das Männchen auf der Oberseite einfarbig schwarz, mit einem dunklen Blauschimmer gefärbt ist, besitzt das Weibchen eine unregelmäßige, weiß-schwarze Zeichnung. Die Beine sind auffallend lang. In den Alpen lebt die Art hauptsächlich in Wäldern oder oberhalb der Baumgrenze im Zwergstrauchgürtel. In tieferen Lagen kommt der feuchtigkeitsliebende Schwarzrückenkanker in Buchenwald-Gesellschaften, Nadelwäldern, in engen Fluss- und Bachtälern auch in Grauerlenbeständen und Hochstaudenfluren vor. Adulte Tiere findet man von Juni bis November, juvenile Exemplare ganzjährig. Höhlen werden dabei zumeist als Tagesverstecke aufgesucht. Die Jungtiere überwintern gerne in den vorderen Bereichen von Höhlen und Bergwerksstollen.

Verbreitung: Der Schwarzrückenkanker ist eine mittel- und südosteuropäische Art. In Deutschland ist sie insbesondere in den Mittelgebirgen weit verbreitet und stellenweise häufig. Die Art wird in der Norddeutschen Tiefebene durch *Leiobunum gracile* abgelöst. In den östlichen Alpen kommt sie vergesellschaftet mit *Leiobunum subalpinum* vor.

Ähnliche Arten: *Leiobunum rupestre* gehört zu einer Reihe schwer unterscheidbarer Arten (zusammen mit *Leiobunum subalpinum*, *Leiobunum gracile* und *Leiobunum appeninicum*), die auch als *Leiobunum rupestre*-Artkomplex bezeichnet wird. Die Verbreitungsgebiete der vier Arten überlappen allerdings kaum.

Männchen des Schwarzrückenkankers

Weibchen des Schwarzrückenkankers

Chappuis-Meeresmilbe

Soldanellonyx chappuisi

Körpergröße: Länge bis 0,45 mm

Fundregion: Im Grundwasser, in Höhlengewässern und in Quellen

Beschreibung: Die meisten Vertreter dieser Familie sind Meeresbewohner, doch finden sich auch wenige Arten im Süßwasser. Die häufigste Art im Grundwasser ist Chappuis-Meeresmilbe. Das Tier hat eine gelblich-braune bis weiße Färbung, die Augen fehlen. Regelmäßig wird die Art in Quellen gefunden. Sonstige Funde in Oberflächengewässern stehen immer in unmittelbarem Zusammenhang mit Grundwasseraustritten. So kommt die Art beispielsweise im Neuenburger See (Schweiz) in einer Wassertiefe von 60 m vor.

Verbreitung: Die Art ist in Nord- und Mitteleuropa vom Tiefland bis zu einer Meereshöhe von 2.000 m verbreitet. Weiterhin sind Funde aus Nordamerika, von der Koreanischen Halbinsel und aus Japan bekannt.

Ähnliche Arten: Chappuis-Meeresmilbe kann leicht mit anderen Meeresmilben verwechselt werden, die ebenfalls Grundwasser beeinflusste Biotope besiedeln. Gegenüber anderen Wassermilben lassen sich Meeresmilben leicht durch die Beinstellung unterscheiden. Bei den Wassermilben haben lediglich die Arten der Gattung *Hydrovolzia* eine ähnliche Anordnung der Beine. Diese Arten sind aber größer und dunkler gefärbt.

Chappuis-Meeresmilbe (Rückenansicht)

Langbeinige Fledermaus-Schildzecke

Ixodes vespertilionis

Körpergröße: Länge bis 5 mm

Fundregion: Parasitiert hauptsächlich an Hufeisennasen

Beschreibung: Die Tiere haben auffallend lange Beine und nur sehr kurze, leicht nach außen gebogene Palpen. Das Männchen besitzt einen großen dunkelroten Rückenschild, der variabel dunkelrot-schwarz gemustert ist. Bei Weibchen ist dieses nur geringfügig ausgeprägt. Die Tiere sind blutsaugende Parasiten an Hufeisennasen. Die Art wurde ursprünglich anhand einer deutschen Population beschrieben, wird aber wie die anderen beiden fledermausparasitierenden Schildzecken (*Ixodes simplex* und *Ixodes ariadnae*) nur vereinzelt in Deutschland angetroffen. *Ixodes simplex* parasitiert an der Langflügelfledermaus (*Miniopterus schreibersii*), *Ixodes ariadnae* vor allem an Mausohren. Bei der Langbeinigen Fledermaus-Schildzecke liegt die Vermutung nahe, dass durch den generellen Rückgang der Hufeisennasen auch die Populationsdichte der Parasiten abgenommen hat. Auch die Ausbreitungsmöglichkeiten werden durch die Wirtsarten bestimmt. Die Entwicklung vom Ei über die Nymphe bis hin zum erwachsenen Tier dauert etwa 15 Monate. Die Larven schlüpfen Anfang April und suchen nach kurzer Reifephase einen Wirt für ihre erste Blutmahlzeit auf; kurz bevor die Fledermäuse ihre Winterquartiere verlassen. Die Nymphen unterbrechen ihre Entwicklung über die Sommermonate und warten in der Höhle, bis die Fledermäuse im Oktober erneut ihre Winterquartiere aufsuchen. Das erwachsene Tier ist etwa im März des Folgejahres fertig entwickelt.

Verbreitung: In Süd- und Südosteuropa ist die Langbeinige Fledermaus-Schildzecke weit verbreitet, in Mitteleuropa generell selten. Die wenigen einheimischen Funde stammen überwiegend aus westdeutschen Höhlen.

Ähnliche Arten: Von den drei einheimischen Fledermaus parasitierenden Schildzecken haben *Ixodes vespertilionis* und *Ixodes ariadnae* auffällig lange Beine. Letztere besitzt zudem ungebogene Palpen. Von *Ixodes ariadnae* gibt es bisher nur einen einzigen Nachweis aus Deutschland (Baden-Württemberg, auf einem Großen Mausohr).

Langbeinige Fledermaus-Schildzecke (Männchen, Rückenansicht)

Langbeinige Fledermaus-Schildzecke (Männchen, Bauchansicht)

Fledermausohrmilbe

Leptotrombidium russicum

Körpergröße: Länge der Larve bis 1 mm

Fundregion: Regelmäßig als Parasiten an den Ohren der Mopsfledermaus, gelegentlich auch beim Braunen und Grauen Langohr

Beschreibung: Die Larven der Fledermausohrmilbe sind die auffälligsten Ektoparasiten unserer Fledermäuse. Die leuchtend-orangefarbenen Milbenlarven sind gut zu erkennen, da sie überwiegend gut sichtbar an den Ohrkanalöffnungen und am Ohrmuschelrand von Fledermäusen sitzen. Der Saugapparat der augenlosen Ohrmilbenlarve verwächst mit dem Wirtsgewebe, sodass das Tier den Wirt nach dem Festsaugen nicht mehr wechseln kann. Erst im März/April beginnen die Larven diese Verbindung zu lösen. Zu früh abgesprungene Tiere können dann auch auf dem Höhlenboden gefunden werden. Zwischen 4 und 35 Tagen nach Ablösen erreicht die Larve das Stadium der Protonymphe, nach weiteren 10 bis 60 Tagen das der Deutonymphe. Der Lebenszyklus der Milbe außerhalb des parasitischen Larvenstadiums auf Fledermäusen ist genauso unbekannt wie die adulten Tiere, ihre Eier oder ihre Lebensräume.

Verbreitung: Die Art ist in Mittel- und Osteuropa weit verbreitet und kommt auch in Großbritannien vor.

Ähnliche Arten: Seit 1967 die Zwillingsart *Leptotrombidium silvaticum* abgetrennt wurde, ist eine taxonomische Unterscheidung der Larven beider Arten nur durch die Wahl des Wirtes möglich. *Leptotrombidium russicum* wurde bisher ausschließlich auf Fledermäusen gefunden, *Leptotrombidium silvaticum* auf Nagetieren. Nur die Deutonymphen haben taxonomische Merkmale zur Differenzierung.

Larven der Fledermausohrmilbe an einer Mopsfledermaus

Larven der Fledermausohrmilbe an einem Grauen Langohr (Detailbild)

Mausohr-Flughautmilbe

Spinturnix myoti

Körpergröße: Länge bis 1,5 mm

Fundregion: Regelmäßig als Parasiten auf den Flughäuten des Großen Mausohrs, kann aber auch bei anderen *Myotis*-Arten gefunden werden

Beschreibung: Die Mausohr-Flughautmilbe hat einen plattgedrückten ovalen Körper mit einem ungeteilten Rückenschild. Ein Bauchschild ist vorhanden. Die Art besitzt sechsgliedrige Fühlerpalpen, die von einem borstigen Saugapparat abstehen. An der Unterseite der Basis der Fühlerpalpen sitzen zwei einfache Augen. Die Beine, die mindestens so lang wie der Körper sind, sind achtgliedrig und stark mit Borsten besetzt. Flughautmilben gehören in Mitteleuropa zu den häufigsten Ektoparasiten der Fledermäuse. Alle Entwicklungsstadien leben ausschließlich auf den Flughäuten der Fledermäuse und können sich mit ihren Füßen, die klebrige Haftlappen besitzen, ausgezeichnet auch beim Flug des Wirtstieres festhalten. Das Vorkommen der Arten weist in der Regel starke saisonale Schwankungen auf. Die meisten Individuen findet man zum Zeitpunkt der Wochenstuben der Wirte, hier sind die Weibchen und deren Jungtiere besonders stark besiedelt.

Verbreitung: Die Mausohr-Flughautmilbe ist in Süd- und Mitteleuropa weit verbreitet.

Ähnliche Arten: Die Art kann mit anderen Flughautmilben verwechselt werden, Hauptwirt ist allerdings das Große Mausohr. In Europa sind noch weitere Arten der Gattung *Spinturnix* bekannt, z. B. *Spinturnix andegavinus*, die hauptsächlich auf der Wasserfledermaus lebt und die Langohr-Flughautmilbe (*Spinturnix plecotinus*) auf Langohrfledermäusen.

Mausohr-Flughautmilbe (Rückenansicht)

Mausohr-Flughautmilben auf der Flughaut eines Großen Mausohrs

Gemeiner Muschelkrebs

Candona neglecta

Körpergröße: Länge bis 1,4 mm

Fundregion: In Höhlengewässern, Brunnen und Quellen

Beschreibung: Der Gemeine Muschelkrebs besitzt einen länglich-rechteckigen bis leicht nierenförmigen und aus zwei Schalenhälften bestehenden Panzer (Carapax). Bei Gefahr kann sich das Tier komplett in diesen zurückziehen, ansonsten sind die zahlreichen Beine und beide Antennenpaare gut sichtbar. Die Antennen sind mit Schwimmborsten versehen und dienen dem Tasten und der Fortbewegung. Die Art gilt als ausgesprochen widerstands- und anpassungsfähig. Sie besiedelt sowohl ober- als auch unterirdische Gewässer, bevorzugt aber kalte, frostfreie und strömungsarme Wasserkörper mit geringen Temperatur- und Wasserschwankungen. Fällt das Umfeld doch einmal trocken, können sich die Tiere im Boden vergraben und so mehrere Wochen überdauern. Der Gemeine Muschelkrebs weist zwei getrennte Geschlechter auf und zeigt im Vergleich mit anderen Muschelkrebsen eine langsame Entwicklung. Bei der Paarung umklammert das Männchen das weibliche Tier. Die Eier sind sehr widerstandsfähig gegenüber Trockenheit und chemischen Einflüssen, und reifen bei ausreichender Feuchtigkeit zu Nauplius-Larven heran. Aus diesen entwickeln sich nach mehreren Häutungen die erwachsenen Tiere. Letztere lassen sich das ganze Jahr über finden, im Sommer und Herbst ist eine größere Anzahl an Jungtieren zu beobachten. Als Filtrierer ernähren sich alle Entwicklungsstadien von organischen Schwebstoffen (Detritus, Algen).

Verbreitung: Der Gemeine Muschelkrebs ist auf der gesamten nördlichen Halbkugel weit verbreitet (Nordamerika, Europa bis Asien).

Ähnliche Arten: Die Art kann leicht mit anderen Muschelkrebsen verwechselt werden, vor allem mit der oftmals vergesellschafteten Art *Candona candida*. Diese weist eine eher nierenförmige Körperform auf, wohingegen der Gemeine Muschelkrebs stärker rechteckig geformt ist.

Gemeine Muschelkrebse

Mooswurm

Bryocamptus minutus

Körpergröße: Männchen 0,4 bis 0,55 mm; Weibchen 0,5 bis 0,7 mm

Fundregion: In Höhlengewässern, im Grundwasser und in Quellen

Beschreibung: Der reinweiß gefärbte Mooswurm gehört zu den Raupenhüpferlingen, die durchweg auf dem Gewässerboden oder aber im Lückenraum der Gewässersohle leben. Die Art stellt keine speziellen Anforderungen an ihren Lebensraum und kommt praktisch in allen aquatischen und feuchten Biotopen vor. Eine Vermischung der Populationen aus Oberflächen- und Grundwasser stellt in Überschneidungsbereichen wie dem hyporheischen Interstitial, dem Übergangsbereich zwischen Fließgewässern und Grundwasser, oder auch in Quellen ein natürliches Phänomen dar. Die Tiere sind getrenntgeschlechtlich. Mit seiner Greifantenne umfasst das Männchen bei der Paarung das Weibchen und heftet ein Samenpaket (Spermatophore) auf dessen Genitalfeld. Das Weibchen trägt die Eier, durch ein Sekret zu einem kleinen Eisäckchen verklebt, bis zum Schlüpfen der Jungtiere am Hinterleib mit sich herum. Die Tiere ernähren sich von Bakterien und Detritus.

Verbreitung: Der Mooswurm ist von Skandinavien über Großbritannien bis nach Südeuropa und der Iberischen Halbinsel verbreitet. Er kommt auch in den Baltischen Staaten, im Kaukasus und in Nordafrika vor. Vermutlich ist die Art aber noch sehr viel weiter verbreitet.

Ähnliche Arten: Die zahlreichen Arten der Raupenhüpferlinge sind nur sehr schwer zu unterscheiden, aber genetisch oftmals gut zu trennen.

Weibchen des Mooswurms

Weißer Schlammhüpferling

Paracyclops fimbriatus

Körpergröße: 0,7 bis 1 mm; Weibchen etwas größer als das Männchen

Fundregion: In Höhlengewässern, im Grundwasser und in Quellen

Beschreibung: Der Weiße Schlammhüpferling ist durch seine relativ kurzen 8-gliedrigen Antennen in Kombination mit verhältnismäßig langen Körperendanhängen gut zu erkennen und von anderen Arten der Gattung zu trennen. Der Körper ist weiß gefärbt, die Eipakete hingegen sind etwas bläulich. Die Art besitzt keine großen Anforderungen an die Umwelt und toleriert sowohl leicht saures als auch leicht basisches, hartes und weiches Wasser. Der Kleinkrebs besitzt dabei eine hohe Toleranz gegenüber Abwasserbelastungen. Es werden Steh- und Fließgewässer unterschiedlichster Größenformen und -tiefen sowie Quellen und das Grundwasser besiedelt. Als Nahrungsgrundlage dienen organische Schwebstoffe. Die höchsten Populationsdichten bildet der Ruderfußkrebs im April aus, die nach und nach über den Sommer hinweg abnehmen. Von März bis Mai können eiertragende Weibchen beobachtet werden. Die schlüpfenden Jungtiere durchlaufen zahlreiche Larvenstadien (sechs Nauplius- und fünf Copepodid-Formen) bis zum erwachsenen Tier. Dafür werden je nach Wassertemperatur zwei bis drei Wochen benötigt.

Verbreitung: Die Art kommt in ganz Mitteleuropa vor. Vermutlich ist sie aber noch viel weiter verbreitet.

Ähnliche Arten: Oftmals zusammen mit anderen Arten der gleichen Gattung im vergesellschaftet und insbesondere mit *Paracyclops affinis* oder *Paracyclops imminutus* zu verwechseln.

Weibchen des Weißen Schlammhüpferlings mit Eipaketen

Freiburger Brunnenkrebs

Bathynella freiburgensis

Körpergröße: Länge bis 1,3 mm

Fundregion: Im Grundwasser

Beschreibung: Der deutsche Name der Brunnenkrebse ist auf den ersten Fundort der Art *Bathynella natans* in einem Prager Brunnen zurückzuführen. Brunnenkrebse sind typische Grundwasserbewohner, ohne Augen und mit durchscheinend weißlichem Körper. Sie erinnern mit ihrer langgestreckten Körperform eher an einen Wurm mit Beinen als an einen Krebs. Die Krebse weisen dabei zahlreiche Merkmalsreduktionen auf, wie sehr kurze zweite Antennen, eine verringerte Beinanzahl, den Verlust eines Rückenschilds und stark vereinfachte Mundwerkzeuge. Es wird vermutet, dass das Erwachsenenstadium der Brunnenkrebse dem letzten Entwicklungsstadium anderer Krebsgruppen entspricht. Aufgrund ihrer schmalen und beweglichen Körperform können die Tiere auch in sehr feinporigen Sandlückensystemen vorkommen, wohingegen viele größere Grundwasserbewohner auf voluminösere Hohlraumsysteme, wie sie in Karstgebieten vorkommen, angewiesen sind. Die Fortbewegung im Lückensystem erfolgt schlängelnd-laufend, die seltenen Schwimmversuche im freien Wasser wirken eher unbeholfen. Die Art ernährt sich vermutlich von Bakterien und Pflanzenresten. Die Weibchen legen einzelne Eier ab, in denen bereits mehrere Nauplius-Larvenstadien durchlaufen werden. Die geschlüpften Larven ähneln in ihrer Gestalt den erwachsenen Tieren, sind aber deutlich flinker und machen Jagd auf Einzeller.

Verbreitung: Der Freiburger Brunnenkrebs kann in der gesamten Oberrheintiefebene (Baden-Württemberg) gefunden werden, wobei der Verbreitungsschwerpunkt im Norden zu liegen scheint. Funde außerhalb Deutschlands sind nicht bekannt.

Ähnliche Arten: Die Art ist sehr schwer von anderen heimischen Brunnenkrebsen zu trennen. Eine sichere Unterscheidung kann in der Regel nur durch DNA-Barcoding erfolgen.

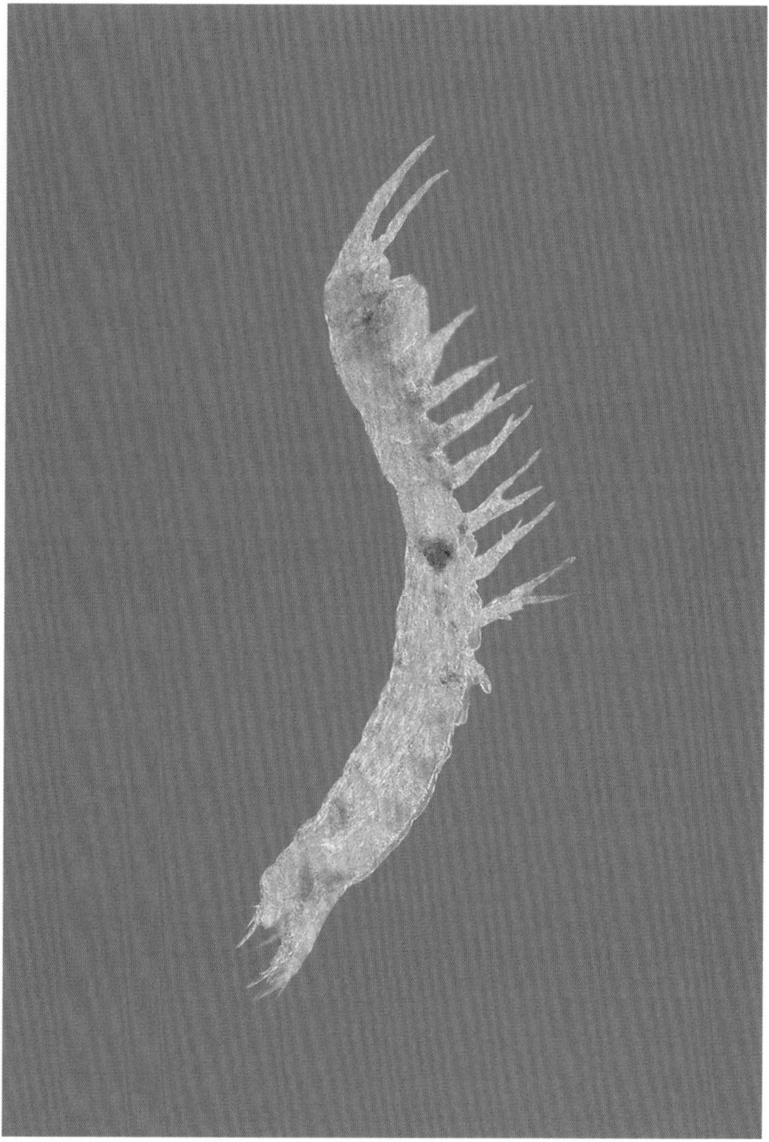

Freiburger Brunnenkrebs (Seitenansicht – Kopf oben)

Höhlen-Zwergflohkrebs

Crangonyx subterraneus

Körpergröße: Länge bis 13 mm

Fundregion: In Höhlengewässern, wasserführenden Stollen, Quellen und dem Interstitial

Beschreibung: Die Gattung *Crangonyx* kommt vorwiegend in Nordamerika vor; aus Europa sind nur wenige Arten bekannt. Die Mehrzahl der Arten der Gattung besitzt weder eine Körperpigmentierung noch Augen. Es gibt jedoch Oberflächenarten, die auch Augen besitzen. Der Höhlen-Zwergflohkrebs ist ein typischer Grundwasserbewohner und wird in grundwassergeprägten Lebensräumen (Quellen, Brunnen, Flusssedimente, Stollen) gefunden. Aufgrund der geringen Körpergröße trifft man die Art nicht nur in zerklüfteten, sondern ebenso in sandigen und feinporigen Grundwasserkörpern an. Die Fortbewegung geschieht schwimmend oder auf dem Sediment laufend, allerdings vorwiegend mit dem Rücken nach oben gerichtet. Wie alle Flohkrebse atmet auch der Höhlen-Zwergflohkrebs durch Kiemen und benötigt daher sauerstoffreiches Grundwasser.

Verbreitung: Der Höhlen-Zwergflohkrebs kommt in West- und Mitteleuropa sowie Großbritannien vor. In Deutschland ist die Art weit verbreitet, aber nur lokal häufig.

Ähnliche Arten: Aufgrund ihrer charakteristischen Fortbewegung kann die Art auch direkt vor Ort von den Höhlenflohkrebsen der Gattung *Niphargus* unterschieden werden, welche sich seitlich schwimmend bewegen. Unter dem Mikroskop lässt sich bei *Crangonyx* ein nur schwach eingeschnittenes letztes Körpersegment erkennen (Telson), welches bei der Gattung *Niphargus* hingegen stark geteilt ist. Die Schwanzanhänge (Uropoden) sind alle gleich lang. In Polen kommt die nur schwer zu unterscheidende Art *Crangonyx paxi* vor.

Der Höhlen-Zwergflohkrebs läuft oft aufrecht auf dem Gewässerboden (rechts)

Schellenberg-Grundwasser-flohkrebs

Niphargus schellenbergi

Körpergröße: Länge bis 13 mm

Fundregion: Im oberflächennahen Grundwasser, in Höhlengewässern, wasserführenden Stollen, Quellen und dem Interstitial

Beschreibung: Der Schellenberg-Grundwasserflohkrebs ist ein typischer Grundwasserbewohner, der aber auch in Höhlen und Stollen, sowie in Grundwasseraustritten (Brunnen und Quellen) anzutreffen ist. Wie viele andere Grundwasserarten auch weisen die Tiere weder eine Körperpigmentierung auf noch besitzen sie Augen. Sie ernähren sich von anderen wirbellosen Organismen, die vor allem durch einen verbesserten Geruchs- und Tastsinn aufgefunden werden. Der Schellenberg-Grundwasserflohkrebs ist wie andere Vertreter der Gattung *Niphargus* in der Lage, nachts das Grundwasser zu verlassen, um beispielsweise in quellnahen Bereichen auf Jagd zu gehen. Werden Individuen aus dem Grundwasser gespült, können sie aktiv in dieses zurückkehren oder geeignete Flusssedimente besiedeln.

Verbreitung: Die Art ist vor allem im Westen Deutschlands verbreitet, wo sie vom Alpenvorland bis zur norddeutschen Tiefebene vorkommt.

Ähnliche Arten: Weltweit sind etwa 300 *Niphargus*-Arten wissenschaftlich beschrieben, aber deutlich mehr bekannt. Oftmals lassen sich vor allem nah verwandte Arten nicht durch ihr äußerliches Erscheinungsbild bestimmen und können – wie viele Jungtiere auch – nur im Labor und mittels Genetik (DNA-Barcoding) eindeutig bestimmt werden. In Deutschland sind neben *Niphargus schellenbergi* noch *Niphargus puteanus*, *Niphargus fontanus* sowie Arten der *Niphargus aquilex*-Gruppe häufig. Daneben gibt es zahlreiche seltenere Vertreter von Höhlenflohkrebsen, insbesondere in Süddeutschland und im Alpenraum.

Männchen des Schellenberg-Grundwasserflohkrebses

Augenloser Kopfbereich des Schellenberg-Grundwasserflohkrebses

Bachflohkrebs

Gammarus fossarum

Körpergröße: Weibchen bis 14 mm; Männchen bis 21 mm

Fundregion: In Höhlengewässern, wasserführenden Stollen und Quellen

Beschreibung: Der Bachflohkrebs ist ein typischer Vertreter deutscher Mittelgebirge, wo er schnellfließende Bäche und Quellbereiche besiedelt. Regelmäßig können unterirdische Populationen angetroffen werden, deren Individuen in manchen Fällen sogar eine typische Reduktion der schwarzen Augenpigmente aufweisen. Während Trockenphasen vergraben sich die Tiere im Sediment und suchen feuchtere Umgebungen auf, um weiterhin ihre Kiemenatmung betreiben zu können. Die Tiere ernähren sich sich allgemein von eingetragenem Falllaub und sorgen aufgrund ihrer oftmals sehr hohen Dichte maßgeblich für die organische Zersetzung in Fließgewässern. Daneben ernähren sie sich auch von anderen Wirbellosen, Jungfischen sowie kanibalisch. Während der Fortpflanzungszeit kann das Männchen das Weibchen über eine Woche lang festhalten, um es vor Artgenossen zu beschützen und deren weitere Fortpflanzungsversuche zu unterbinden. Weibchen können während ihres Lebens sechs bis zehn Mal eine große Anzahl an Eiern legen. Die Tiere können ein bis zwei Jahre alt werden und sind je nach Temperatur in etwas unter 100 Tagen geschlechtsreif. Oftmals lassen sich verschiedene Generationen des Bachflohkrebses zeitgleich am selben Ort beobachten. Es handelt sich um einen Art-Komplex.

Verbreitung: In ganz Deutschland ist der Art-Komplex weit verbreitet und einzelne Arten lokal sehr häufig. Sie sind insbesondere in Mittelgebirgsbächen anzutreffen und werden in unteren Bach- und Flussabschnitten durch andere *Gammarus*-Arten abgelöst.

Ähnliche Arten: Der Art-Komplex ist sehr leicht mit dem Gemeinen Süßwasserflohkrebs (*Gammarus pulex*) zu verwechseln, mit dem er zuweilen vergesellschaftet ist. Hauptunterscheidungsmerkmal ist der dritte Uropod, dessen Innenastlänge beim Bachflohkrebs gewöhnlich nur die Hälfte der vom Außenast misst. Beim Gemeinen Süßwasserflohkrebs ist das Verhältnis deutlich darüber oder beide Äste können sogar gleichlang sein. Allerdings gibt es auch Ausnahmen. Die Arten lassen sich genetisch gut unterscheiden.

Der Bachflohkrebs ist bräunlich gefärbt und besitzt Augen

Gemeine Wasserassel

Asellus aquaticus

Körpergröße: Männchen 12 bis 20 mm; Weibchen 8 bis 15 mm

Fundregion: In stehenden oder langsam fließenden Höhlengewässern, in allen Lichtregionen

Beschreibung: Die Gemeine Wasserassel ist in stehenden und fließenden Gewässern aller Art anzutreffen. Dabei spielen sowohl Temperatur als auch der Nährstoffgehalt der Gewässer keine große Rolle für das Vorkommen. Die Tiere sind dunkelbraun bis graubraun gefärbt und haben einen abgeflachten Körperbau. Die Körperoberfläche weist eine unregelmäßige helle Fleckenzeichnung und eine dunkelbraune Mittellinie auf. Die Farbgebung des Kopfes kann bei charakteristischer Ausprägung (zwei helle Flecken mit dunkler Trennlinie) zur Bestimmung herangezogen werden. Die Laufbeine sind verhältnismäßig lang und auf beiden Seiten vom Körper abstehend. Die Gemeine Wasserassel bewegt sich laufend auf dem Gewässergrund fort oder klettert in der Vegetation; seltener treiben die Tiere im Wasser. Neben der weiten Verbreitung in Oberflächengewässern sind aus verschiedenen Gebieten Europas unterirdisch lebende Populationen bekannt. Im Vergleich mit ihren Verwandten an der Oberfläche sind diese etwas weniger stark pigmentiert und können verblasste Kopfzeichnungen besitzen. Die Gemeine Wasserassel besitzt ein ausgesprochen breites Nahrungsspektrum, das Pilze, Bakterien, Pflanzen und andere Kleinstlebewesen umfasst. Bei Massenvorkommen können die Tiere Schäden in Trinkwasserversorgungsanlagen hervorrufen. Befruchtete Weibchen tragen bis zu 100 Eier in ihrem Brutbeutel. Die Jungtiere schlüpfen nach 20 bis 40 Tagen.

Verbreitung: Die Gemeine Wasserassel ist in ganz Europa weit verbreitet und lokal oftmals sehr häufig. In Deutschland findet man sie in unterirdischen sowie oberirdischen Gewässern.

Ähnliche Arten: Genetische Studien zeigen, dass es sich bei der Gemeinen Wasserassel um einen Artkomplex handelt. In Deutschland ist hauptsächlich die im engeren Sinne als *Asellus aquaticus* bekannte Art vorhanden, in Bayern wurden jedoch zwei weitere genetische Linien nachgewiesen.

Gemeine Wasserassel

Kopf der Gemeinen Wasserassel

Höhlenwasserassel

Proasellus cavaticus

Körpergröße: Länge bis 8 mm; Männchen meist etwas kleiner

Fundregion: In stehenden oder langsam fließenden Höhlengewässern, zumeist an Holz oder Steinen, bevorzugt in der Tiefenregion

Beschreibung: Höhlenwasserasseln sind pigment- und augenlos. Als echte Grundwasserbewohner leben die lichtempfindlichen Tiere ausschließlich im Süßwasser. Man findet sie in Höhlen, Bergwerken, Brunnen und selten als Einzeltiere in Quellen. Über die Trinkwassergewinnung aus dem Grundwasser gelangen sie oft in großen Mengen in die Wasserversorgung, wo sie durch Filteranlagen abgefangen werden. Die Asseln bevorzugen gleichmäßig niedrige Temperaturen. Die Nahrung der Tiere besteht vorwiegend aus organischem Material, das mit dem Wasser in unterirdische Biotope eingespült wird. In Bergwerksstollen dienen faulendes Grubenholz und darauf wachsende Pilze als Nahrung. Größter Feind der Höhlenwasserassel sind die ebenfalls im Grundwasser lebenden Höhlenflohkrebse der Gattung *Niphargus*.

Verbreitung: Funde der Höhlenwasserassel sind neben Deutschland auch noch aus Österreich, Belgien, Luxemburg, Großbritannien, Tschechien, Frankreich, der Schweiz und den Niederlanden bekannt. Die Art ist hier weit verbreitet, die Anzahl der Fundorte ist jedoch relativ gering, was vermutlich darauf zurückzuführen ist, dass es bislang nur wenige flächendeckende zoologische Untersuchungen der Grundwasserfauna gibt.

Ähnliche Arten: In Nord- und Mitteldeutschland ist *Proasellus cavaticus* bislang die einzige nachgewiesene Höhlenwasserassel, während in Süddeutschland auch noch andere Arten dieser Gattung im Grundwasser gefunden werden. Hin und wieder besiedelt auch die Gemeine Wasserassel (*Asellus aquaticus*) unterirdische Lebensräume. Die Art besitzt aber Augen und ist bräunlich gefärbt.

Höhlenwasserassel

Kopfbereich der Höhlenwasserassel

Sumpfassel

Ligidium hypnorum

Körpergröße: Länge 7 bis 9 mm

Fundregion: Am Boden, an Holz, im Laub und unter Steinen, in allen Lichtregionen

Beschreibung: Die Sumpfassel besitzt eine glatt-glänzende Körperoberfläche, die eine sehr kontrastreiche und farbvariable Musterung mit braunen, gelben, schwarzen und weißen Anteilen aufweist. Der Körperrumpf wirkt leicht nach oben gewölbt. Die Augenbereiche bestehen aus mehreren Einzelaugen (Ocellen) und sind im Verhältnis zum Körper relativ groß. Die Antennengeißel besteht aus 10 bis 13 Segmenten und reicht in ihrer Länge bis zum Ende des zweiten Vorderkörpersegments. Die Sumpfassel ist in der Bodenstreu von naturnahen und feuchten Laubwaldgebieten, in Auenwäldern sowie in Mooren zu finden. In den vorderen Bereichen feuchter Höhlen bildet sie feste Populationen. Oftmals bekommt man die Tiere nur kurz zu Gesicht, da sie sich sehr schnell auf dem Boden fortbewegen. Sumpfasseln benötigen allgemein Lebensräume mit einer hohen Luftfeuchtigkeit und können sogar längere Zeit unter Wasser verweilen. Ihre Lebensweise ist daher als amphibisch anzusehen. Das Nahrungsspektrum umfasst abgestorbenes organisches Material wie Falllaub, Pilzgeflechte, Totholz, Insektenkadaver und Kot.

Verbreitung: Die Sumpfassel ist in Europa und bis ins westliche Asien verbreitet. Sie fehlt im Mittelmeerraum.

Ähnliche Arten: Die Art kann vielerorts mit der etwa gleichgroßen Moosassel (*Philoscia muscorum*) verwechselt werden. Als Unterscheidungsmerkmal dient die Fühlergeißel, die bei der Sumpfassel aus 10 bis 13 kugelförmigen Gliedern besteht, bei der Moosassel hingegen nur dreigliedrig ist. In Bayern kommt zudem die Art *Ligidium germanicum* vor, die auch in Höhlen gefunden wird.

Sumpfassel auf dem Höhlenboden

Die Sumpfassel erkennt man an der vielgliedrigen Fühlergeißel.

Mauerassel

Oniscus asellus

Körpergröße: Bis zu 18 mm lang und 8 bis 9 mm breit

Fundregion: Am Boden, an der Wand, in Holz und Laub, unter Steinen, in allen Lichtregionen

Beschreibung: Der Körper der Mauerassel ist deutlich abgeflacht und dunkelgrau bis schwarzbraun gefärbt. Die Oberseite ist körnig und weist zum Körperende hin kleiner werdende helle Flecken und Punktreihen auf. Die Tiere besitzen am zweiten Fühlerpaar, das sehr kräftig ausgebildet und deutlich länger als das erste Paar ist, eine dreigliedrige Fühlergeißel. Als weiteres Bestimmungsmerkmal besitzt die Art an den Seitenrändern des Vorderkopfes, direkt unter den Augen, zwei nach vorne gerichtete Stirnlappen. Mauerasseln besiedeln dauerhaft feuchte und dunkle Lebensräume, und können oberirdisch auch regelmäßig unter Steinen, Holz und in der Laubstreu angetroffen werden. In Höhlen zählen sie zu den häufigsten Asselarten. Die Tiere sind Generalisten und ernähren sich von Pflanzenresten, abgestorbenen Tieren und Totholz. Sie können zudem ihren eigenen Kot verdauen (Koprophagie) und ihm so die letzten Nährstoffe entziehen. Die Mauerassel kann sich ein- bis dreimal im Jahr fortpflanzen. Das befruchtete Weibchen bildet dann zwischen den Laufbeinpaaren einen wassergefüllten Brutbeutel (Marsupium) aus, in dem sich die Eier (gewöhnlich mehrere Dutzend) zu den Jungtieren entwickeln. Diese sind nach drei Monaten geschlechtsreif und besitzen eine Lebenserwartung von 1 bis 2 Jahren. Die Tiere häuten sich ein Leben lang, wobei einzelne Häutungen bis zu 24 Stunden andauern können.

Verbreitung: Die Mauerassel ist eine der häufigsten Landasseln in Mitteleuropa und kommt oftmals vergesellschaftet mit der Kellerassel (*Porcellio scaber*) vor. Sie ist in allen gemäßigten Zonen der Erde anzutreffen.

Ähnliche Arten: Aufgrund der allgemeinen Häufigkeit beider Arten kann die Mauerassel mit der Kellerassel verwechselt werden. Wichtige Unterscheidungsmerkmale sind die Gliederanzahl der Fühlergeißel des zweiten Antennenpaares (drei bei der Mauerassel, zwei bei der Kellerassel) und die Form der Stirnregion. Bei der Mauerassel ist diese leicht gebogen, bei der Kellerassel spitz zulaufend.

Mauerassel, Detailansicht des Kopfbereichs

Mauerassel an der Höhlenwand

Kellerassel

Porcellio scaber

Körpergröße: Länge bis 20 mm

Fundregion: Unter Steinen, Holz und Laub sowie an den Wänden, in allen Lichtregionen

Beschreibung: Der Körper der Kellerassel ist abgeflacht und besitzt eine körnige Oberfläche mit meist grauer bis braungrauer Färbung. Das erste Fühlerpaar ist fast nicht zu erkennen, das zweite lang und kräftig und mit einer 2-gliedrigen Fühlergeißel versehen. Wie der deutsche Name bereits andeutet, dringt die Kellerassel auch gerne in menschliche Behausungen ein. Die Art ist dabei nicht als Schädling anzusehen. Aufgrund ihrer Umweltansprüche an stets feuchte und dunkle Umgebungen ist sie häufig in Kellern, Garagen oder Gartenhäusern anzutreffen. In Höhlen bildet die Assel feste Populationen. Bei Hitze und Trockenheit versuchen die Tiere, schnell ein kühles und feuchtes Versteck zu finden. Kellerasseln zersetzen gewöhnlich pflanzliche und tierische Reste, seltener kann Fraß am Wurzelwerk oder an Gemüsevorräten beobachtet werden. Bei Gefahr oder nach einem Fall begibt sich die Art in eine Schreckstarre. Nach der getrenntgeschlechtlich stattfindenden Reproduktion tragen die befruchteten Weibchen etwa 20 bis 90 Eier in einem Brutbeutel umher, den sie auf der Körperunterseite zwischen den Schreitbeinen ausbilden. Aus den Eiern schlüpfen nach 40 bis 50 Tagen kleine weiße Jungtiere, die bereits an die erwachsenen Kellerasseln erinnern. Nach drei Monaten und zahlreichen Häutungen sind sie geschlechtsreif. Ihre Lebenserwartung beträgt etwa zwei Jahre.

Verbreitung: Wie die Mauerassel ist auch die Kellerassel in Mitteleuropa sehr häufig und mit dem Menschen vergesellschaftet. Sie kommt in allen gemäßigten Zonen der Welt vor.

Ähnliche Arten: Die Kellerassel kann mit der Mauerassel sowie mit weiteren Arten der Gattungen *Porcellio* und *Trachelipus* verwechselt werden. Wichtige Unterscheidungsmerkmale können die Gliederanzahl der Fühlergeißel des zweiten Antennenpaares und die Form der Stirnregion sein.

Kellerassel an der Wand eines Felsenkellers

Detailansicht des Kopfbereichs der Kellerassel

Dornfühlerassel

Porcellio spinicornis

Körpergröße: Bis zu 15 mm lang, Weibchen etwas größer als Männchen

Fundregion: Unter Steinen, auf dem Boden und an den Wänden, bevorzugt in der Eingangsregion

Beschreibung: Die Dornfühlerassel ist sehr variabel in ihrer Färbung. Die grau-bräunliche bis bläuliche Grundfärbung weist einen deutlich sichtbaren Mittelstreifen auf, von dem sich auf jeder Seite markante Fleckenreihen absetzen. Diese sind oftmals leuchtend gelb, können aber auch verwaschener ausgeprägt sein. Der Kopf und die Augen der Art setzen sich durch ihre auffallend schwarze Färbung vom Rest des Körpers deutlich ab – auch das Körperende ist oftmals dunkler. Die Fühler tragen je eine 2-gliedrige Fühlergeißel sowie einen dornförmigen Fortsatz, der namensgebend für die Art war. Die Dornfühlerassel besiedelt kalkreiche und eher trockene Standorte wie Geröllhalden, Trockenmauern sowie Höhlen und Stollen, wo sie sich von Falllaub und Totholz ernährt. Daneben kommt sie auch im Siedlungsbereich vor. Ihre Mikrohabitate müssen stets eine ausreichend hohe Feuchtigkeit aufweisen, damit die Kiemen mit einem konstanten Wasserfilm bedeckt sind und die Kiemenatmung aufrechterhalten können. Im Spätsommer wandern die Tiere in tiefere Bodenschichten und folgen so der Feuchtigkeit. Die Jungtiere reifen im Frühjahr in einem vom weiblichen Tier auf der Bauchseite getragenen Brutbeutel heran (Marsupium). Sie sind zusammen mit den erwachsenen Tieren den Sommer über anzutreffen. Die Lebenserwartung beträgt 1 bis 2 Jahre.

Verbreitung: Die Art ist bis auf den Mittelmeerraum und Nordskandinavien in Europa weit verbreitet und wurde auch nach Nordamerika verschleppt. In Deutschland wird sie aber eher selten gefunden.

Ähnliche Arten: Die Dornfühlerassel kann in ihrer Farbgebung vor allem mit der Moosassel (*Philoscia muscorum*), mit Farbvarianten der Kellerassel (*Porcellio scaber*) oder mit Arten der Gattung *Trachelipus* verwechselt werden, ist aber von diesen durch das Vorhandensein der dornförmigen Fortsätze an den Fühlern eindeutig zu unterscheiden.

Dornfühlerassel an der Wand eines Gewölbekellers

Detailansicht des Kopfbereichs der Dornfühlerassel

Zahntragende Höhlenassel

Androniscus dentiger

Körpergröße: Länge 4 bis 6 mm

Fundregion: Am Boden, an der Wand, in Holz und Laub, unter Steinen, in allen Lichtregionen

Beschreibung: Trotz ihrer geringen Größe sticht die Zahntragende Höhlenassel durch ihre auffallende Färbung direkt ins Auge des Betrachters. Diese kann variabel rosa, orange-rot bis pink ausfallen, ist jedoch immer einfarbig. Auf der Körperoberseite ist ein markanter gelber Längsstrich ausgebildet, der sich am Körperende gabelt. Oftmals ist ein weiterer schwarzer Längsstrich in der Körpermitte erkennbar, der allerdings keine Färbung darstellt, sondern durch den durchscheinenden Darminhalt zustandekommt. Die Körperoberfläche der Assel ist punktiert-körnig strukturiert, der Kopf trägt verhältnismäßig große Augen. Die Art toleriert sehr unterschiedliche Umweltbedingungen und kann in trockenen bis nassen Lebensräumen wie Steinbrüchen, alten Steinmauern, in der Spritzwasserzone von Bächen und an der Meeresküste sowie im Umkreis von Quellen aufgefunden werden. Menschliches Umfeld wird ebenfalls nicht gemieden. Es ist hervorzuheben, dass die mittel- und nordeuropäischen Vorkommen der Art sowohl in ober- und unterirdischen Lebensräumen anzutreffen sind, wohingegen die südlichen Populationen als reine Höhlenvorkommen nachgewiesen sind. Genetische Analysen deuten auf das Vorhandensein weiterer kryptischer Arten hin.

Verbreitung: Ursprünglich beheimatet ist die Zahntragende Höhlenassel im italienischen Mittelmeergebiet, von wo sie auch wissenschaftlich beschrieben wurde. Seit der letzten Eiszeit ist sie über Westeuropa nach Norden bis auf die Britischen Inseln vorgedrungen, und in Deutschland vorwiegend im Westen anzutreffen (Baden-Württemberg bis Niedersachsen). Die südlichsten Vorkommen sind aus Nordafrika bekannt. Vom Menschen wurde die Art auf die Azoren und bis nach Nordamerika verschleppt.

Ähnliche Arten: Die Art kann in Westdeutschland mit der etwa gleichgroßen, gemeinsam vorkommenden Schweizer Zwergassel (*Trichoniscoides helveticus*) verwechselt werden. Letzterer fehlt allerdings der gelbliche und sich am Körperende zweiteilende Längsstreifen.

Zahntragende Höhlenassel mit typisch zweigeteiltem Rückenstreifen

Kräuselassel

Cylisticus convexus

Körpergröße: Länge 12 mm, selten 14 bis 17 mm

Fundregion: An der Wand, auf dem Boden oder im Laub, bevorzugt in der Eingangs- und Übergangsregion

Beschreibung: Die Kräuselassel besitzt eine graue Grundfärbung, die von einer hellbraunen Längsmusterung durchbrochen ist. An den Außenkanten der Rückenschilder weist die Färbung größere Fleckenmuster auf. Das Kopfschild ist hellbraun getupft, die Antennen sind seitlich abgeknickt. Bei Störung rollt sich die Kräuselassel zu einer flachen Kugel zusammen, bei der die Anhänge (Uropoden) am Körperende und die Antennen sichtbar sind. Die Art lebt auf lockeren steinigen Böden, oftmals auch im Umkreis von oder in Kellern oder Ställen. Sie ist als synanthrop zu bezeichnen, d. h. sie ist an den menschlichen Siedlungsbereich angepasst. Gegenüber Umweltanforderungen ist die Kräuselassel sehr tolerant und kann in mäßig feuchten bis komplett trockenen, sonnenexponierten Lebensräumen vorkommen. Die Kräuselassel ist eine der wärmetolerantesten Landasseln in Deutschland. Gerade in trockenen Höhlenbereichen kann die Art feste Populationen bilden.

Verbreitung: In Europa ist die Kräuselassel weit verbreitet, aber nicht häufig. Die Art wurde zudem ins nördliche Asien sowie nach Süd-, Mittel- und Nordamerika verschleppt.

Ähnliche Arten: Die Kräuselassel kann mit Arten der Gattung *Armadillidium* (Rollasseln) verwechselt werden. Als Unterscheidungsmerkmal dienen die Extremitäten des sechsten Hinterleibsegments (Uropoden), die bei *Armadillidium* flach und bei *Cylisticus convexus* länglich-spitz ausgeprägt sind. Rollasseln können sich zu einer geschlossenen Kugel zusammenrollen, wohingegen die Uropoden und Antennen bei der Kräuselassel nicht bedeckt werden können.

Kräuselassel auf dem Höhlenboden

Gefleckte Rollassel

Armadillidium pictum

Körpergröße: Länge bis 9 mm

Fundregion: Auf dem Boden oder im Laub, bevorzugt in der Eingangs- und Übergangsregion

Beschreibung: Die Gefleckte Rollassel besitzt eine gräuliche Körpergrundfärbung mit sehr markanten gelblichen Fleckenreihen, die sich in Längsrichtung über den gesamten Körper ziehen. Als weitere Farbnuancen befinden sich an den Übergängen zwischen den Rückenplatten rote Querlinien. Die Tiere können sich bei Gefahr oder Trockenheit zu einer perfekten Kugel zusammenrollen. Generell werden von der Art kalkreiche Lebensräume mit sehr wasserdurchlässigem Boden bevorzugt. Vom Menschen beeinflusste Landschaften werden gemieden. Die Art ist allgemein selten zu finden. Es können jedoch im Hochsommer örtlich größere Ansammlungen beobachtet werden, wenn die Tiere tiefer in den Untergrund vordringen, um feuchtere Erdschichten zu erreichen. Die Gefleckte Rollassel ernährt sich von pflanzlichem Material, wie sich zersetzenden Blättern und Totholz. In Höhlen bilden die Tiere örtlich feste Populationen.

Verbreitung: Die Assel kommt in ganz Europa mit Ausnahme des Mittelmeerraums und dem Südosten des Kontinents vor.

Ähnliche Arten: Insbesondere Jungtiere der Gefleckten Rollassel können leicht mit ausgewachsenen Tieren der Art *Armadillidium pulchellum* verwechselt werden. Letztere sind generell kleiner (nur 5 bis 6 mm) und lassen beim Zusammenrollen eine kleine Lücke. Auch die Gestalt des hinteren Stirnrandes dient als Unterscheidungsmerkmal, der bei *Armadillidium pictum* schwach spitz und bei *Armadillidium pulchellum* eher abgekantet wirkt. Eine dritte Art, *Armadillidium vulgare*, wird deutlich größer (bis 18 mm) und weist oftmals keine so markante Farbgebung auf.

Verschiedene Farbvarianten der Gefleckten Rollassel

Paris-Blindläufer

Cryptops parisi

Körpergröße: Länge etwas mehr als 30 mm

Fundregion: Auf dem Boden und zwischen Steinen, bevorzugt in der Eingangs- und Übergangsregion

Beschreibung: Der Paris-Blindläufer ist orange bis dunkelrot gefärbt und blind. Er besitzt lange Antennen und Hinterleibsanhänge. Erwachsene Tiere haben 21 beintragende Körpersegmente. Auf den ersten Blick ist die Art mit den Steinläufern (Lithobiidae) zu verwechseln. Im Gegensatz zu diesen besitzen die Scolopendromorpha – zu denen die Riesenläufer gehören – allerdings durchgehend gleichgroße Rückenplatten. Die Tiere bewegen sich sehr schnell laufend auf dem Boden fort. Bei Störung suchen sie sofort Schutz im Erdreich, zwischen Steinen oder in der Streulaubschicht. Als geschickte Räuber jagen sie andere wirbellose Tiere wie Asseln und Insekten, die sie mit ihrem Gift lähmen. Die Art bevorzugt Mischwälder, kann aber auch im Freiland, in Siedlungsgebieten und oftmals in den vorderen Bereichen von Naturhöhlen und künstlichen Hohlräumen angetroffen werden. Der Paris-Blindläufer ist eine ausgesprochene Mittelgebirgsart, die im Flachland vom Garten-Skolopender (*Cryptops hortensis*) abgelöst wird.

Verbreitung: Die Art ist in ganz Europa verbreitet, aber oftmals selten. Die Tiere wurden in Kanada eingeschleppt.

Ähnliche Arten: Der Paris-Blindläufer kann mit anderen in Deutschland vorkommenden *Cryptops*-Arten (z. B. *Cryptops hortensis* und *Cryptops anomalans*) verwechselt werden, die jedoch keinen nachgewiesenen Höhlenbezug aufweisen. Genetische Untersuchungen deuten auf das Vorhandensein zweier bisher unberücksichtigter Arten im Süden und Osten von Deutschland hin, die *Cryptops parisi* sehr ähneln und mittels DNA-Barcoding gut zu unterscheiden sind.

Der Paris-Blindläufer zeichnet sich durch seine langgestreckte Gestalt aus.

Brauner Steinläufer

Lithobius forficatus

Körpergröße: Länge bis 32 mm

Fundregion: Am Boden zwischen Steinen, unter Holz und in der Streulaubschicht, in allen Lichtregionen

Beschreibung: Die Färbung des Braunen Steinläufers ist dunkel rot bis rotbraun, die Körperoberfläche stark glänzend. Die Rückenplatten sind abwechselnd schmal und breit, wodurch sich die Steinläufer generell von den Riesenläufern (z. B. von dem ebenfalls in Höhlen vorkommenden Paris-Blindläufer) unterscheiden. Der Braune Steinläufer ist einer der längsten Vertreter seiner Gattung in Mitteleuropa und besitzt 15 beintragende Segmente. Die Tiere sind ausgesprochen flinke Räuber und machen vor allem nachts Jagd auf Spinnen, Insekten und Landasseln. Bei Kontakt wird der Beute ein schnell lähmendes Gift injiziert. Der Biss kann auch für Menschen schmerzhaft sein. Höhlen, Stollen und andere unterirdische Lebensräume werden oft als Jagdrevier genutzt. Die Fortpflanzung geschieht passiv, indem das Männchen eine Spermatophore in ein selbst gesponnenes Nest legt, welche später vom weiblichen Tier aufgenommen wird. Die Entwicklung bis zum erwachsenen Tier umfasst etwa zehn Häutungen. Die verschiedenen Jungtierstadien weisen noch eine verringerte Anzahl an Segmenten und Beinpaaren auf. Auch erwachsene Tiere häuten sich. Die Lebenserwartung des Braunen Steinläufers beträgt 5 bis 6 Jahre.

Verbreitung: Die Art ist fast weltweit verbreitet und in ganz Europa häufig.

Ähnliche Arten: Der Braune Steinläufer ist eine von mehreren *Lithobius*-Arten, die in Höhlen anzutreffen sind. Die Art kann vor allem mit dem Schwarzen Steinläufer (*Lithobius piceus*) verwechselt werden. Dieser ist allerdings in manchen Farbformen sehr dunkel gefärbt, besitzt einen Stachel auf den Hüften des letzten Beinpaares und eine zusätzliche Nebenklaue an den Endbeinen.

Kopf des Braunen Steinläufers

Brauner Steinläufer auf Holz im Eingangsbereich einer Höhle

Schwarzer Steinläufer

Lithobius piceus

Körpergröße: Länge bis 18 mm

Fundregion: Auf dem Boden oder im Laub, bevorzugt in der Eingangs- und Übergangsregion

Beschreibung: Die Färbung des Schwarzen Steinläufers variiert von dunkelrot bis komplett schwarz. Die Körperoberfläche ist stark glänzend. Die Rückenplatten sind abwechselnd schmal und breit, wodurch sich die Steinläufer generell von den Riesenläufern (z.B. von der ebenfalls in Höhlen vorkommenden Art *Cryptops parisi*) unterscheiden lassen. Die Tiere weisen 15 Beinpaare auf, von denen die letzten beiden am längsten sind. Der Schwarze Steinläufer ist ein ausgesprochen flinker Räuber und macht in der Streulaubschicht Jagd auf Spinnen, Insekten und Landasseln. Seltener findet man ihn kletternd an Baumstämmen und Wänden. Als Lebensraum werden Wälder bevorzugt, jedoch zählt der Schwarze Steinläufer auch zu einer der häufigsten *Lithobius*-Arten im Gebirge oberhalb der Baumgrenze. In Höhlen bilden die Tiere örtlich feste Populationen.

Verbreitung: Die Art ist in ganz Europa weit verbreitet, fehlt allerdings in südlichen Mittelmeerregionen und in Skandinavien.

Ähnliche Arten: Der Schwarze Steinläufer ist eine von mehreren *Lithobius*-Arten, die in Höhlen anzutreffen sind. Er kann vor allem mit dem häufig vorkommenden Braunen Steinläufer (*Lithobius forficatus*) verwechselt werden. Der Schwarze Steinläufer ist allerdings in manchen Farbformen sehr dunkel bis fast schwarz gefärbt, besitzt einen Stachel auf den Hüften des letzten Beinpaares und eine zusätzliche Nebenklaue an den Endbeinen.

Schwarzer Steinläufer an der Höhlenwand

Gemeiner Zwergfüßer

Scutigerella immaculata

Körpergröße: Länge 5 bis 8 mm, Weibchen etwas größer als die Männchen

Fundregion: Auf oder im Boden, auf Wasseroberflächen und unter Steinen, in allen Lichtregionen

Beschreibung: Der Gemeine Zwergfüßer ist pigment- und augenlos. Als ausgewachsenes Tier besitzt er zwölf Beinpaare, zwei Körperanhänge (Cerci) und sehr lange Antennen (mit maximal 59 Gliedern). Die Jungtiere ähneln den erwachsenen Zwergfüßern, kommen aber mit nur sechs Beinpaaren und deutlich weniger Antennengliedern auf die Welt. Die Bein- sowie Gliederanzahl nimmt durch regelmäßige Häutungen zu. Die sehr wendigen und flinken Tiere leben im Boden, wo sie vorhandene Hohlräume wie natürliche Spaltensysteme, Tunnelsysteme von Regenwürmern oder Wurzelkanäle nutzen. Sie sind nicht in der Lage eigene Gänge zu graben. Zum Überleben wird eine hohe Feuchtigkeit benötigt, sodass vor allem im Sommer tiefere Bodenschichten aufgesucht werden. In Höhlen findet man sie regelmäßig auf Wasseroberflächen. Mit ihren kauenden Mundwerkzeugen ernähren sich die Tiere von lebenden und abgestorbenen Pflanzenteilen, insbesondere auch von Wurzeln. Die Art gilt als Gewächshausschädling. Zur Fortpflanzung platziert das Männchen ein gestieltes Spermienpaket auf dem Boden, welches vom Weibchen mit ihrem Mundraum aufgenommen wird. Danach produziert dieses einzelne, perlweiße und stark strukturierte Eier, die sie mit den aufgenommenen Spermien befruchtet und in kleinen Gruppen ablegt. Nach 1 bis 3 Wochen schlüpfen die weniger als 1 mm langen Jungtiere. Die Lebenserwartung beträgt etwa 2 Jahre.

Verbreitung: Die ursprünglich aus Europa stammende Art wurde durch den Transport von Gewächshausmaterial fast weltweit verschleppt.

Ähnliche Arten: Aus deutschen Höhlen ist neben dem Gemeinen Zwergfüßer bisher nur noch die Art *Symphylella major* nachgewiesen. Für den Laien sind beide Arten schwer zu unterscheiden.

Gemeiner Zwergfüßer auf dem steinigen Höhlenboden

Weißer Spaltendoppelfüßer

Brachychaeteuma bradeae

Körpergröße: Länge Männchen 5 bis 8 mm; Weibchen 6 bis 8 mm; Breite bei beiden Geschlechtern bis 0,7 mm

Fundregion: In der Höhle in der Regel auf Holz, in der Tiefenregion

Beschreibung: Die kleine Familie Brachychaeteumatidae, von der nur die Gattung *Brachychaeteuma* bekannt ist, umfasst acht Arten mit westeuropäischem Verbreitungsschwerpunkt. Fünf Arten sind nur in Frankreich nachgewiesen, drei davon in Höhlen. Drei weiter verbreitete Arten treten außer in Höhlen expansiv vorwiegend im Kulturland, Gärten und in urbanen Lebensräumen auf. Es handelt sich vermutlich um voreiszeitliche Reliktarten einer vormals weiter verbreiteten Artengruppe. Erwachsene Tiere des Weißen Spaltendoppelfüßers besitzen 30 Körperringe und nur drei sehr schwach ausgebildete Punktaugen (Ocellen). Komplexaugen-artige Augenfelder, wie sie bei anderen Doppelfüßern bekannt sind, fehlen völlig. Über die Ökologie der seltenen Art ist sehr wenig bekannt. In Süddeutschland wurde die Art in Wäldern, an Waldrändern und in Gebüschformationen nachgewiesen. Aus Ostdeutschland ist sie nur aus Höhlen, im Harz und in Thüringen auch aus Gärtnereien bekannt. In Hessen liegen neben Höhlenfunden auch Funde aus Quellbereichen vor. Die zweite in Deutschland nachgewiesene cavernicole Art der Familie, *Brachychaeteuma bagnalli*, ist nur aus Höhlen bekannt (Westfalen und Thüringen).

Verbreitung: Die Art ist aus Frankreich, Großbritannien, Dänemark, Norwegen, Schweden, den Niederlanden, Deutschland, der Schweiz, Tschechien, der Slowakei und Rumänien bekannt.

Ähnliche Arten: Der Weiße Spaltendoppelfüßer kann von der sehr ähnlichen Art *Brachychaeteuma bagnalli* nur anhand der Gonopoden (Männchen) oder durch DNA-Barcoding (Männchen und Weibchen) unterschieden werden. Beide Arten bewohnen Höhlenbiotope.

Weißer Spaltendoppelfüßer

Einreihiger Glattsamenfüßer

Chordeuma sylvestre

Körpergröße: Länge 13 bis 18 mm

Fundregion: An der Höhlenwand und auf dem Boden, gerne in Laub, in allen Lichtregionen

Beschreibung: Einreihige Glattsamenfüßer besitzen als erwachsene Tiere 30 Körperringe. Männchen haben 45, Weibchen 49 Beinpaare. Die Rumpfsegmente sind glatt und zeigen nur ganz feine Nadelrisse. Auf den Metazoniten (hinterer Abschnitt der Rumpfsegmente) sitzen je 3 Paar Borsten auf kleinen Knötchen, die beide zum Körperende an Größe zunehmen. Die Jugendstadien zeigen stark ausgeprägte Knötchen an den letzten 6 Segmenten. Die Borsten sind mehr oder weniger in einer Reihe in der ersten Hälfte des Metazonites gelegen. Der Körper ist gelblichweiß bis rostbräunlich gefärbt und besitzt schwach hell marmorierte Flanken. Die in einem Dreieck angeordneten 26 bis 28 Punktaugen (Ocellen) sind schwarzbraun. Die Fühler sind lang und dünn. Die Stirn und der Scheitel sind mit kurzen Borsten versehen. Der Einreihige Glattsamenfüßer bewohnt zumeist kühle und feuchte Wälder der Berg- und Mittelgebirgsregionen, kommt aber auch in Gebüschkomplexen bis hin zu Trocken- und Halbtrockenrasen vor. Höhlen werden von einigen lokalen Populationen ganzjährig besiedelt. Die Lebenserwartung der Tiere beträgt nur ein Jahr. Die ausgewachsenen Samenfüßer sterben im Frühjahr nach der Fortpflanzung. Geschlechtsreife Tiere treten ab Mitte August auf.

Verbreitung: Die Art ist eine westeuropäisch verbreitete Gebirgsart, die neben Deutschland auch in Frankreich, Belgien, Luxemburg, den Niederlanden, England, der Schweiz, Italien, Österreich und Ungarn vorkommt.

Ähnliche Arten: In Alkohol konservierte Exemplare weisen einen dunkleren Kopf und dunklere Fühler auf. Dadurch unterscheiden sie sich von den anderen Angehörigen der Familie Chordeumatidae. Eine sichere Unterscheidung ist nur durch Untersuchung der Geschlechtsteile (Gonopoden) oder durch DNA-Barcoding möglich.

Einreihiger Glattsamenfüßer

Östlicher Sechsstreifen-Saftkugler

Glomeris hexasticha

Körpergröße: Länge bis 17 mm

Fundregion: An der Höhlenwand und auf dem Boden, gerne in Laub, in allen Lichtregionen

Beschreibung: Der Östliche Sechsstreifen-Saftkugler hat eine glänzend erscheinende, dunkelbraune bis schwarze Grundfärbung. Von dieser setzen sich sechs bis sieben Reihen gelb- bis rotbrauner Flecken ab. Die Ausprägung der mittleren Fleckenreihe ist dabei variabel. Bei sechs Fleckenreihen ist das innerste Fleckenpaar zumeist am kräftigsten ausgeprägt, wohingegen die nach außen laufenden Paare verwaschen wirken. Die Jungtiere sind in ihrer Grundfärbung allgemein etwas rötlicher. Die Art ist ein typischer Bewohner unserer Mittelgebirge, wo sie in der Streulaubschicht oder unter Totholz auf Wiesen, in Wäldern, Hecken und unterirdischen Lebensräumen angetroffen wird. Letztere können das ganze Jahr über besiedelt werden. Im Spätherbst und bei einsetzendem Frost werden zudem aktive Wanderungen in tiefere Bodenschichten beobachtet. In den Höhlen ist er bis auf die zweite Winterhälfte regelmäßig anzutreffen. Der Östliche Sechsstreifen-Saftkugler ist ein wichtiger Zersetzer von gröberen abgestorbenen pflanzlichen Materialien, ernährt sich aber auch von Pilzen und Algen. Die Ausscheidungen dienen anderen Wirbellosen als wichtige Nahrungsgrundlage, da beim Durchqueren der Darmpassage der Bakterienwuchs stark gefördert wird.

Verbreitung: Die Art ist in Mittel- und Osteuropa weit verbreitet und stellenweise häufig. In Deutschland liegen ihre westlichsten Vorkommen.

Ähnliche Arten: Der Östliche Sechsstreifen-Saftkugler kann vor allem mit dem Westlichen Sechsstreifen-Saftkugler (*Glomeris intermedia*) verwechselt werden. Dieser weist jedoch sechs bis sieben eher beigefarbene Fleckenreihen auf und ist mit 14 mm Länge geringfügig kleiner. Vor allem nördliche Populationen zeigen sechs Fleckenreihen. Die Verbreitung beider Arten überlappt nur wenig. Der Rhein scheint eine natürliche Ausbreitungsgrenze darzustellen.

Östlicher Sechsstreifen-Saftkugler auf dem Höhlenboden

Kopfansicht des Östlichen Sechsstreifen-Saftkuglers

Gemeiner Saftkugler

Glomeris marginata

Körpergröße: Länge 7 bis 20 mm

Fundregion: An der Höhlenwand und auf dem Boden, gerne in Laub, in allen Lichtregionen

Beschreibung: Der Gemeine Saftkugler ist einfarbig dunkelbraun- oder schwarz-glänzend und besitzt weiße Segmentränder, die mit dem Alter vergilben. In Süddeutschland sind oftmals auch gelblich-rötliche Färbungsvarianten vorzufinden. Das Weibchen ist merklich größer als das Männchen. Die Jungtiere sind graubraun und zeigen vier helle Flecken auf jeder Rückenplatte. Bei Gefahr können sich die Tiere gänzlich zu einer Kugel einrollen und ein farbloses Wehrsekret absondern. Dieses ist in der Lage, wirbellose Jäger für mehrere Tage effektiv zu sedieren. Der Gemeine Saftkugler kommt in den verschiedensten Lebensräumen vor und hat nur geringe Ansprüche an seine Umwelt. So ist die Art in Wäldern, Hecken, in Obstplantagen, auf Steppenrasen oder in Höhlen anzutreffen. Letztere werden von einigen lokalen Populationen ganzjährig besiedelt. Die Art zersetzt und ernährt sich von Pflanzenresten sowie Totholz, frisst jedoch auch Mikroorganismen und Moose. Sie gilt als nur wenig mobil. Die Paarungszeit umfasst das Frühjahr und den Sommer. Zur Eiablage baut das Weibchen etwa 30 Erdhügel mit wenigen Millimetern Durchmesser. In jeden Hügel werden einzelne oder nur wenige Eier gelegt. Nach drei bis vier Wochen schlüpfen die Jungtiere, welche wiederum nach drei bis vier Jahren ihre Geschlechtsreife erlangt haben. Sie durchlaufen drei Häutungen im ersten Winter, sowie eine weitere im darauffolgenden Herbst. Die Lebenserwartung beträgt 10 Jahre.

Verbreitung: Die Art kommt in weiten Teilen West- und Nordeuropas vor. In Deutschland ist sie vor allem im Westen, Norden und Nordosten anzutreffen.

Ähnliche Arten: Der Gemeine Saftkugler kann mit Rollasseln und anderen Saftkugler-Arten verwechselt werden. Im Gegensatz zu den Rollasseln können Saftkugler allerdings ihren Kopf innerhalb der zusammengerollten Kugel verbergen, auch sind die Körpersegmente gleichförmig.

Gemeiner Saftkugler auf dem Höhlenboden

Bei Gefahr rollt sich der Gemeine Saftkugler zusammen.

Gesprenkelter Saftkugler

Glomeris undulata

Körpergröße: Länge bis 17 mm

Fundregion: An der Höhlenwand und auf dem Boden, gerne in Laub, in allen Lichtregionen

Beschreibung: In seiner Farbgebung besitzt der Gesprenkelte Saftkugler eine helle Oberseite mit einer Mittelreihe dunkler Flecken. Weitere dunkle Spritzflecken können mehr oder wenig stark verschmelzen und so die gesamte Oberseite verdunkeln. Das vorletzte Rückenschild zeigt einen pilzförmigen Fleck. Diese Merkmalskombination ist charakteristisch für die Färbungsvariante „*undulata*". Die Färbungsvariante „*conspersa*" ist allgemein heller und zeigt nach hinten konvergierende dunkle Mittelfleckenreihen. Auf ihrem vorletzten Rückenschild ist ein dreieckig geformter Fleck zu erkennen. Die Art bevorzugt kühle und feuchte Standorte. Bei Gefahr rollt sie sich zusammen. Bei der Eiablage werden vereinzelte oder nur sehr wenige Eier in wenige Millimeter hohe Erdhäufchen gelegt. Die geschlüpften Jungtiere durchlaufen innerhalb von etwa drei Jahren acht Häutungen bis zur vollständigen Reife sowie Ausbildung aller Segmente und Beinpaare. Die erwachsenen Tiere erreichen ein Alter von 6 Jahren. Der Gesprenkelte Saftkugler zeigt ein sehr variables Farbmuster. In Deutschland wurde er für über 150 Jahre als zwei getrennte Arten betrachtet: *Glomeris conspersa* und *Glomeris undulata*. Nach heutigen molekularen Erkenntnissen handelt es sich bei beiden um dieselbe Art. Taxonomische Priorität hat somit der ältere verfügbare Name (*G. undulata*). Daneben wird von einigen Autoren auch der Artname *Glomeris klugii* verwendet, der sich auf die gleiche biologische Art bezieht.

Verbreitung: Der Gesprenkelte Saftkugler besiedelt in Mitteleuropa vor allem das Alpenvorland und die Mittelgebirge. In Deutschland liegen die nordöstlichsten Vorkommen der Art.

Ähnliche Arten: Aufgrund ihres Rollvermögens kann die Art auf den ersten Blick mit den Rollasseln verwechselt werden. Gegenüber anderen *Glomeris*-Arten gibt es deutliche Unterschiede in den Farbmustern.

Gesprenkelter Saftkugler an der Höhlenwand

Bei Gefahr rollt sich der Gesprenkelte Saftkugler zusammen.

Getüpfelter Tausendfuß

Blaniulus guttulatus

Körpergröße: Länge Männchen 3,7 bis 5 cm; Weibchen 4,1 bis 5,7 cm

Fundregion: Bevorzugt an Holz, in allen Lichtregionen

Beschreibung: Der Getüpfelte Tausendfuß ist die größte deutsche Art der Familie Blaniulidae. Die augenlosen Tiere sind weißlich bis gelbgrau, cremefarben gefärbt und besitzen leuchtend karminrote Flecken in Höhe der Wehrdrüsenöffnungen auf den Körperseiten. Die Art hat lange Fühler und sehr fein gefurchte Hinterabschnitte der Rumpfringe (Metazonite). Die Laufbeine weisen mehrere lange, dolchähnliche Fortsätze auf. Der Getüpfelte Tausendfuß besiedelt sehr vielfältige Lebensräume, ist aber auch stark an den menschlichen Siedlungsbereich angepasst. Hier findet man ihn oft auf Friedhöfen, in Gärtnereien und Gewächshäusern. Daneben besiedelt er Gebüschkomplexe auf Trocken- und Halbtrockenrasen. In Höhlen wird er regelmäßig angetroffen und bildet hier feste Populationen. In Bergwerken kommt er bis weit in die Tiefenregionen auf Grubenholz vor, wo er sich von organischen Stoffen ernährt. Die Eiablage erfolgt bei der Art kontinuierlich vom Frühjahr bis in den Herbst hinein. Der Getüpfelte Tausendfuß ist nach ca. 15 Wochen geschlechtsreif. Die Lebenserwartung der Tiere beträgt in der Regel 4 bis 5 Jahre, in Ausnahmefällen 6 bis 8 Jahre.

Verbreitung: Der Getüpfelte Tausendfuß kommt in ganz Europa mit Ausnahme der Balkanhalbinsel und der Iberischen Halbinsel vor. Die Art wurde nach Nordamerika, Madeira, die Kanarischen Inseln, St. Helena und Tristan da Cunha verschleppt.

Ähnliche Arten: Die Art kann mit anderen blinden Tausenfüßern der Familie Blaniulidae verwechselt werden (*Boreoiulus tenuis* und *Archiboreoiulus pallidus*). Von den sechs mitteleuropäischen Arten der Familie gelten vier Arten als cavernicol.

Getüpfelter Tausendfuß auf dem Höhlenboden

Die Flecken der Art dunkeln im Alkohol kräftig nach und weisen dann eine schwarzbraune Färbung auf.

Kielaugen-Schnurfüßer

Proteroiulus fuscus

Körpergröße: Länge Männchen 3,1 bis 3,7 cm; Weibchen 3,1 bis 4,5 cm

Fundregion: Bevorzugt an Holz, in allen Lichtregionen

Beschreibung: Der Kielaugen-Schnurfüßer ist in weiten Teilen Deutschlands die häufigste Art der Familie Blaniulidae. Er ist braun bis schwarzbraun gefärbt und besitzt dunklere Flecken in Höhe der Wehrdrüsenöffnungen auf den Körperseiten. Die Jungtiere sind heller gefärbt. Der Kielaugen-Schnurfüßer lebt in den verschiedensten Lebensräumen. Er besiedelt Moore, Erlenbrüche und Auwälder, kommt aber auch in trockenen Kiefernwäldern vor. Es sind Vorkommen in den Nestern verschiedener Tiere, selbst aus Ameisenbauten, bekannt. Im Siedlungsbereich kommt der Doppelfüßer in Gärten und Parks vor. Häufig findet man ihn unter der Rinde von Baumstümpfen und Bäumen oder in der Bodenstreu mit hohem Holzanteil, wo teilweise Individuendichten von über 1.500 Tiere pro Quadratmeter erreicht werden. In Höhlen wird die Art regelmäßig angetroffen und bildet hier feste Populationen. In Bergwerken kommt der Tausendfüßer bis weit in die Tiefenregionen auf Grubenholz vor, wo er sich von organischen Stoffen ernährt. Die Eiablage erfolgt bei der Art von Mai bis Juli. Der Kielaugen-Schnurfüßer ist nach etwa 3 Jahren geschlechtsreif. Die Lebenserwartung der Tiere beträgt in der Regel bis zu 7 Jahre.

Verbreitung: Der Kielaugen-Schnurfüßer kommt in ganz Nord- und Mitteleuropa flächendeckend vor. In Südeuropa fehlt er auf der Iberischen Halbinsel und dem Großteil der Balkanhalbinsel.

Ähnliche Arten: Die Art kann mit anderen augentragenden Tausendfüßern der Familie Blaniulidae verwechselt werden. Von den sieben mitteleuropäischen Arten der Familie gelten fünf Arten als cavernicol.

Kielaugen-Schnurfüßer auf dem Boden und bei der Nahrungsaufnahme an Grubenholz

Kielaugen-Schnurfüßer (Detailansicht des Kopfbereichs)

Schwarzer Schnurfüßer

Tachypodoiulus niger

Körpergröße: Länge 2 bis 5 cm

Fundregion: An der Höhlenwand, der Decke und auf dem Boden, in allen Lichtregionen

Beschreibung: Die schwarzbraun bis tiefschwarz gefärbte Tausendfüßerart besitzt auffallend helle Beine. Die Jungtiere sind hellbraun, seitlich dunkler und haben eine dunkle Längslinie auf dem Rücken. Der Körper besteht aus 41 bis 56 Rumpfringen. Der Schwarze Schnurfüßer ist eine Waldart, die aber auch ins Offenland vordringen kann, wo sie besonders Gebüschkomplexe besiedelt. Vor allem an kalkreichen Standorten dringt er bis in Zwischenräume und Höhlen vor. Schwarze Schnurfüßer können 6 bis 7 Jahren alt werden, die Geschlechtsreife ist nach 1,5 bis 2 Jahren erreicht. Der Schwarze Schnurfüßer ist ein nachtaktiver Streuschicht- und Rindenbewohner und hat einen nächtlichen Aktionsradius von etwa 10 Metern. Hierbei klettert er sogar an Bäumen, Sträuchern und Steinen hoch. In Höhlen dringt er bis weit in die Tiefenregion vor. Mit einer Geschwindigkeit von bis zu 24 mm in der Sekunde gehört die Art zu den schnellsten einheimischen Doppelfüßern. Bei Gefahr zeigen die Tiere eine Schreck- und Fluchtreaktion, bei welcher sie sich – auf der Seite oder dem Rücken liegend – schlangenähnlich winden, um dem Feind zu entkommen und einen Unterschlupf zu finden. Die Hauptnahrung stellt Laubstreu dar, aber Holz, Moos und Nadelstreu werden auch gefressen. Höhlenpopulationen ernähren sich in der Hauptsache von eingetragenen organischen Stoffen. In Bergwerksstollen findet man sie daher auch häufig auf Grubenholz.

Verbreitung: Der Schwarze Schnurfüßer kommt außer im Norden des Norddeutschen Tieflands fast überall in Deutschland vor. Außerdem ist die Art noch in Frankreich, Spanien, den Benelux-Staaten, der Schweiz, Österreich, Tschechien, Irland und Großbritannien verbreitet.

Ähnliche Arten: Jungtiere des schwarzen Schnurfüßers können mit anderen Schnurfüßerarten verwechselt werden. Adulte Tiere können mit dem Gemeinen Dunklen Schnurfüßer (*Julus scandinavius*) verwechselt werden, der ebenfalls in Höhlen gefunden wird.

Schwarzer Schnurfüßer an einer Sinterwand

Bei Gefahr rollen sich Schwarze Schnurfüßer zusammen.

Großer Westlicher Bandfüßer

Polydesmus angustus

Körpergröße: Länge Männchen 1,3 bis 1,8 cm; Weibchen 1,5 bis 2,2 cm

Beschreibung: Zur Familie der Bandfüßer gehören stets augenlose, langgestreckte Doppelfüßer mit bandförmig abgeflachten Rückenschilden, die zudem auffällige Seitenflügel besitzen. Der Große Westliche Bandfüßer ist eine große glänzende blaß-graubraune bis braune Art. Auf dem Rücken verläuft eine schmale dunkle Binde, die im ersten Körperdrittel beginnt. Das Halsschild ist etwas breiter als der Kopf. Die Seitenflügel sind nicht aufgehellt wie bei der sehr ähnlichen Art *Polydesmus complanatus*. Die Beine sind braungelb und die Körperunterseite graugelb. Die Art kommt vor allem in Wäldern vor, ist aber auch in Gebüschen, Gärten und Komposthaufen zu finden. Sie liebt feuchte und kühle Standorte und besiedelt Höhlen, wo regelmäßig feste Populationen ausbildet werden. Das Aktivitätsmaximum liegt im Frühjahr und im Herbst. Paarungen finden von März bis Juni und von August bis Dezember statt. Im Frühjahr und Sommer werden über 200 Eier abgelegt. Der Große Westliche Bandfüßer durchläuft sieben Jugendstadien. Die Fortpflanzung findet im Alter von etwa 2 Jahren statt. Die geschlechtsreifen Tiere sterben nach der Fortpflanzungszeit im Sommer oder im frühen Herbst. Die Hauptnahrung der Tiere stellen Laubstreu und Holz dar, aber auch Moos wird gelegentlich gefressen.

Verbreitung: Der Große Westliche Bandfüßer ist eine westeuropäische Art, die in Deutschland, Norwegen, Dänemark, den Niederlanden, Belgien, Luxemburg, Tschechien, Österreich, der Schweiz, Italien, Frankreich, Großbritannien, Irland und Spanien vorkommt. Im Osten Deutschlands hat sie ihre Verbreitungsgrenze.

Ähnliche Arten: Die Art kann mit weiteren Bandfüßerarten verwechselt werden. Die ebenfalls in Höhlen anzutreffende Art *Polydesmus complanatus* weist zumeist Flecken auf den Seitenflügeln auf.

Großer Westlicher Bandfüßer (Seitenansicht)

Großer Westlicher Bandfüßer (Rückenansicht)

Schallsinger Höhlen-Doppelschwanz

Plusiocampa inopinata

Körpergröße: Länge 5,5 mm, mit Körperanhängen bis 12 mm

Fundregion: Am Boden und auf Wasserbecken, nur in der Tiefenregion

Beschreibung: Der Schallsinger Höhlen-Doppelschwanz wurde erst 2018 beschrieben. Der lateinische Zusatz *inopinata* bezieht sich dabei auf die unverhoffte Entdeckung und Beschreibung dieser Art in Deutschland. Neben *Plusiocampa dobati* von der Schwäbischen Alb ist sie erst die zweite beschriebene Höhlenart dieser Gattung in Deutschland. Ein dritter noch unbeschriebener Vertreter ist von der Fränkischen Alb bekannt. Die Art ist milchig-weiß bis transparent. Wie alle Doppelschwänze ist sie augen- und flügellos. Der Körper besteht aus drei Vorderleibs- und zehn Hinterleibssegmenten. Das letzte Segment trägt zwei bis zu über vier Millimeter lange Fortsätze (Cerci). Die Antennen sind vielfach gegliedert (32 bis 33 Segmente) und ebenfalls relativ lang. Die Jungtiere ähneln in ihrer Form und Gestalt bereits den erwachsenen Tieren und nehmen nach jeder Häutung nur an Größe zu. Doppelschwänze weisen eine indirekte Befruchtung auf, bei der das Männchen ein Spermienpaket am Boden anheftet, das später von einem vorbeikommenden Weibchen aufgenommen werden kann. Die Tiere bevorzugen eine hohe Feuchtigkeit und ernähren sich vermutlich von organischem Material und Pilzgeflechten.

Verbreitung: Die Art ist nur aus der Schallsinger Höhle im Südschwarzwald bekannt. Dort wird sie überwiegend in der Großen Halle in 195 bis 230 m Entfernung vom Höhleneingang vorgefunden.

Ähnliche Arten: Die drei höhlenbewohnenden *Plusiocampa*-Arten lassen sich wie folgt unterscheiden: *Plusiocampa inopinata* besitzt fünf große Haare auf dem dorsalen Femur der Mittel- und Hinterbeine. Die Antennen sind 32/33-gliedrig. *Plusiocampa dobati* besitzt jeweils nur ein großes Haar und Antennen mit 28/29 Gliedern. Die noch nicht beschriebene Art ist generell kleiner in der Gestalt und hat 20/21-gliedrige Antennen. Zudem besitzen die drei Arten getrennte Verbreitungsgebiete.

Schallsinger Höhlen-Doppelschwanz auf dem Boden

Größenvergleich: Schallsinger Höhlen-Doppelschwanz und Finger

Höhlen-Zwergspringer

Arrhopalites pygmaeus

Körpergröße: Länge bis 1,2 mm

Fundregion: Auf dem Höhlenboden oder auf kleinen Wasserbecken, bevorzugt in der Tiefenregion

Beschreibung: Der Höhlen-Zwergspringer gehört zur Gruppe der Kugelspringer (Symphypleona). Bei ihnen sind die drei Brustsegmente und die ersten vier Hinterleibssegmente kugelförmig verschmolzen. Dies wird als großes Abdomen bezeichnet. Die Segmente 5 und 6 des Hinterleibs bezeichnet man als kleines Abdomen. Hier befinden sich auf der Bauchseite die Genital- und Afteröffnung. Der Höhlen-Zwergspringer besitzt zwei kleine Einzelaugen (Ommatidien) und ist vollständig weiß gefärbt oder mit punktförmig verteilten rostroten Pigmentflecken versehen. Sein Körper ist eiförmig, das hinterste Segment (Anogenitalsegment) ist meist deutlich vom Hinterleib getrennt. Die Behaarung ist nur sehr spärlich, wobei am Kopfscheitel einige dickere Borsten sitzen. Die Fühler sind länger als der Kopf. Viele Zwergspringer der Gattung *Arrhopalites* sind echte Höhlenbewohner oder werden zumindest als eutroglophil eingestuft. Aus Europa wurden inzwischen 52 Arten beschrieben, von denen 36 in Höhlen leben. Nach neuesten Erkenntnissen handelt es sich beim Höhlen-Zwergspringer um eine Artengruppe. Die Tiere werden aufgrund ihrer geringen Größe oft übersehen. In Bodenfallen aus Höhlen werden sie regelmäßig gefunden und sind dort oft die häufigste Gruppe der Springschwänze. Außerhalb von Höhlen kommen sie sehr selten in den Moospolstern der Moore und Wälder vor.

Verbreitung: Die Artengruppe besiedelt den Großteil der nördlichen Hemisphäre (Holarktis). In den Höhlen Zentraleuropas ist sie weit verbreitet und oftmals häufig.

Ähnliche Arten: Die Arten der Gattung *Arrhopalites* sind morphologisch nur sehr schwer zu unterscheiden.

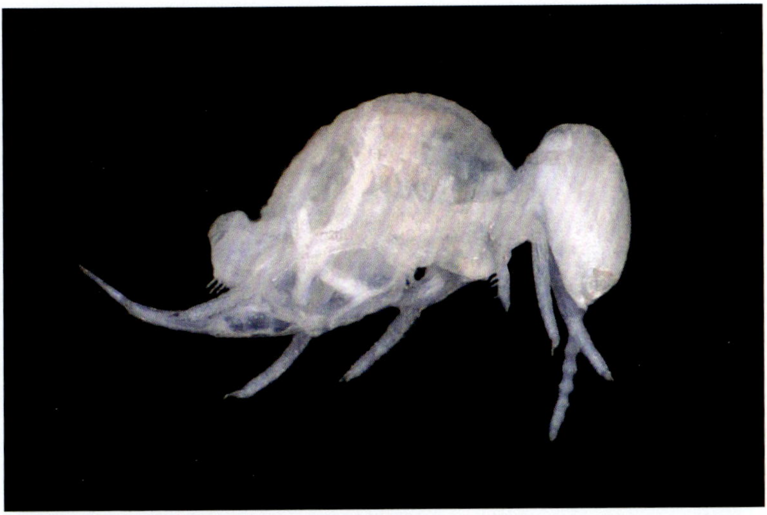

Höhlen-Zwergspringer (Mikroskopieaufnahme)

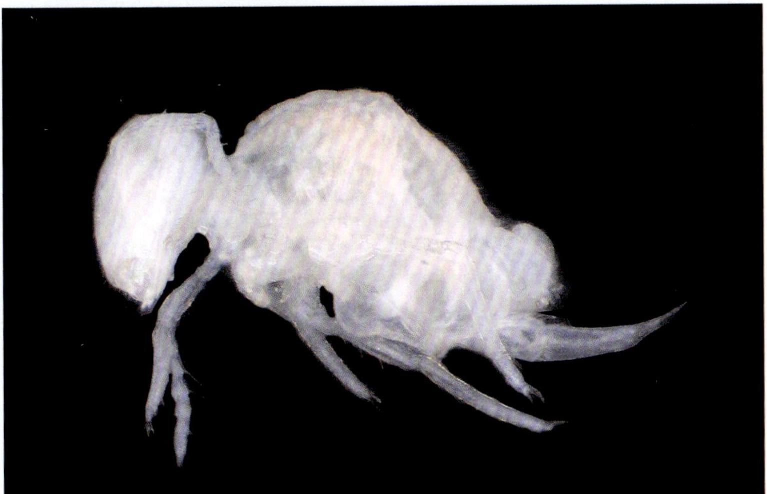

Der Höhlen-Zwergspringer ist oft pigmentlos.

Gelber Ringelhörnler

Pogonognathellus flavescens

Körpergröße: Länge 4 bis 6,5 mm

Fundregion: An der Höhlenwand und auf dem Boden, vor allem bei Laubeintrag, meistens in der Eingangs- und Übergangsregion

Beschreibung: Die Färbung des Gelben Ringelhörnlers ist braun, grau bis blauviolett auf gelblicher Grundfarbe. Die Fühler sind zumeist so lang wie der Körper, aber oft abgebrochen. Gelbe Ringelhörnler leben in feuchten Waldböden, Hochstaudenfluren, unter Steinen, loser Borke, im Laub und in der Moosdecke. Als feuchtigkeitsliebende Tiere kommen sie an Quellen, Bachufern und in Höhleneingängen vor. In großer Anzahl findet man sie, wenn in den vorderen Höhlenbereichen feuchtes Laub hereingeweht wurde. Sie ernähren sich unter anderen von Pilzmycel. Im Gegensatz zu einigen anderen Arten, die die kalte Jahreszeit im Eistadium überdauern, überwintern auch adulte Exemplare des Gelben Ringelhörnlers.

Verbreitung: Die Art kommt in ganz Europa einschließlich Skandinavien und Großbritannien bis in die Gebirgsregionen vor, ist aber wahrscheinlich holarktisch verbreitet.

Ähnliche Arten: Der Gelbe Ringelhörnler kann vor allem als Jungtier mit anderen Laufspringerarten verwechselt werden. Charakteristisch sind die Färbung und die langen Fühler. Der sehr ähnliche Kleine Ringelhörnler (*Tomocerus minor*) wird auch in Höhlen gefunden, ist aber etwas kleiner und die Fühler sind kürzer als der Körper.

Charakteristisch sind die Färbung und die langen Fühler des Gelben Ringelhörnlers.

Gelber Ringelhörnler bei der Nahrungsaufnahme

Höhlen-Blindspringer

Kalaphorura heterodoxus

Körpergröße: Länge 2 bis 2,3 mm

Fundregion: Auf dem Höhlenboden oder auf Wasserbecken, in der Tiefenregion

Beschreibung: Der weiße und augenlose Höhlen-Blindspringer besitzt eine längliche Körperform und kurze, dicke Antennen. Eine genaue Bestimmung ist nur anhand der Größe und Lage verschiedener Borsten auf dem Körper möglich. Die Art bevorzugt feuchte und nasse Standorte. Die ökologischen Ansprüche der Art sind weitestgehend unbekannt. In den Alpen lebt sie in Waldböden. Die Höhlenfunde in den deutschen Mittelgebirgen (Harz, Kyffhäuser, Ederbergland, Westerwald, Schwäbische Alb) zeigen deutlich, dass die Art stabile Höhlenpopulationen ausbildet. Hier kommt sie bis weit in die Tiefenregionen vor.

Verbreitung: Die Art ist in den Alpen verbreitet, aber selten. Nördlich der Alpen (und in Deutschland) sind nur Höhlenfunde aus Mittelgebirgshöhlen bekannt.

Ähnliche Arten: Der Höhlen-Blindspringer ist nur schwer von anderen weißen und augenlosen Springschwanzarten zu unterscheiden. Innerhalb der Familie der Onychiuridae besitzt die Gattung *Kalaphorura* einen einzigartigen Habitus, der bei keiner weiteren Art der Familie vorkommt. In Deutschland kommen 3 Arten vor. Die Unterscheidung dieser Arten erfolgt durch die Anzahl von Papillen des Antennal-3-Organs und der Beborstung des 6. Hinterleibsegmentes.

Mikroskopie-Aufnahme des Höhlen-Blindspringers

Gepanzerter Blindspringer

Protaphorura armata

Körpergröße: Länge 2,3 bis 3 mm

Fundregion: Auf dem Höhlenboden oder auf Wasserbecken, bevorzugt in der Tiefenregion

Beschreibung: Der weiße und augenlose Gepanzerte Blindspringer besitzt eine längliche Körperform und kurze, dicke Antennen. Eine genaue Bestimmung ist nur anhand der Größe und Lage verschiedener Borsten auf dem Körper möglich. Die Tiere bevorzugen feuchte und nasse Standorte. Sie kommen häufig und zahlreich in durchnässten Böden am Rande von Schneeflächen, an stehenden Gewässern und Bachufern sowie in der Spritzwasserzone von Wasserfällen vor. Höhlenpopulationen leben oft weit in der Tiefenregion, wo man sie häufig auf Wasserbecken antrifft.

Verbreitung: Der Gepanzerte Blindspringer ist kosmopolitisch verbreitet. In Deutschland kommt er in allen Höhlengebieten vor.

Ähnliche Arten: Nach neueren Erkenntnissen handelt es sich beim Gepanzerten Blindspringer um eine Artengruppe, die aus mehreren Arten besteht. Die Unterscheidung von Arten innerhalb der *Protaphoura armatus*-Gruppe erfolgt durch die Pseudocellenanzahl und die Beborstung pro Körpersegment. Pseudocellen sind kreisförmige Öffnungen der Kutikula (Haut) von Wehrdrüsen. Eine Artunterscheidung anhand genetischer Sequenzen erscheint ebenfalls möglich. Die Arten sind zudem nur schwer von anderen weißen und augenlosen Springschwanzarten zu unterscheiden.

Gepanzerter Blindspringer auf dem Höhlenboden

Juveniles Exemplar des Gepanzerten Blindspringers

Kurzfühler-Felsenspringer

Dilta hibernica

Körpergröße: Länge 9,8 bis 12 mm

Fundregion: An der Höhlenwand, der Decke und im Laub auf dem Boden, bevorzugt in trockenen Bereichen der Eingangsregion

Beschreibung: Wie alle Felsenspringer ist die Art flügellos, besitzt große Facettenaugen, Geißelantennen, elf Hinterleibssegmente und drei beborstete Schwanzanhänge. Beim Kurzflügel-Felsenspringer sind die Fühler einschließlich der Geißeln beschuppt. Die paarigen Punktaugen (Ocellen) liegen unterhalb der Facettenaugen und sind klein und rundlich. Die Fühler sind kräftig und deutlich kürzer als der Körper. Durch ruckartiges Einkrümmen der Körperenden können sich die Tiere bei Gefahr durch einen Sprung in Sicherheit bringen. Die Art ist in Deutschland weit verbreitet, aber nur stellenweise häufig. Im Gegensatz zu anderen Felsenspringerarten kommen die Tiere außerhalb von steinigen Biotopen auch in der Laubstreu, an Bäumen oder unter abgestorbener Rinde vor. In Höhlen werden zumeist die felsigen Eingangsregionen besiedelt. Im Hochsommer scheint die Art hier zu fehlen. In Deutschland wurden bisher nur Weibchen gefunden, was auf eine geografische parthenogenetische Fortpflanzung hinweist. Außerhalb Deutschlands sind auch Funde von Männchen bekannt.

Verbreitung: Die Art ist in ganz Europa mit Ausnahme von Portugal und der nördlichen Balkanhalbinsel verbreitet.

Ähnliche Arten: Im Freiland ist die Art leicht an den relativ kurzen Fühlern und dem überwiegend dunkelbraunen Schuppenkleid zu erkennen. Bei anderen Felsenspringerarten, die gelegentlich als Zufallsgäste in Eingangsbereichen der Höhlen vorkommen, sind die Fühler schlank und so lang oder länger als der Körper.

Kurzfühler-Felsenspringer sind aufgrund ihrer Färbung in Höhlenbiotopen gut getarnt

Weibchen des Kurzfühler-Felsenspringers (Seitenansicht)

Krauss' Höhlenschrecke

Troglophilus neglectus

Körpergröße: Länge 15 bis 25 mm

Fundregion: An der Höhlenwand und auf dem Boden, in allen Lichtregionen

Beschreibung: Krauss' Höhlenschrecke ist hellbraun bis rötlich gefärbt und weist auf der Oberseite ein unregelmäßiges Fleckenmuster auf. Auf dem Halsschild und den ersten Hinterleibssegmenten ist eine markante weiße Längslinie zu erkennen. Die Art hat lange Fühler, ist jedoch wie alle Höhlenschrecken flügellos. Im Gegensatz zu vielen anderen Langfühlerschrecken fehlen der Höhlenschrecke die sonst charakteristischen Gesangsorgane auf den Vorderflügeln, sodass die Tiere geräuschlos agieren. Die Weibchen besitzen am Hinterleibsende eine etwa 10 mm lange Legeröhre (Ovipositor), die zur Eiablage dient. Die ganzjährig zu beobachtenden Jungtiere durchlaufen acht Larvenstadien und vollenden ihren Lebenszyklus mit 2,5 Jahren. Die Art besiedelt feucht-nasse Lebensräume und ist allgemein aus Höhlen, Blockhalden, Tunneln, Kellern, Stollen und Bunkern bekannt. Neben unterirdischen Lebensräumen besiedelt die Art auch angrenzende Waldgebiete, wo sie nachts auf Nahrungssuche geht. Die Art kann sich sowohl geschlechtlich als auch ungeschlechtlich über Jungfernzeugung (Parthenogenese) fortpflanzen.

Verbreitung: Die Art ist seit 1992 aus Deutschland bekannt. Aktuell existieren drei isolierte, sich rein parthenogenetisch vermehrende Vorkommen in der Eifel, im Elbsandsteingebirge und im Fichtelgebirge. Bisher wurden in Deutschland nur Weibchen gefunden. Das eigentliche Verbreitungsgebiet dieser Höhlenschrecke ist die Balkanhalbinsel. Weitere Vorkommen sind aus Italien, Österreich und der Schweiz bekannt.

Ähnliche Arten: Als einzige Höhlenschrecke Deutschlands ist die Art ein unverwechselbarer Vertreter der einheimischen Höhlenfauna. Im Süden Österreichs und in Norditalien kann sie mit der Art *Troglophilus cavicola* verwechselt werden.

Weibchen von Krauss' Höhlenschrecke

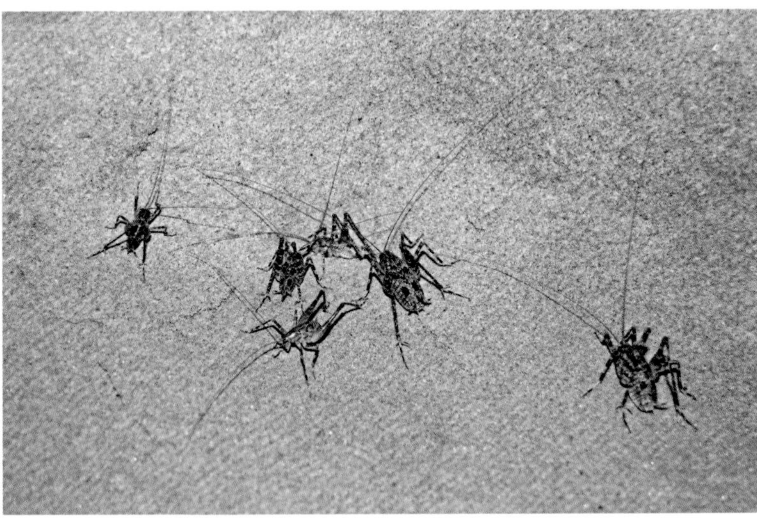

Ansammlung weiblicher Höhlenschrecken am Fundort in der Eifel

Felsen-Staublaus

Bertkauia lucifuga

Körpergröße: Länge Männchen 2,2 bis 2,4 mm; Weibchen 2,2 bis 2,8 mm

Fundregion: An der Höhlenwand und der Decke, bevorzugt in der Eingangs- und Übergangsregion

Beschreibung: Bei der bräunlich gefärbten Felsen-Staublaus sind die Fühler dünn und meist länger als der Körper. Diese brechen jedoch leicht ab. Die Art besitzt große Komplexaugen und beißende Mundwerkzeuge. Die Entwicklung erfolgt mit unvollkommener Verwandlung, d. h. die Larven der Staublaus haben schon ein ähnliches Erscheinungsbild wie die erwachsenen Tiere (Hemimetabolie). Die Art ist insgesamt sehr feuchtigkeits- und schattenliebend. Sie ist ein Bewohner der Bodenstreu, kommt aber auch unter abgestorbenen Ästen, auf feuchtem Waldboden, am Fuße von Baumstämmen in feuchten Wäldern, auf und unter Steinen, an Mauern, an Felsen und in Höhleneingängen vor. Ausnahmsweise findet man die Art in Quellbereichen und feuchten Kellern (z. B. Weinkellern). In Höhlen, Bergwerksstollen und Felsenkellern besiedelt die Felsen-Staublaus im Sommer und Herbst die Wände und Decken der vorderen Bereiche. Die Nahrung besteht aus Algen und Pilzhyphen. Auffallend ist, dass in Höhlen bisher nur Weibchen gefunden wurden. Die im Gegensatz zu den flügellosen Weibchen voll geflügelten Männchen sind insgesamt sehr selten.

Verbreitung: Die Felsen-Staublaus ist eine westpaläarktische Art, die in fast allen europäischen Ländern vorkommt. Nachgewiesen wurde sie auch auf den Azoren und auf Madeira.

Ähnliche Arten: Die Art kann (vor allem im Larvenstadium) leicht mit anderen Staubläusen verwechselt werden, die den gleichen Lebensraum besiedeln.

Felsen-Staublaus (Rückenansicht)

Felsen-Staublaus (Seitenansicht)

Großer Bachläufer

Velia caprai

Körpergröße: Länge 6,2 bis 8,7 mm

Fundregion: Auf der Wasseroberfläche fließender Höhlenbäche, die Verbindung mit der Oberfläche haben, in allen Lichtregionen; überwintert an Land

Beschreibung: Der Große Bachläufer gehört zu den Wasserwanzen (Gerromorpha, Wasserläufer). Die Art ist schwarzbraun gefärbt mit hellen rotbraunen und silbrigen Flecken auf den nach oben gebogenen Seiten des Hinterleibes und besitzt kurze, kompakte Beine. Sie kommt an der Erdoberfläche auf den verschiedensten vegetationsarmen Fließgewässern, selten auch auf Stillgewässern, vor. Die Tiere leben auf der Wasseroberfläche und ernähren sich dort räuberisch von Kleininsekten. Die tag- und nachtaktiven Tiere treten meist gesellig auf. Wird nach der Überwinterung im erwachsenen Zustand nur eine Generation pro Jahr durchlaufen, erscheinen die adulten Tiere ab Ende Juli, bei zwei Generationen im Juni und im September. Da die Generationen sich überlappen, sind oft ganzjährig adulte Tiere zu finden. Die adulten Tiere überwintern oder suchen frostfreie Höhlengewässer auf, wo sie mit gelegentlichen Ruhephasen an Land auch weiterhin aktiv sind. Gelegentlich überwintern auch Altlarven der zweiten Generation. Die Tiere dringen dabei weit in die Tiefenregion vor und können dort auch stabile Populationen bilden.

Verbreitung: Die Art kommt von den Britischen Inseln und Südskandinavien nach Süden bis in den nördlichen Mittelmeerraum und nach Südosteuropa vor. Der Große Bachläufer ist in ganz Deutschland verbreitet und gebietsweise häufig.

Ähnliche Arten: Als einzige Wasserwanze in unterirdischen Biotopen kann die Art nicht verwechselt werden. An der Erdoberfläche kommen noch zwei weitere *Velia*-Arten vor.

Großer Bachläufer auf der Wasseroberfläche

Ein großer Bachläufer in Ruhestellung oberhalb der Wasserlinie an der Höhlenwand

Langer Nestkäfer

Catops longulus

Körpergröße: Länge 3,5 bis 5 mm

Fundregion: An der Wand und auf dem Boden, in der Übergangs- und Tiefenregion

Beschreibung: Der Lange Nestkäfer hat eine für die Nestkäfer eher untypische längliche Gestalt. Der Körper ist hell- bis dunkelbraun gefärbt und die Oberfläche leicht punktiert. Die Farbgebung ist mit einem Schieferglanz versehen. Der Halsschild verengt sich nach hinten. Die Art kommt vorwiegend im bewaldeten Mittelgebirge vor, seltener ist sie im Tiefland und in der alpinen Zone zu finden. Die Tiere können in Stollen, Höhlen, Blockhalden und Tierbauten (z.B. Kaninchenbauten) angetroffen werden. Selten besiedeln sie die Streulaubschicht an der Oberfläche. Das Nahrungsspektrum umfasst Tierkadaver und verfaulte Pilze. Pro Jahr können zwei Generationen ausgebildet werden. Die erwachsenen Tiere überwintern.

Verbreitung: Die Art ist in Europa weit verbreitet, aber selten. In Deutschland kommt sie vorwiegend in den Mittelgebirgen, nördlich bis in den Harz, vor.

Ähnliche Arten: Der Lange Nestkäfer ist einer von mehreren *Catops*-Arten, die in deutschen Höhlen gefunden werden können. Die Tiere lassen sich generell nur schwer auseinander halten, wobei der Körper der meisten anderen Arten eher breiter und nicht so langgestreckt ist.

Langer Nestkäfer an der Höhlenwand

Der Lange Nestkäfer fällt durch seine längliche Körperform auf.

Segeberger Höhlenkäfer

Choleva septentrionis holsatica

Körpergröße: Länge bis 5 mm

Fundregion: Am Boden, an Kot und Aas, in der Tiefenregion

Beschreibung: Der Segeberger Höhlenkäfer ist eine Besonderheit der deutschen Höhlenfauna. Nach der letzten Eiszeit entstand vor etwa 5.000 Jahren in der norddeutschen Tiefebene die Kalkberghöhle bei Bad Segeberg. Aus einer damals an der Oberfläche lebenden Population der Art *Choleva septentrionis* (heutzutage in der Arktis beheimatet) konnte sich seitdem nur eine an das Höhlenleben angepasste Population halten. Diese wird nach aktuellem wissenschaftlichem Kenntnisstand als Unterart angesehen, die Artfrage ist jedoch noch nicht endgültig geklärt. Der Segeberger Höhlenkäfer ist kupferfarben bis kastanienbraun, manchmal können Kopf und Flügeldeckennaht dunkler ausgeprägt sein. Die Tiere bewegen sich sehr flink und ernähren sich von Fledermaus-Guano und abgestorbenen Fledermäusen. Beides ist in der Kalkberghöhle in hoher Zahl anzutreffen, da die Höhle eines der größten Fledermausquartiere Europas ist. Die Paarungszeit der Käfer fällt mit dem Start der Winterruhe der Fledermäuse zusammen. Ab Juli legen die Weibchen die geringe Anzahl von 30 Eiern, aus denen ab August Larven schlüpfen. Die erwachsenen Tiere sind aufgrund der zunehmenden Populationsdichte insbesondere von November bis Februar vorzufinden.

Verbreitung: Die Art kommt als Endemit ausschließlich in der Kalkberghöhle bei Bad Segeberg (Schleswig-Holstein) vor.

Ähnliche Arten: Der Segeberger Höhlenkäfer kann sehr leicht mit anderen *Choleva*-Arten verwechselt werden. Aufgrund des endemischen Vorkommens in der Bad Segeberger Kalkberghöhle ist *Choleva septentrionis holsatica* aber andernorts auszuschließen. Aus der Hohlsteinhöhle im Teutoburger Wald (Nordrhein-Westfalen) ist der dort ebenfalls endemisch vorkommende, nah verwandte Hohlstein-Höhlenkäfer (*Choleva septentrionis sokolowskii*) beschrieben.

Segeberger Höhlenkäfer aus der Kalkberghöhle in Schleswig-Holstein

Hohlstein-Höhlenkäfer aus dem Teutoburger Wald

Mausflohkäfer

Leptinus testaceus

Körpergröße: Länge 2 bis 2,6 mm

Fundregion: Am Boden im Laub und unter Steinen, in allen Lichtregionen

Beschreibung: Der Mausflohkäfer besitzt einen flachen Körperbau mit blass-gelber bis hellbraun-roter Färbung, die bei in Alkohol konservierten Tieren ausbleicht. Die Flügeldecken weisen eine schwache Behaarung auf. Einige Haare sind länger und stehen schräg vom Körper ab. Die Art besitzt weder Augen noch Flügel. Der Mausflohkäfer lebt unter anderem in Bauten von Kleinsäugern wie Mäusen und Maulwürfen. Durch ihren generell sehr schlüpfrig gestalteten Körperbau können die Tiere leicht in das Fell der Kleinsäuger gleiten. Auf dem Boden bewegen sie sich recht schnell fort. Die erwachsenen Tiere ernähren sich von Hautschuppen sowie parasitierenden Insekten und Milben. Auch Fraß an Fledermaus-Guano ist regelmäßig zu beobachten. Die Ernährungsweise der Art ist somit nekro- und koprophag, weniger parasitär. Die Ausbreitung des Mausflohkäfers wird maßgeblich durch die Verbreitung der Kleinsäuger bestimmt, auf denen sie leben – ein Verhalten, das als Phoresie bezeichnet wird. Allgemein werden eher trockenere Lebensräume bevorzugt. In Höhlen werden die Tiere hin und wieder in Bodenfallen gefunden.

Verbreitung: Die Art ist in Nord- und Mitteleuropa weit verbreitet und überall häufig.

Ähnliche Arten: Die Art ist gut zu erkennen, allerdings sind weitere *Leptinus*-Arten im Alpenraum, in Frankreich, Spanien und auf der Balkanhalbinsel nachgewiesen.

Mausflohkäfer unter dem Binokular (in Alkohol konserviert)

Vorderkörper des Mausflohkäfers (Detailaufnahme)

Höhlen-Raubkäfer

Quedius mesomelinus

Körpergröße: Länge 7 bis 11 mm

Fundregion: Am Boden im Laub, unter Steinen, an Höhlenwänden, an Totholz oder an Fledermaus-Guano, bis weit in die Tiefenregion

Beschreibung: Die Flügeldecken des Höhlen-Raubkäfers sind schwarz-glänzend, punktiert, und lassen wie bei allen Kurzflüglern den Hinterleib weitgehend unbedeckt. Unter den Flügeldecken befinden sich die stark zusammengefalteten Flügel. Die Beine und die Fühler sind etwas heller als der restliche Körper. Höhlen-Raubkäfer leben räuberisch von verschiedenen wirbellosen Arten, die typisch für sich zersetzendes organisches Material wie Totholz oder Dung sind (Larven und Imagines von Fliegen und Mücken, Springschwänze). Auch das Pilzgeflecht dient ihnen als Nahrungsquelle. Die Tiere sind in der Streulaubschicht von Waldgebieten, in Kleinsäugerbauten und in unterirdischen Lebensräumen wie Höhlen, Kellern oder Stollen zu finden. Die Art gilt als besonders kältetolerant und ist auch in der Nähe des Menschen häufig anzutreffen. Die ebenfalls räuberisch lebenden Käferlarven verpuppen sich zu einer dunkelgelben bis rötlich-braunen Puppe, die gewöhnlich zwischen 6 und 6,5 mm misst.

Verbreitung: In Europa ist die Art weit verbreitet und überall häufig. Sie wurde zudem nach Kanada, Grönland und in die Antarktis verschleppt.

Ähnliche Arten: Kurzflügler gelten generell als schwer bestimmbar. Im Mittelmeerraum gibt es weitere Arten der Gattung *Quedius* mit Höhlenbezug.

Typisch für Höhlen-Raubkäfer sind die verkürzten Flügeldecken.

Höhlen-Raubkäfer an der Höhlenwand

Vierfleck-Höhlenschlupfwespe

Diphyus quadripunctorius

Körpergröße: Länge 13 bis 15 mm

Fundregion: Bevorzugt in Wandspalten und an den Höhlenwänden in der Eingangs- und Übergangsregion, kommt aber auch in der Tiefenregion vor

Beschreibung: Die Vierfleck-Höhlenschlupfwespe lebt im Frühling und Sommer an Waldrändern und auf Wiesen. Sie parasitiert auf Schmetterlingsraupen. Zahlreiche Schmetterlingsarten aus mehreren Familien sind als Wirte bekannt. Nur ein einziges Ei wird in der Schmetterlingsraupe abgelegt. Diese verpuppt sich, bevor die parasitische Wespenlarve zu fressen beginnt. Die ausgewachsene Schlupfwespe schlüpft schließlich aus der Schmetterlingspuppe. Die Männchen der Vierfleck-Höhlenschlupfwespe findet man nur im Sommer. Nach der Paarung sterben diese und nur die Weibchen überwintern. Zur Überwinterung suchen die Tiere frostfreie Orte wie unterirdische Hohlräume, aber auch Felsspalten oder Baumhöhlen auf. In Höhlen bilden die Weibchen sehr oft große Überwinterungsgesellschaften von bis zu 100 Tieren, die dicht gedrängt in Felsspalten oder Felsnischen sitzen. Die Weibchen der schwarzgelben Vierfleck-Höhlenschlupfwespe haben einen weißen Ring auf den langen Fühlern. Auf ihrem schwarzen Hinterleib befinden sich vier helle Flecken, die Oberschenkel der Hinterbeine sind gelb. Beim Männchen fehlt der weiße Fühlerring und die Oberschenkel der Hinterbeine sind orange. Die vorderen Segmente des Hinterleibs sind bei den Männchen gelb.

Verbreitung: Das Verbreitungsgebiet dieser Schlupfwespenart erstreckt sich von Nordafrika und dem Nahen Osten über ganz Europa bis zu den Britischen Inseln und Skandinavien. Im Osten reicht das Verbreitungsgebiet bis in den europäischen Teil Russlands. In Deutschland ist die Art aus allen Höhlengebieten bekannt.

Ähnliche Arten: Die Weibchen sind durch das Fleckenmuster auf dem Hinterleib und die weißen Ringe auf den Fühlern nicht zu verwechseln.

Weibchen der Vierfleck-Höhlenschlupfwespe

Weibchen mit Bestimmungsmerkmalen

Gebänderte Höhlenschlupfwespe

Exephanes ischioxanthus

Körpergröße: Männchen 9 bis 12 mm; Weibchen 8,5 bis 10 mm

Fundregion: Bevorzugt in Wandspalten und an den Höhlenwänden in der Eingangs- und Übergangsregion

Beschreibung: Die Gebänderte Höhlenschlupfwespe zeichnet sich durch eine markante Zeichnung des Hinterleibs aus. Das 2., 3. und die Hälfte des 4. Hinterleibsglieds sind rotbraun gefärbt. Die folgenden Glieder sind schwarz, das 6. Glied mit einer weißen Querbinde und das 7. Glied mit einem weißen Fleck gekennzeichnet. Die Art parasitiert an Raupen des Trockenrasen-Halmeulchens (*Mesoligia furuncula*), einem Eulenfalter (Noctuidae), dessen Larven in Pflanzenstengeln von Süßgräsern leben. Die Parasitoidenlarve tötet ihren Wirt erst nach einer längeren Entwicklungszeit, während welcher die Wirtslarve noch fressen und sich in vielen Fällen auch verpuppen kann. Die Wirtsart und damit auch die Schlupfwespe kommen an warmen Hängen, Wegen, Bahndämmen, auf Waldlichtungen, Heiden und Sanddünen vor. Die Gebänderte Höhlenschlupfwespe überwintert bevorzugt in Höhlen. Es werden aber auch im Sommer immer wieder Tiere im Eingangsbereich der Höhlen gefunden. Höhlenfunde werden das ganze Jahr über gemacht, allerdings verlassen die Schlupfwespen die Höhlen immer wieder zur Nahrungsaufnahme und Fortpflanzung.

Verbreitung: Die in der westlichen Paläarktis verbreitete Art kommt von Skandinavien über die Britischen Inseln bis nach Frankreich vor. Im Osten läuft die Verbreitungsgrenze von Russland über Ungarn, Bulgarien und Griechenland bis in die Türkei.

Ähnliche Arten: In Höhlen kommen noch weitere *Exephanes*-Arten vor. Die Arten *Exephanes riesei* und *Exephanes rhenanus* haben nur einen einzigen großen weißen Fleck auf dem 7. Tergit und können dadurch eindeutig von der Gebänderten Höhlenschlupfwespe unterschieden werden. Auch mittels DNA-Barcoding gelingt die Unterscheidung problemlos.

Weibchen der Gebänderten Höhlenschlupfwespe

Weibchen mit Bestimmungsmerkmalen

Langhorn-Zehrwespe

Exallonyx longicornis

Körpergröße: Länge 5 bis 6 mm

Fundregion: Im Laub und am Boden sowie in unteren Wandbereichen, bevorzugt in der Eingangs- und Übergangsregion

Beschreibung: Bei der Langhorn-Zehrwespe fallen die schwarzen Punkte an den hinteren Flügelrändern auf. Die schlanken Antennen reichen zurückgelegt über das Hinterende des Vorderkörpers hinaus. Die Geißelglieder sind mehr als doppelt so lang wie breit, das zweite beim Weibchen etwa fünfmal, beim Männchen etwa dreimal so lang wie breit. Die Scheide des Legebohrers ist beim Weibchen kurz, etwa so lang wie die Hälfte des basalen Tarsengliedes der Hinterschienen. Die Larven von *Exallonyx* leben endoparasitisch in Larven von Buckelfliegen (Phoridae), Laufkäfern (Carabidae), Nestkäfern (Cholevidae) und vor allem Kurzflüglern (Staphylinidae), u. a. der Gattung *Quedius*, die alle in Höhlen vorkommen. Die Verpuppung erfolgt ohne Kokon. Zumeist ist die Langhorn-Zehrwespe an feuchtes bis nasses, in die Höhleneingänge hereingewehtes Laub gebunden. Hier kommt die Art dann in großen Individuenzahlen vor, wo sie überwintert.

Verbreitung: Die Art ist über ganz Europa, auch auf den Britischen Inseln und Skandinavien weit verbreitet.

Ähnliche Arten: Aufgrund der langen Antennen ist die Langhorn-Zehrwespe nicht mit anderen Arten der Gattung *Exallonyx* zu verwechseln.

Langhorn-Zehrwespe an der Höhlenwand

Auffallend sind die langen Fühler der Langhorn-Zehrwespe.

Quell-Köcherjungfer

Stenophylax permistus

Körpergröße: Länge 18 bis 24 mm

Fundregion: In Nischen und an der Höhlenwand, bevorzugt in der Übergangs- und Tiefenregion

Beschreibung: Die Quell-Köcherjungfer ist am Körper und an den Beinen hellbraun gefärbt. Die Flügel sind ebenfalls überwiegend hellbraun und weisen ein schwaches dunkles Fleckenmuster auf. Die Flügeladern sind gut zu erkennen und leicht von der Flügeloberfläche abgesetzt. In Ruhestellung sind die Antennen nach vorne gerichtet und die Flügel liegen dachartig zusammengefaltet auf dem Hinterleib. Die Antennen sind dann in etwa so lang wie der Körper. Die Larven der Art leben in Quellen, in Feuchtgebieten und in Flussoberläufen. Sie sitzen geschützt in einem sehr vielseitig aufgebauten Köcher, der aus Sand, Holz und Pflanzenteilen gebildet werden kann. Beim Trockenfallen ihres aquatischen Lebensraums zeigen sie ein aktives und verstärkt flussabwärts gerichtetes Wanderverhalten. Nach der Verpuppung suchen die frisch geschlüpften Tiere Höhlen, Kleinsäugerbauten oder andere wettergeschützte Biotope auf, um von Mai bis September dort zu übersommern. Erst danach werden sie geschlechtsreif und verlassen zur Paarung ihren sommerlichen Unterschlupf. Die Tiere sind getrenntgeschlechtlich.

Verbreitung: Die Art ist in Europa weit verbreitet, fehlt aber im nördlichen Skandinavien. Sie kommt außerdem in Nordafrika vor. Zusammen mit *Micropterna nycterobia* ist sie häufig die dominierende Köcherfliegenart in den Höhlen Deutschlands.

Ähnliche Arten: Von den beiden ebenfalls in Höhlen vorkommenden Arten *Stenophylax mitis* und *Stenophylax vibex* ist die Quell-Köcherjungfer nur an den Geschlechtsmerkmalen zu unterscheiden. Die Art kann auch mit den Vertretern der Gattung *Micropterna* verwechselt werden.

Quell-Köcherfliegen verbringen den Sommer in Höhlen oft in größeren Gruppen

Quell-Köcherfliege an der Höhlenwand

Zackeneule

Scoliopteryx libatrix

Körpergröße: Flügelspannweite 40 bis 45 mm

Fundregion: An der Höhlenwand und der Decke, in allen Lichtregionen

Beschreibung: Bei der Zackeneule (auch Zimteule, Krebssuppe, Kapuzinereule oder Zuckereule genannt) handelt es sich um einen Nachtfalter, der regelmäßig in Naturhöhlen und unterirdischen künstlichen Hohlräumen überwintert. Der deutsche Name leitet sich aus den unregelmäßig gezackten Vorderflügeln ab. Diese sind graubraun mit gelb-orangenen Zeichnungen und weisen zwei dicht hintereinander verlaufende helle Querlinien auf. Die Zackeneule lebt je nach den klimatischen Verhältnissen in ein bis zwei Generationen von Ende Juli bis September und nach dem Überwintern noch im Frühjahr. Die grünen Raupen des Nachtfalters ernähren sich von Weidenblättern und Pappelblättern. Raupen und Puppen der Zackeneule findet man in Höhlen nicht. Die zweite Generation der Falter überwintert in frostfreien Verstecken wie Naturhöhlen und unterirdischen Hohlräumen, wo die ersten Tiere bereits ab August angetroffen werden können. Dort sitzt der Falter dann meist offen an Höhlenwänden und Höhlendecken. Obwohl die Zackeneule oberirdisch eher selten ist, ist sie eine der am häufigsten in mitteleuropäischen Höhlen gefundenen Schmetterlingsarten.

Verbreitung: Die Zackeneule ist in ganz Europa, Asien, Nordafrika und Nordamerika verbreitet. In Deutschland kommt die Art in allen Höhlengebieten vor.

Ähnliche Arten: Aufgrund ihrer rötlichen Färbung und den gezackten Vorderflügeln kann die Art nicht verwechselt werden.

Zackeneulen erkennt man an den deutlich gezackten Vorderflügeln

Oft sind Zackeneulen in ihren Winterquartieren mit Tautropfen besetzt.

Wegdornspanner

Triphosa dubitata

Körpergröße: Flügelspannweite 38 bis 48 mm

Fundregion: An der Höhlenwand, seltener an der Decke, in allen Lichtregionen

Beschreibung: Der Wegdornspanner ist ein Nachtfalter, der regelmäßig in großen Individuenzahlen in Höhlen überwintert. Daher kommt auch der weitere deutsche Name „Olivbrauner Höhlenspanner". Erste Exemplare kann man bereits ab Juli in den Höhlen finden. Der Schmetterling besiedelt Waldränder, Auwälder, Trockenhänge und andere Standorte des Kreuzdorns, an denen die Raupen von Mitte Mai bis Anfang Juli fressen. Die Falter können – mit einer Pause im Mai/Juni – in einer überwinternden Generation fast das ganze Jahr angetroffen werden. Die Eier werden im Frühjahr abgelegt. Die Grundfarbe der Vorderflügel ist oliv- bis violettbraun. Die Hinterflügel haben eine hell graubraune Farbe und sind mit einigen undeutlichen Querlinien versehen. Sämtliche Flügel zeigen eine gewellte, schwarze Saumlinie. Zuweilen treten auch insgesamt heller gefärbte Exemplare auf. Insgesamt kann die Färbung und Zeichnung sehr variantenreich sein. In der Ruheposition im Höhlenquartier haben die Falter die Flügel entweder teilweise oder ganz geöffnet und bilden ein Dreieck. Die Unterseiten liegen dabei mehr oder weniger auf der Höhlenwand auf.

Verbreitung: Der Wegdornspanner ist von Nordwestafrika über Europa bis Ostasien verbreitet. In Deutschland kommt er in allen Höhlengebieten zahlreich vor und kann in den Alpen noch auf einer Meereshöhe von 2.200 m nachgewiesen werden.

Ähnliche Arten: Im südlichen Deutschland kann der Wegdornspanner mit dem wesentlich helleren und nicht mit auffälligen Binden gezeichneten Gelblichgrauen Höhlenspanner (*Triphosa sabaudiata*) verwechselt werden, mit dem er oft vergesellschaftet ist.

Wegdornspanner an der Höhlenwand

Ansammlung von Wegdornspannern

Geißblattgeistchen

Alucita hexadactyla

Körpergröße: Flügelspannweite 14 bis 16 mm

Fundregion: An der Höhlenwand, zumeist in der Eingangs- und Übergangsregion

Beschreibung: Das dämmerungs- und nachtaktive Geißblattgeistchen überwintert regelmäßig in möglichst trockenen Höhlenquartieren. Der Kleinschmetterling lebt bevorzugt an Waldrändern oder Feldgehölzen, wo man ihn von April bis Oktober antreffen kann. Die Raupe ernährt sich von Geißblatt-Gewächsen, z. B. Heckenkirschen. Geißblattgeistchen haben sehr eigentümlich geformte Flügel, die aus 20 starren Stacheln bestehen, an denen beidseitig, ähnlich wie bei Federn, flexible Borsten abstehen. Ihre fadenförmigen Fühler erreichen ungefähr die Hälfte der Vorderflügellänge. Die Flügel haben ein kräftiges, weißes, schwarzes und braunes Zick-Zack-Muster. In der Ruheposition im Höhlenquartier haben die Falter die Flügel entweder teilweise oder ganz geöffnet. Die Unterseiten liegen dabei mehr oder weniger auf der Höhlenwand auf. Oft kommt die Art in den Quartieren in größeren Individuenzahlen vor.

Verbreitung: Das Geißblattgeistchen ist in ganz Europa verbreitet und wurde in Nordamerika eingeschleppt. In Deutschland kommt die Art in allen Höhlengebieten vor.

Ähnliche Arten: Aufgrund der geringen Größe und der markanten „Federflügel“ kann die Art im Höhlenquartier mit anderen überwinternden Schmetterlingsarten nicht verwechselt werden. Es gibt allerdings noch weitere Arten der Gattung. Ob diese auch Untertagequartiere aufsuchen, ist bislang nicht bekannt.

Geißblattgeistchen an der Höhlenwand

Die Flügel bestehen aus starren Stacheln mit flexiblen Borsten.

Tagpfauenauge

Aglais io

Körpergröße: Flügelspannweite 50 bis 55 mm

Fundregion: An der Höhlenwand und der Decke, bevorzugt in der Eingangs- und Übergangsregion

Beschreibung: Beim Tagpfauenauge ist die Oberseite der Flügel rostrot mit großen auffälligen Augenflecken, die jedoch im Höhlenquartier bei zusammengefalteten Flügeln nicht zu erkennen sind. Der Falter überwintert regelmäßig in relativ trockenen Höhlenquartieren, sucht aber diese Hohlräume auch im Hochsommer bei großer Hitze auf. Vermutlich werden hier Feuchtigkeit und Mineralien aufgenommen. Auffällig ist dabei das markante Geräusch beim Flügelschlagen, was wohl durch die Reibung der Schmetterlingsflügel an der Höhlendecke bzw. den Wänden der Höhle verursacht wird. Als Futterpflanze für die Raupen des Schmetterlings dient die Große Brennnessel. Hier werden vom Weibchen etwa 50 bis 200 Eier auf die Blattunterseite gelegt. Die graubräunlichen Raupen schlüpfen nach zwei bis drei Wochen und verändern die Farbe je nach Häutungsstadium. Das letzte Raupenstadium besitzt eine tiefschwarze Färbung mit zahlreichen weißen Punkten. Die Falter können bis zu drei Generationen in einem Jahr ausbilden, wobei je nach Witterung alle Generationen überwintern können. Die Falter fliegen zumeist ab März.

Verbreitung: Das Tagpfauenauge ist in ganz Europa und den gemäßigten Breiten Asiens, einschließlich Japan, verbreitet. In Deutschland kommt die Art in allen Höhlengebieten vor.

Ähnliche Arten: Im Ruhezustand kann der Falter mit dem Kleinen Fuchs (*Aglais urticae*) und dem selten in Höhlen überwinternden Großen Fuchs (*Nymphalis polychloros*) verwechselt werden. Beide Arten haben etwas hellere Flügelunterseiten, zudem ist der Kleine Fuchs wesentlich kleiner.

Tagpfauenauge mit ausgebreiteten Flügeln an der Höhlenwand

In der Ruhestellung ist die auffallende Flügelzeichnung nicht zu erkennen.

Kleiner Fuchs

Aglais urticae

Körpergröße: Flügelspannweite 40 bis 50 mm

Fundregion: An der Höhlenwand und der Decke, bevorzugt in der Eingangs- und Übergangsregion

Beschreibung: Beim Kleinen Fuchs besitzt die Oberseite der Flügel eine orangebraune Grundfärbung mit gelber und schwarzer Fleckenzeichnung und einer blauen Fleckenreihe am Außerrand. Die Zeichnung ist jedoch im Höhlenquartier bei zusammengefalteten Flügeln nicht zu erkennen. Der Falter überwintert regelmäßig in relativ trockenen Höhlenquartieren. Vermutlich werden hier Feuchtigkeit und Mineralien aufgenommen. Als Futterpflanze für die Raupen des Schmetterlings dient die Große Brennnessel. Die Raupen sind durch ihre gelbe Längsstreifung leicht von den Raupen des Tagpfauenauges zu unterscheiden. Das letzte Raupenstadium besitzt eine tiefschwarze Färbung mit zahlreichen weißen Punkten. Die Falter können bis zu drei Generationen in einem Jahr ausbilden, wobei je nach Witterung die zweite und dritte Generation überwintert. Die Falter fliegen oft bereits an warmen Tagen im Februar.

Verbreitung: Der Kleine Fuchs ist in ganz Europa und Asien, einschließlich Japan, verbreitet. Im Himalaja kommt er in Meereshöhen bis zu 5.000 m vor. In Deutschland ist die Art aus allen Höhlengebieten bekannt.

Ähnliche Arten: Im Ruhezustand kann der Falter mit dem Großen Fuchs (*Nymphalis polychloros*) und dem Tagpfauenauge (*Aglais io*) verwechselt werden. Beide Arten sind aber deutlich größer.

Der Kleine Fuchs ist einer der bekanntesten Tagfalter.

Dachsfloh

Paraceras melis

Körpergröße: Länge 3,5 bis 4 mm

Fundregion: Auf dem Boden, in Spalten oder auf dem Wirtstier, in allen Lichtregionen

Beschreibung: Der Dachsfloh besitzt eine orangebraune Körperfärbung und ist seitlich stark abgeflacht. Er besitzt einen stark ausgeprägten Haarkamm auf dem ersten Vorderleibssegment. Wie alle Flöhe sind die Tiere blutsaugende Ektoparasiten an Säugetieren. *Paraceras melis* ist auf den Dachs spezialisiert, wird jedoch regelmäßig auch auf dem Rotfuchs beobachtet, da beide Wirtsarten zeitlich versetzt den gleichen Bau nutzen können. Seltener werden andere Säugetiere befallen. Es sind zwei Nachweise an einer Kleinen Hufeisennase (*Rhinolophus hipposideros)* aus Italien bekannt. Zur Fortpflanzung benötigt der weibliche Dachsfloh zwingend eine Blutmahlzeit. Erst danach werden die Eier abgelegt. Die Larven schlüpfen nach etwa zwei Wochen und ernähren sich von organischem Material im Bau des Wirtes. Sie verpuppen sich und schlüpfen nach mehreren Wochen. Zunehmende Wärme oder erhöhte CO_2-Konzentrationen können einen vorzeitigen Schlupf auslösen. Auch ausgewachsene, vom Wirt gefallene Tiere reagieren positiv auf CO_2 und bewegen sich aktiv zum Licht. In vielen Fällen entleeren sie zudem ihren Darm, um auf ihrer Wirtssuche größere Distanzen aufrecht rennend oder springend zurückzulegen. Wird kein Wirt gefunden, können sie wenige Wochen bis wenige Monate vorzugsweise im Eingangsbereich von unterirdischen Bauten ausharren. Als Ergebnis ihrer Wanderbewegungen gelangen Dachsflöhe bei der Untersuchung der Höhlenfauna regelmäßig in Barberfallen.

Verbreitung: Die Art ist in ganz Europa und bis ins südliche Zentralasien verbreitet.

Ähnliche Arten: Die Bestimmung von Flöhen auf Artniveau ist schwierig. Generell ermöglicht eine Kombination aus Borstenmuster, die Anzahl und Lage von Zahnkämmen sowie genitalmorphologische Merkmale die in Höhlen gefundenen Flöhe auf Familien-, Gattungs- oder Artniveau anzusprechen. Auch genetische Merkmale können zur Artidentifikation herangezogen werden.

Dachsfloh

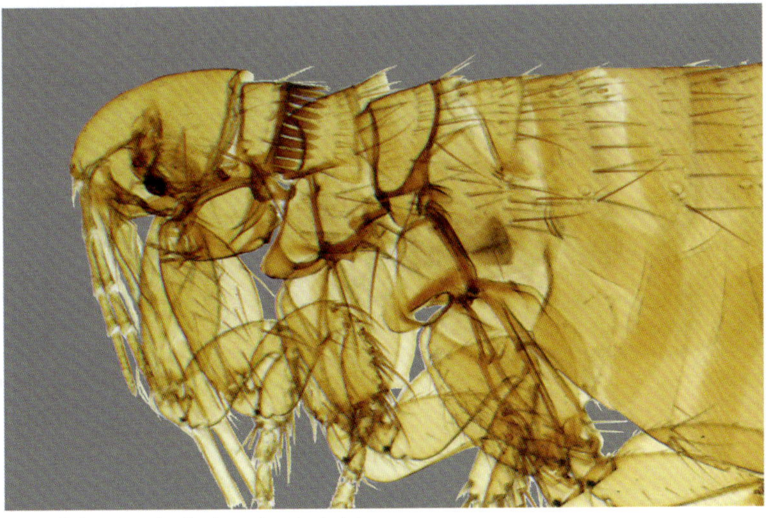

Dachsfloh – Detailaufnahme des Vorderkörpers

Fledermausfloh

Ischnopsyllus simplex

Körpergröße: Länge 3,5 bis 4 mm

Fundregion: Gewöhnlich auf dem Wirtstier, in allen Lichtregionen

Beschreibung: Der Fledermausfloh *Ischnopsyllus simplex* hat eine hellorangene bis braune Grundfärbung, ist seitlich stark abgeflacht und besitzt mehrere dunkle Haarkämme. Diese befinden sich am ersten Segment des Vorderkörpers sowie an den Hinterleibssegmenten. Wie alle Arten der Gattung *Ischnopsyllus* parasitiert auch *Ischnopsyllus simplex* an Fledermäusen. Als Hauptwirte in Mitteleuropa gelten die Kleine Bartfledermaus (*Myotis mystacinus*), die Fransenfledermaus (*Myotis nattereri*) und die Teichfledermaus (*Myotis dasycneme*), seltener werden als Nebenwirte die Wasserfledermaus (*Myotis daubentoni*) und das Große Mausohr (*Myotis myotis*) befallen. In Höhlen werden vorwiegend weibliche Tiere gefunden. Die Larven sind madenartig und ernähren sich vom Detritus in der Nähe der Fledermauskolonien. Da in der Vergangenheit die Art *Ischnopsyllus mysticus* als Unterart von *Ischnopsyllus simplex* geführt wurde, und weibliche Tiere nicht eindeutig unterschieden werden können, wird oftmals vom *I. simplex/I. mysticus*-Artkomplex gesprochen. Ältere Funde sind zudem nicht eindeutig einer Art zuzuweisen. Ein Hauptwirt für *Ischnopsyllus mysticus* ist nicht bekannt, allerdings scheint die Art ein breiteres Wirtsspektrum als *Ischnopsyllus simplex* zu besitzen und wurde auch auf weiteren Fledermausarten gefunden.

Verbreitung: *Ischnopsyllus simplex* ist von West- bis Osteuropa verbreitet, fehlt aber im äußersten Norden und Süden.

Ähnliche Arten: Fledermausflöhe besitzen Zahnkämme auf dem ersten Vorderkörper- und auf den Hinterleibssegmenten. Sie können anhand dieser Strukturen zusammen mit genitalmorphologischen oder genetischen Merkmalen von den zahlreichen anderen in Höhlen vorkommenden Floharten unterschieden werden.

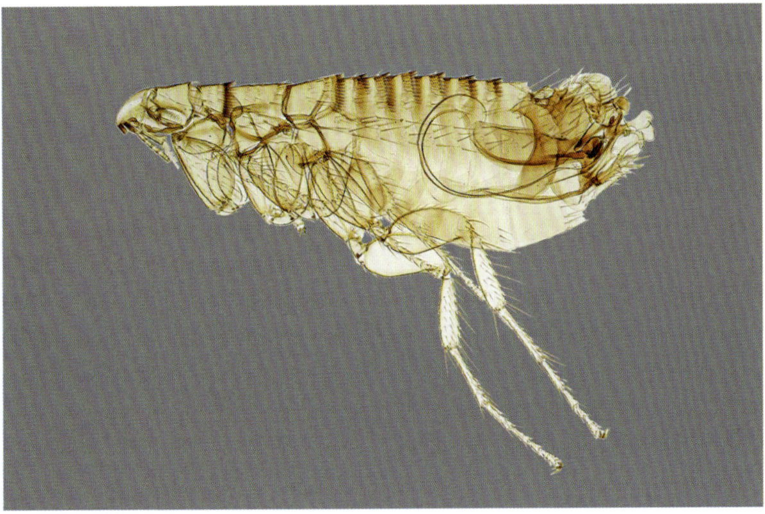

Fledermausfloh

Fledermausflöhe von einer Zwergfledermaus

Gemeine Höhlen-Schmutzmücke

Bolitophila cinerea

Körpergröße: Länge 5 bis 6 mm

Fundregion: An der Höhlenwand und in Spalten, bevorzugt in der Übergangs- und Tiefenregion

Beschreibung: Die Art hat eine rötlich-bräunliche Körperfärbung mit etwas helleren Beinen. Der Hinterleib und die Beine sind dicht behaart. Sowohl die Flügel als auch die Antennen sind relativ lang, jedoch die Antennen immer kürzer als die Flügel. Die Flügel sind relativ schmal, an den Außenkanten behaart und besitzen einen charakteristischen dunklen Fleck an der vorderen Oberkante sowie eine y-förmige Flügelader in der Mitte. Ein weiteres typisches Merkmal der Schmutzmücken sind die stark verlängerten Hüften (Coxen). Gemeine Höhlen-Schmutzmücken können das ganze Jahr über in unterirdischen Lebensräumen angetroffen werden. An heißen Sommertagen suchen sie die tieferen Bereiche als Zufluchtsort auf, um tagsüber bei niedrigeren Temperaturen und höherer Luftfeuchtigkeit dort zu verweilen. Im Winterhalbjahr dienen dieselben Bereiche aufgrund ihrer Frostfreiheit der Überwinterung. Die Larven sind durchscheinend weiß und haben eine dunkle Kopfkapsel. Sie leben in verrottendem Holz und anderen organischen Substraten, die von Pilzmycel durchsetzt sind. Die Larven wurden auf mehr als 30 Pilzarten nachgewiesen, die stets den Champignonartigen zuzuordnen sind. Als typische Nahrungsgrundlage dienen verschiedene Arten der Schwefelköpfe (*Hypholoma*) und Schüpplinge (*Pholiota*).

Verbreitung: Die Art ist in ganz Europa weit verbreitet und oftmals häufig. Zudem wurde sie nach Nordamerika und Grönland eingeschleppt.

Ähnliche Arten: Die Gemeine Höhlen-Schmutzmücke ist eine von vier *Bolitophila*-Arten, die regelmäßig in unterirdischen Lebensräumen gefunden werden. Sie kann sicher nur anhand der männlichen Geschlechtsmerkmale von den in den gleichen Lebensräumen vorkommenden Arten *Bolitophila maculipennis*, *Bolitophila saundersii* und *Bolitophila spinigera* unterschieden werden, was in Höhlen schwierig ist, da fast nur Weibchen gefunden werden. Eine genetische Bestimmung mittels DNA-Barcoding ist möglich.

Weibchen der Gemeinen Höhlen-Schmutzmücke an der Höhlenwand

Schmutzmücken kommen häufig in feuchten Untertagequartieren vor.

Gemeine Stechmücke

Culex pipiens

Körpergröße: Länge 3 bis 7 mm, aber deutlich längere Beine

Fundregion: An der Höhlenwand und der Decke, bevorzugt in der Eingangs- und Übergangsregion

Beschreibung: Die Gemeine Stechmücke besitzt einen abwechselnd hell- und dunkelbraun gebänderten, eher dünnen Hinterleib. Der Kopf trägt einen langen Stechrüssel, mit dem die weiblichen Tiere Blut saugen. Die Männchen ernähren sich von Pflanzensäften und -nektar. Bei der Gemeinen Stechmücke sind zwei Ökotypen zu unterscheiden, die sich jedoch in ihrem äußerlichen Erscheinungsbild nicht auseinanderhalten lassen: *Culex pipiens pipiens* parasitiert an Vögeln und benötigt zwingend eine Blutmahlzeit für die erste Eiablage. Die befruchteten weiblichen Tiere überwintern und verlangsamen über die Wintermonate hinweg ihren Stoffwechsel (Diapause). *Culex pipiens molestus* hingegen ist auf Säugetiere (inklusive dem Menschen) spezialisiert, verstärkt in urbanen Gebieten zu finden, legt keine Diapause ein und benötigt auch keine Blutmahlzeit für die erste Eiablage. Beide Ökotypen werden in unterirdischen Lebensräumen gefunden, wo sie überwintern. Die Eiablage geschieht an der Oberfläche von Stillgewässern wie Teichen, Regentonnen, Pfützen oder an ruhigen Flussuferbereichen. In der Regel werden Eipakete von wenigen hundert Eiern abgelegt, die anschließend auf der Wasseroberfläche treiben. Die geschlüpften Larven besitzen eine Atemröhre und halten sich direkt unter der Wasseroberfläche auf. Die Entwicklung ist temperaturabhängig und gewöhnlich nach 20 Tagen abgeschlossen.

Verbreitung: Die Art ist in Europa weit verbreitet und häufig. Sie wurde auch nach Asien und Amerika verschleppt.

Ähnliche Arten: Die Stechmücken des *Culex pipiens*-Komplexes sind morphologisch nur sehr schwer nach Geschlechtsmerkmalen der Männchen oder gar nicht zu bestimmen (Weibchen). Dazu gehören unter anderem die beiden Ökotypen *Culex pipiens pipiens* und *Culex pipiens molestus*, sowie die Art *Culex torrentium*. Die Bestimmung der Arten bzw. Ökotypen und deren Hybride über genetische Merkmale kann eindeutig erfolgen.

Weibchen der Gemeinen Stechmücke an der Höhlenwand

Gemeine Stechmücken überwintern in Höhlen zumeist in großen Individuenzahlen.

Große Hausmücke

Culiseta annulata

Körpergröße: Länge 10 bis 13 mm, aber deutlich längere Beine

Fundregion: An der Höhlenwand und der Decke, bevorzugt in der Eingangs- und Übergangsregion

Beschreibung: Die Große Hausmücke hat einen kräftigen dunkelgrauen Hinterleib mit weißer Bänderung. Auf beiden Flügeln sind je drei dunkle und leicht verwischte Flecken erkennbar. Die Beine besitzen weiße Ringelmuster. Die Art weist ähnliche Umweltansprüche wie die Gemeine Stechmücke auf, mit der sie daher oft vergesellschaftet vorkommt. Die Weibchen saugen das Blut von Säugetieren, vor allem das des Menschen. Die Männchen ernähren sich von pflanzlichen Säften und Nektar. Oftmals sind die Tiere in menschlichen Behausungen anzutreffen. Die befruchteten Weibchen überwintern in unterirdischen Lebensräumen wie Stollen, Naturhöhlen oder Kellern. Es wird jedoch keine echte Winterruhe (Diapause) durchgeführt. Im Frühling suchen die erwachsenen Weibchen naheliegende Stillgewässer unterschiedlichster Art und Größe auf (Seeufer, Teiche, Regentonnen, Wasserbecken), um ihre Eipakete auf die Wasseroberfläche zu legen. Im Vergleich mit anderen Stechmückenarten schlüpfen die Larven der Großen Hausmücke relativ früh im Jahr. Die Entwicklungszeit ist temperaturabhängig und beträgt um die 16 bis 18 Tage bei Wassertemperaturen von 20 bis 27 °C. Es werden bis zu drei Generationen pro Jahr ausgebildet. Wie fast alle Vertreter der Gattung *Culiseta* ist auch die Große Hausmücke eine eher kälteliebende Art. In Höhlen ist sie eine der größten Stechmückenarten und bevorzugt relativ kalte und trockene Quartiere.

Verbreitung: Die Art ist in ganz Europa weit verbreitet und in Deutschland vor allem im Norddeutschen Tiefland häufig. Im Süden des Verbreitungsgebiets scheint die Art nach und nach durch *Culiseta longioreolata* abgelöst zu werden.

Ähnliche Arten: Die Art ist mit *Culiseta alaskaensis* zu verwechseln, die im nordöstlichen und südwestlichen Deutschlands vorkommt, aber sehr selten ist. Seit wenigen Jahren wird vereinzelt auch *Culiseta glaphyroptera* nachgewiesen. Die genetische Unterscheidung der Arten ist möglich.

Weibchen der Großen Hausmücke an der Höhlenwand

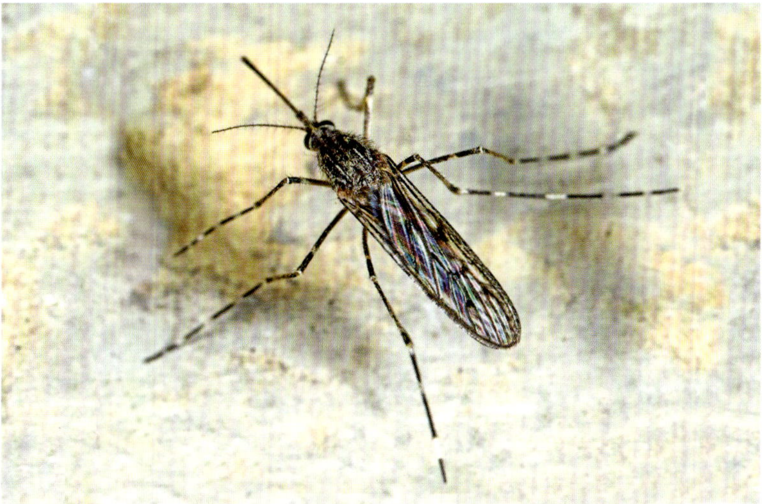

Die Große Hausmücke erkennt man gut an den gefleckten Flügeln.

Gemeine Höhlenstelzmücke

Limonia nubeculosa

Körpergröße: Länge 8 bis 12 mm

Fundregion: An der Höhlenwand und der Decke, in allen Lichtregionen

Beschreibung: Die Gemeine Höhlenstelzmücke hat relativ lange Beine, deren gelben Schenkel je drei dunkle Ringe aufweisen. Die Flügel sind über den Körper gefaltet und mehrfach dunkel gefleckt. Manchmal sind am Vorderkörper orange-rote Punkte zu erkennen, welche auf den Befall mit phoretischen Milben hindeuten. Diese lassen sich von der Stelzmücke nur transportieren. Erwachsene Tiere der Gemeinen Höhlenstelzmücke sind von März bis November vor allem in Waldgebieten anzutreffen. In Höhlen und Stollen gelten sie als typische Übersommerer und besiedeln dann oftmals zu Tausenden die Eingangs- und Übergangsbereiche. Man trifft die Tiere vor allem in zugluftfreien Nischen und Spalten an, in denen sie auch bis in die Tiefenregion zu finden sind. Aufgrund ihrer allgemeinen Häufigkeit und Lebensweise gilt die Art als wichtiger ökologischer Baustein zur Verbindung von unterirdischen Lebensräumen mit der Oberfläche. So sind die übersommernden Tiere Beute für eine Vielzahl von wirbellosen Räubern. Seit einigen Jahren ist zu beobachten, dass Gemeine Höhlenstelzmücken von einem Pilz befallen werden, der die Tiere abtötet, so dass selbst im Winter große Zahlen abgestorbener und von weißlichem Pilzmycel überzogene Tiere an den Höhlenwänden gefunden werden. Die Art vermehrt sich getrenntgeschlechtlich. Paarungen können in Höhlen beobachtet werden, zur Eiablage suchen die Weibchen allerdings Gewässerufer an der Oberfläche auf. Die Larven leben im Schlamm und ernähren sich räuberisch von anderen Wirbellosen.

Verbreitung: Die Art ist in ganz Europa weit verbreitet und oftmals sehr häufig.

Ähnliche Arten: An der Erdoberfläche kann die Gemeine Höhlenstelzmücke mit weiteren Stelzmücken der Gattung *Limonia* verwechselt werden. In unterirdischen Lebensräumen ist die Art fast ausschließlich anzutreffen.

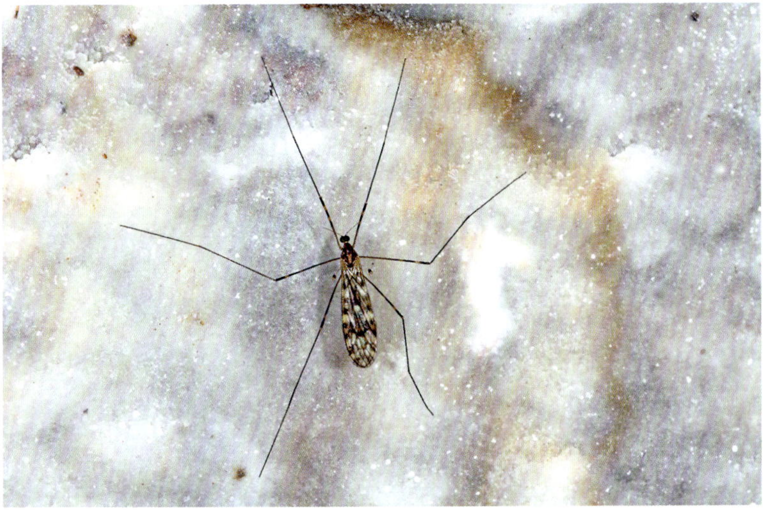

Gemeine Höhlenstelzmücke an der Höhlenwand

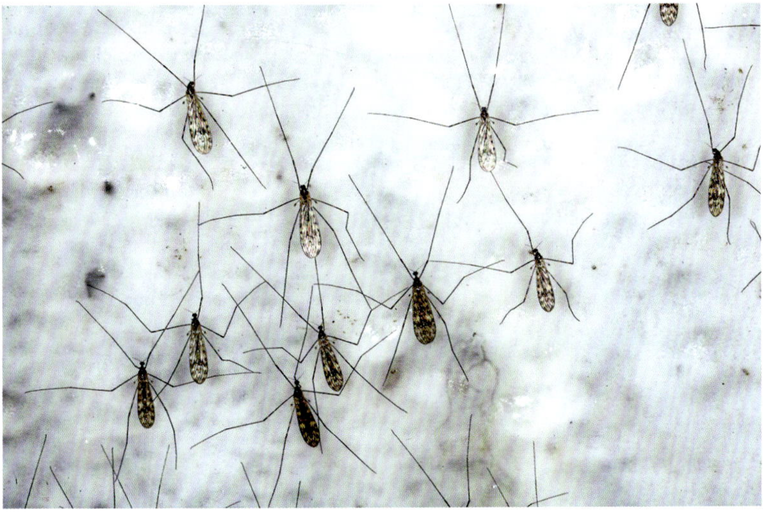

Oft besiedeln Gemeine Höhlenstelzmücken massenhaft die unterirdischen Biotope.

Kleine Streifen-Pilzmücke

Rymosia fasciata

Körpergröße: Länge 4 bis 4,5 mm

Fundregion: An der Höhlenwand und der Decke, in allen Lichtregionen

Beschreibung: Zur Unterscheidung der verschiedenen Pilzmückengattungen wird in der Regel die Flügeladerung herangezogen. Bei der Gattung *Rymosia* gelten mit der Kleinen Streifen-Pilzmücke (*Rymosia fasciata*) und der wesentlich seltener vorkommenden *Rymosia placida* zwei Arten als cavernicol für Deutschland. Die Beine dieser Arten sind lang und schlank; die Schienen gespornt und mit Seitendornen besetzt. Die Taster sind viergliedrig, wobei das vierte Glied länger ist als die ersten drei Glieder zusammen. Der Hinterleib ist braun-gelb gestreift. Die Kleine Streifen-Pilzmücke ist ein typischer Überwinterer in unseren Höhlen. Dort kommt sie stets in sehr hohen Individuenzahlen vor. Es werden sowohl trockene als auch feuchte Quartiere besiedelt, in denen sie in der Regel an den Vorderbeinen von der Decke oder von Wandvorsprüngen hängt. Die Tiere sind sehr aktiv und fliegen meist schon auf, wenn man sie mit einer Lampe anleuchtet. Den Sommer verbringt die Art in Wäldern. Die Larven entwickeln sich in großer Anzahl in schirmtragenden Pilzen (z. B. in Fliegenpilzen). Über die Ökologie der *Rymosia*-Arten ist ansonsten sehr wenig bekannt.

Verbreitung: Die Kleine Streifen-Pilzmücke kommt von Skandinavien und den Baltischen Staaten bis nach Griechenland und über den gesamten Mittelmeerraum bis zur Iberischen Halbinsel vor. Auch Großbritannien, Island, Zypern und die Inselgruppe der Färöer gehören zum Verbreitungsgebiet.

Ähnliche Arten: Die Art kann leicht mit anderen kleinwüchsigen und gestreiften Pilzmückenarten verwechselt werden.

Kleine Streifen-Pilzmücke an der Höhlendecke hängend

Gruppe von Kleinen Steifen-Pilzmücken an der Höhlenwand

Höhlenpilzmücke

Speolepta leptogaster

Körpergröße: Länge Fluginsekt 5 bis 6 mm; Larve bis 10 mm

Fundregion: Bevorzugt an feuchten Höhlenwänden in der Tiefenregion, kommt aber auch in der Eingangs- und Übergangsregion vor

Beschreibung: Die Höhlenpilzmücke durchlebt alle Entwicklungsstadien (Ei, Larve, Puppe, Fluginsekt) in Höhlen. Die Larven der Art sitzen zumeist bis in die Tiefenregion der Höhlen an den feuchten, aber nicht zu nassen Wänden und orientieren sich anhand von Schleimfäden innerhalb eines mit klebrigen Tröpfchen besetzten Gespinstes. Ähnliche gespinstbildende Pilzmückenarten sind bislang nur aus den Höhlen Asiens, Neuseelands und Australiens bekannt, sodass die Art in Europa auch im Larvenstadium eindeutig zugeordnet werden kann. Die Puppen hängen zumeist außerhalb des Gespinstes. In Mitteleuropa findet man die Art zumeist im Bergland, besonders häufig in großen Karstgebieten wie der Fränkischen oder der Schwäbischen Alb. Aber auch die alten Bergbaugebiete mit ihren verlassenen Stollenanlagen scheinen der Höhlenpilzmücke ideale Lebensräume für ihre verschiedenen Entwicklungsstadien zu bieten. Die nur wenige Tage lebenden Fluginsekten werden sehr selten auch im Freien angetroffen. Die Paarung der erwachsenen Mücken findet im Dunkel der Höhlen statt. Die Männchen der Höhlenpilzmücke erkennt man gut an dem sehr schlanken Hinterleib.

Verbreitung: Die Höhlenpilzmücke besiedelt unterirdische Hohlräume in der gesamten Paläarktis. Vor allem in feuchten unterirdischen Biotopen ist die Art oftmals häufig

Ähnliche Arten: Adulte Höhlenpilzmücken können mit kleineren, einfarbigen Pilzmückenarten verwechselt werden, die als Zufallsgäste die Höhlen besuchen. Gegenüber Trauermücken unterscheiden sie sich vor allem durch die langen Hüften, die Größe und es fehlt die für Trauermücken typische glockenförmige Flügelader.

Männchen der Höhlenpilzmücke; gut erkennbar am schlanken Hinterleib

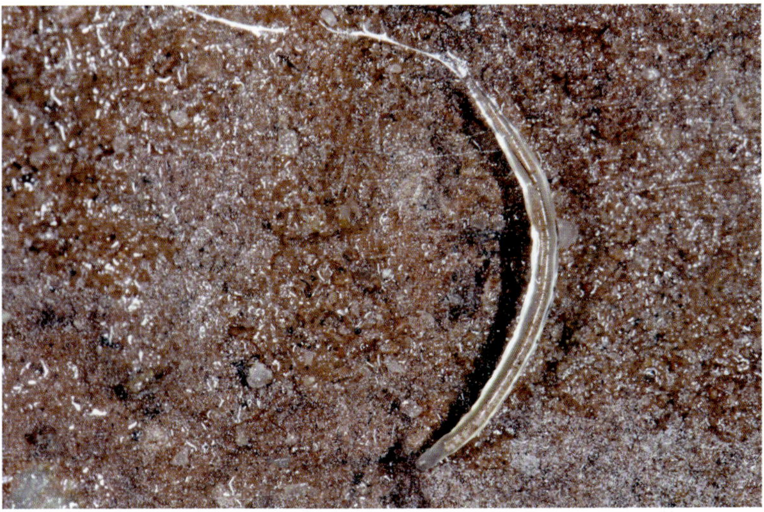

Larve der Höhlenpilzmücke in Gespinstfäden an der Höhlenwand

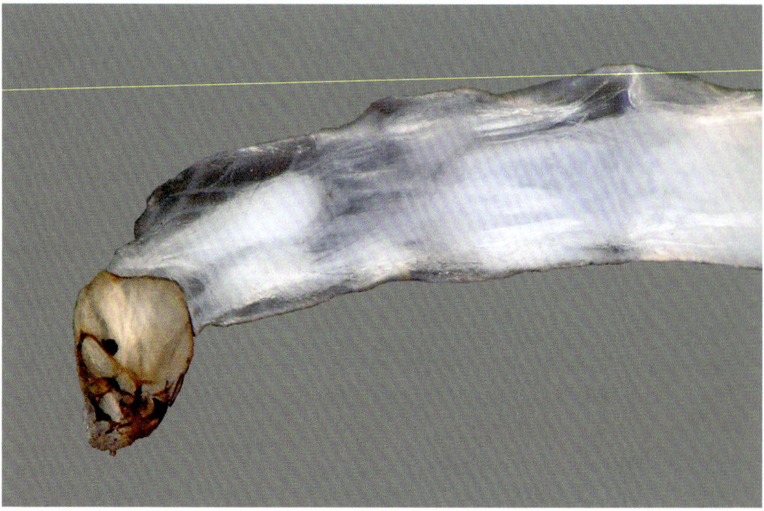

Larve der Höhlenpilzmücke; Kopfkapsel und Vorderkörper

Larve kurz vor der Verpuppung (links) und fertige Puppe (rechts)

Höhlenpilzmücken bei der Paarung (oben: Weibchen, unten: Männchen)

Große Waldpilzmücke

Tarnania nemoralis

Körpergröße: Länge 7 bis 9 mm

Fundregion: An der Höhlenwand und der Decke, in allen Lichtregionen

Beschreibung: Die Pilzmückengattung *Tarnania* besteht nur aus vier Arten: *Tarnania tarnanii, Tarnania fenestralis, Tarnania dziedzickii* und *Tarnania nemoralis*. Es sind relativ große Mücken mit kräftigem Körperbau. Ihre Beine sind lang und haben eine schwarze Behaarung. Der Hinterkörper ist ebenfalls langgestreckt und weist ein dunkles Bandenmuster auf, das vor allem auf der Rückenseite und zum Körperende hin stärker ausgeprägt ist. Der Vorderkörper wirkt kugelig in seiner Gestalt. Der Kopf trägt zwei 14-gliedrige Antennen. Die Flügel sind schwach gelblich und weisen keinerlei Fleckenmuster auf. Im unteren Teil der Seitenplatten (Epimeron, Episternum) am dritten Vorderkörpersegment sind sehr viele haarähnliche Sinnesorgane vorhanden. Die Hinterschenkel weisen gekrümmte Borsten auf, die unregelmäßig in mehr als einer Reihe angeordnet sind. Die letzten beiden Merkmale sind charakteristische für die Gattung *Tarnania*. Die Große Waldpilzmücke kommt vor allem in Laubwaldgebieten vor, wo die Larven an den Fruchtkörpern verschiedener Pilzarten fressen. Die Populationsdichten der Art sind im April und Mai am höchsten. Die Tiere sind häufig in unterirdischen Lebensräumen anzutreffen, wo sie auch feste Populationen bilden können und in großen Individuenzahlen vorkommen. Das Weibchen der Großen Waldpilzmücke ist deutlich schwächer in ihrer Körperfärbung als das kräftig gelbbraun gefärbte Männchen.

Verbreitung: Alle vier *Tarnania*-Arten kommen im nordwestlichen Europa gemeinsam vor. Bis auf *T. nemoralis* zeigen alle weiteren Arten zum Teil deutlich größere Verbreitungsgebiete: *T. dziedzickii* ist bis ins nördliche Afrika verbreitet, *T. fenestralis* bis nach Zentralasien und *T. tarnanii* kommt bis nach Russland, Alaska, Grönland und Kanada vor.

Ähnliche Arten: Die Große Waldpilzmücke ist leicht mit den drei anderen *Tarnania*-Arten zu verwechseln, mit denen sie in den unterirdischen Lebensräumen Deutschlands oft gemeinsam vorkommt. Eine Identifikation der vier Arten mittels DNA-Barcoding ist möglich.

Große Waldpilzmücke an der Höhlendecke hängend

Gemeine Schmetterlingsmücke

Psychoda cinerea

Körpergröße: Länge 2 bis 3 mm

Fundregion: An der Höhlenwand und der Decke, bevorzugt in der Eingangsregion

Beschreibung: Die Gemeine Schmetterlingsmücke erinnert auf den ersten Blick an einen kleinen Nachtfalter. Sie hat allerdings nur zwei Flügel, die in Ruhestellung dachförmig über den Hinterkörper gelegt werden. Dies ist charakteristisch für die Gattung *Psychoda*. Das Tier selbst ist silberglänzend bis eher dunkel gefärbt und besitzt eine starke Behaarung auf dem ganzen Körper und den Flügeln. Diese sind durchscheinend und zeigen fast ausschließlich Längsadern. Die Larven haben einen augenlosen Kopf, beinlose Körperanhänge und einen Atmungsapparat am Körperende. Sie besiedeln feuchte Lebensräume und ernähren sich von abgestorbenen Pflanzenresten, Pilzen und Bakterien. Die erwachsenen Tiere sind schlechte Flieger, allerdings gute Gleiter und lassen sich durch Luftströmungen tragen. Ihr schnelles Zurücklegen von nur kurzen Flugstrecken erinnert eher an eine hüpfend-springende Fortbewegung. Die Entwicklung vom Ei, über vier Larvenstadien, eine Puppe bis hin zum erwachsenen Tier ist gewöhnlich innerhalb eines Monats abgeschlossen. Die erwachsenen Tiere selbst leben etwa zwei Wochen. Die Gemeine Schmetterlingsmücke bildet mehr als eine Generation pro Jahr aus und besiedelt vor allem im Sommerhalbjahr den kühlen und schattigen Eingangsbereich von Höhlen, um der Sommerhitze zu entfliehen. Die Art ist sehr anpassungsstark und in der Lage, auch nur kurzfristig vorhandene Nahrungsangebote effektiv zu nutzen.

Verbreitung: Die Art kommt in ganz Europa, auf den Azoren und in Nordamerika vor.

Ähnliche Arten: Es sind weitere *Psychoda*-Arten bekannt, die zeitweise unterirdische Lebensräume aufsuchen: *Psychoda albipennis* und *Psychoda surcoufi* vermutlich als Überwinterer, andere wie *Psychoda phalaenoides* und *Psychoda gemina* als Übersommerer. Die einzelnen Arten sind für beide Geschlechter anhand der Anzahl, Größe und Form ihrer Antennenendglieder zumeist gut auseinanderzuhalten.

Gemeine Schmetterlingsmücke in Ruhestellung an der Höhlenwand

Die markanten Flügel der Schmetterlingsmücken sind unverwechselbar.

Gefleckte Wintermücke

Trichocera maculipennis

Körpergröße: Länge bis 8 mm

Fundregion: An der Höhlenwand und auf dem Boden, bevorzugt in der Eingangs- und Übergangsregion

Beschreibung: Die Gefleckte Wintermücke hat lange Beine und einen schlanken Hinterkörper. Der Kopf trägt zwei große Komplexaugen und dazwischen weitere kleine Einzelaugen (Ocelli). Die Flügel sind sehr dünn und fast transparent. Sie besitzen markante schwarze Flügeladern und mehrere charakteristische dunkle Flecken. Die Tiere sind schlechte Flieger. Oftmals findet man sie laufend auf dem Boden oder in großen Individuenzahlen in Bodenfallen. Nur unregelmäßig legen sie kurze Strecken per Flug zurück. Als eine von nur wenigen Insektenarten zeigt die Gefleckte Wintermücke noch Aktivität bei Temperaturen um den Gefrierpunkt. Dabei schützen die im Körpergewebe befindlichen Glycerin-ähnlichen Eiweiße die Tiere vor dem Erfrieren. Die Männchen schwärmen zur Paarung oft aus. Sie sind leicht an den Zangen am Hinterleibsende zu erkennen. Die Weibchen weisen einen kurzen Eilegebohrer auf. Die Larven ernähren sich von halbflüssigen bis flüssigen und verrotteten Pflanzenresten sowie von Fledermaus-Guano. Je nach Umweltbedingung kann die Entwicklung vom Ei bis zum erwachsenen Tier von wenigen Wochen bis zu einem Jahr andauern. Adulte Wintermücken sind generell sehr kurzlebig.

Verbreitung: Die Art ist auf der gesamten Nordhalbkugel weit verbreitet und vielerorts häufig. Sie wurde zudem bis in die Antarktis verschleppt.

Ähnliche Arten: Kann mit der ebenfalls häufigen und ebenfalls in unterirdischen Lebensräumen vorkommenden Frühlings-Wintermücke (*Trichocera regelationis*) verwechselt werden. Diese weist allerdings nur einen einzigen dunklen Fleck auf jedem Flügel auf (Querader r-m).

Weibchen der Frühlings-Wintermücke an der Höhlenwand

Seitenansicht der Gefleckten Wintermücke

Glänzende Dungfliege

Crumomyia glabrifrons

Körpergröße: Länge 2 bis 3 mm

Fundregion: Am Boden auf und unter Steinen und an der Wand, bevorzugt in der Eingangs- und Übergangsregion

Beschreibung: Die Glänzende Dungfliege hat einen schwarzen, leicht metallisch glänzenden Körper. Die Unterseite des Hinterkörpers erscheint etwas heller. Die Flügel sind dunkel und ragen über den Hinterleib hinaus. Der Kopf trägt mehrere lange Borsten und zwei sehr kurze Antennen. Auffällig sind aber vor allem die leuchtend roten Facettenaugen, sowie die relativ langen Beine. Von den drei Beinpaaren sind insbesondere die Oberschenkel des ersten Beinpaares sehr robust ausgeprägt. Die Art ist fast ausschließlich im Sommerhalbjahr in Höhlen zu finden. Höhere Dichten finden sich dann vor allem in kühlen und feuchten Höhlenbereichen, wo die Tiere Schutz vor zu hoher Trockenheit und Hitze an der Oberfläche suchen. Die Larven der Glänzenden Dungfliege ernähren sich von sich zersetzenden Pflanzenmaterialien, Fledermaus-Guano und tierischen Kadavern.

Verbreitung: Die Art ist in Deutschland und ganz Europa weit verbreitet. Sie ist eine der häufigsten Dungfliegen in unterirdischen Lebensräumen.

Ähnliche Arten: Je nach lokalen Bedingungen können unterschiedliche Dungfliegenarten die örtliche Höhlenfauna dominieren. So lassen sich weitere sehr ähnliche und ebenfalls subtroglophile Arten wie *Crumomyia rohaceki* und *Crumomyia roserii* in hohen Dichten finden. In den Karnischen Alpen (Österreich) wurde mit *Crumomyia microps* eine eutroglobionte Art beschrieben. Die Arten sind alle sehr schwer zu unterscheiden.

Glänzende Dungfliegen besiedeln Höhlen oft in großen Individuenzahlen.

Glänzende Dungfliege an der Höhlenwand

Gemeine Höhlen-Scheufliege

Heleomyza captiosa

Körpergröße: Länge 6 bis 7 mm

Fundregion: An der Wand und an der Decke, in allen Lichtregionen

Beschreibung: Die Gemeine Höhlen-Scheufliege besitzt einen dunkelgrau-metallischen Vorderkörper, auf dem sich schwarze Längsstreifen befinden. Der Hinterleib und die Beine sind dunkelrot bis leuchtend orange-rot gefärbt. Die Art hat große rote Facettenaugen und ist am ganzen Körper mit langen dunklen Borsten besetzt. Die Larven entwickeln sich in Kadavern, verrottenden Pflanzenresten und in Exkrementen, z. B. in Fledermaus-Guano. Erwachsene Exemplare sind das ganze Jahr über in Höhlen zu finden. Sie sitzen oftmals an der Höhlenwand, von der sie sich bei Störung fallen lassen und laufend oder hüpfend das Weite suchen. Eher selten sind sie fliegend zu sehen. Die Art gilt als besonders kältetolerant, sodass die Tiere auch in den Wintermonaten und bei Temperaturen unter dem Gefrierpunkt auf dem Schnee im Eingangsbereich oder vor der Höhle beobachtet werden können. Nicht selten sind einzelne Tiere mit mehreren Dutzend Milben besetzt, die die große Scheufliegenart als Transportmittel benutzen und sich so von einer Nahrungsquelle zur nächsten tragen lassen.

Verbreitung: Die Art ist in Deutschland und ganz Europa weit verbreitet. Sie ist im Winter eine der häufigsten Scheufliegen in unterirdischen Lebensräumen.

Ähnliche Arten: Die Gemeine Höhlen-Scheufliege kann leicht mit der Dunklen Scheufliege (*Heleomyza serrata*) verwechselt werden. Beide Arten sind ähnlich groß und können im selben Lebensraum zusammen vorkommen. Sie unterscheiden sich vorwiegend im männlichen Geschlechtsapparat und in der insgesamt etwas dunkleren Färbung der Dunklen Höhlen-Scheufliege. Beide sehen zudem der etwas größeren Großen Scheufliege (*Scoliocentra villosa*) ähnlich, die jedoch auf beiden Seiten des Vorderkörpers deutlich stärker behaart ist.

Gemeine Höhlen-Scheufliege an der Höhlenwand

Die Flügelränder der Gemeinen Höhlen-Scheufliege sind – wie bei allen Arten der Familie – mit dünnen, schwarzen Dornen besetzt.

Dunkle Höhlen-Scheufliege

Heleomyza serrata

Körpergröße: Länge 6 bis 7 mm

Fundregion: An der Wand und an der Decke, in allen Lichtregionen

Beschreibung: Die Dunkle Höhlen-Scheufliege ist der Gemeinen Höhlen-Scheufliege (*Heleomyza captiosa*) in der Lebensweise sehr ähnlich, wird aber deutlich seltener als diese in Höhlen gefunden. Da die Gemeine Höhlen-Scheufliege erst 1962 für die Wissenschaft beschrieben wurde, ist bei älteren in der Literatur beschriebenen Funden wahrscheinlich, dass ein Großteil der Höhlenfunde nicht die Dunkle Höhlen-Scheufliege betrifft. Beide Arten sind ähnlich groß und können im selben Lebensraum zusammen vorkommen. Sie unterscheiden sich vorwiegend im männlichen Geschlechtsapparat und in der insgesamt etwas dunkleren Färbung der Dunklen Höhlen-Scheufliege. Die Larven der Art entwickeln sich in verrottenden Substanzen wie Exkrementen (z. B. Fledermausguano, Dachs- und Fuchskot) oder Aas. Die Individuenzahlen der Scheufliegen nehmen stark zu, wenn die Höhle oder der Bergwerksstollen gleichzeitig von Dachsen oder Füchsen bewohnt wird.

Verbreitung: Die Art kommt von Skandinavien und den Baltischen Staaten über ganz Mitteleuropa bis zur Iberischen Halbinsel vor. Auch Großbritannien und Island gehören zum Verbreitungsgebiet.

Ähnliche Arten: Die Dunkle Höhlen-Scheufliege kann – wie oben beschrieben – leicht mit der Gemeinen Scheufliege verwechselt werden. Beide sehen zudem der etwas größeren Großen Scheufliege (*Scoliocentra villosa*) ähnlich, die jedoch auf beiden Seiten des Vorderkörpers deutlich stärker behaart ist.

Dunkle Höhlen-Scheufliege an der Höhlenwand

Nicht immer sind die Tiere so dunkel gefärbt und können daher leicht mit anderen Scheufliegen verwechselt werden.

Große Höhlen-Scheufliege

Scoliocentra villosa

Körpergröße: Länge 6,5 bis 9 mm

Fundregion: An der Wand und an der Decke, in allen Lichtregionen

Beschreibung: Die Große Höhlen-Scheufliege hat einen metallisch grauen, überall stark behaarten und mit zahlreichen Borsten versehenen Vorderkörper. In der Aufsicht sind zwei längsverlaufende, dunkle Fleckenreihen zu erkennen, die ebenfalls mit Borsten versehen sind. Der Hinterleib und die Beine sind orange gefärbt. Aufgrund ihrer Größe sind die Tiere gut zu erkennen und gehören bei uns zu den häufigsten Scheufliegenarten in unterirdischen Lebensräumen. Neben Höhlen und Stollen werden auch Säugetierbauten (z. B. vom Dachs) besiedelt. Die Art findet man zudem auf Wiesen und in Laubwäldern, wo sich die Larven in tierischen Exkrementen und Kadavern entwickeln. Höhlenpopulationen legen ihre Eier auch in den Kot von Säugetieren, die zeitweise die Höhlen aufsuchen. So kann man ein vermehrtes Auftreten von Scheufliegen beobachten, wenn die Höhle vom Fuchs oder Dachs bewohnt ist. Die Große Höhlen-Scheufliege kann das ganze Jahr in Höhlen gefunden werden, ein Schwerpunkt liegt aber im Winterhalbjahr. Scheufliegen sind häufig ein Transportmittel für Milben, was man Phoresie nennt. Auch bei Exemplaren der Großen Höhlen-Scheufliege können nach eingehender Untersuchung oftmals zahlreiche Milben entdecken werden. Die Milben haften dabei so lange auf der Unterseite des Hinterleibs oder unter den Flügeln, bis ein neuer Futterplatz aufgesucht wird. Der passive Transport von Milbengemeinschaften ist insbesondere bei sich schnell verändernden Futterangeboten wie Exkrementen ein oft zu beobachtendes Phänomen.

Verbreitung: In Europa ist die Art weit verbreitet und oftmals sehr häufig. Im Mittelmeergebiet fehlt sie.

Ähnliche Arten: Die Art kann mit der Gemeinen Höhlen-Scheufliege (*Heleomyza captiosa*) und der Dunklen Höhlen-Scheufliege (*Heleomyza serrata*) verwechselt werden. Die Große Höhlen-Scheufliege ist jedoch deutlich größer und stärker behaart als diese Arten.

Oft ist die Große Höhlen-Scheufliege mit Tautropfen besetzt.

Große Höhlen-Scheufliege an der Höhlenwand

Frühlings-Buckelfliege

Megaselia vernalis

Körpergröße: Länge 1 bis 2,5 mm

Fundregion: An der Wand, auf dem Boden und unter Steinen, bevorzugt in der Eingangs- und Übergangsregion

Beschreibung: Das allgemeine Erscheinungsbild der Frühlings-Buckelfliege wirkt gedrungen oder gar buckelig, was dem leicht nach oben abgesetzten Vorderkörper der Tiere geschuldet und für die ganze Familie namensgebend ist. Die Grundfärbung der Art ist dunkelbraun bis schwarz. Der Hinterleib ist oberseits dunkel gefärbt und weist helle Querbänder auf. Diese bilden jeweils den Abschluss einer jeden Rückenplatte und erscheinen in Abhängigkeit vom Volumen des Hinterkörpers mal dünner oder dicker (z. B. bei befruchteten Weibchen). Die Unterseite des Hinterkörpers ist deutlich heller gefärbt. Die Oberschenkel (Femur) des letzten Beinpaares sind auffällig kräftig ausgebildet. Der flache Kopf ist im Verhältnis zum restlichen Körper eher klein und trägt sehr kurze Antennen. Die Tiere sind vor allem auf oder unter Steinen zu finden. Ihre Fortbewegung gleicht einem Krabbeln, was nach wenigen Zentimetern im Stillstand mündet, und erst nach einer kurzen Pause wieder aufgenommen wird. Im Englischen werden die Phoridae daher auch als scuttle flies („Krabbelfliegen") bezeichnet. Zur speziellen Ökologie dieser Art ist wenig bekannt, allerdings ernähren sich andere Vertreter der Gattung *Megaselia* vorwiegend von Totholz und Exkrementen. Hervorzuheben ist die Larve der Art *Megaselia melanocephala*, die die Kokons von Höhlenspinnen räubert.

Verbreitung: Die Frühlings-Buckelfliege ist von Schweden über die Britischen Inseln über ganz Mitteleuropa bis zur Iberischen Halbinsel weit verbreitet.

Ähnliche Arten: In Deutschland sind mehrere *Megaselia*-Arten das ganze Jahr über in Höhlen zu finden. In Gebirgsregionen gesellen sich weitere Arten der Oberflächenfauna hinzu. Eine zweifelsfreie Bestimmung ist nur über die Untersuchung der Geschlechtsorgane oder mittels DNA-Barcoding möglich.

Frühlings-Buckelfliege unter dem Binokular

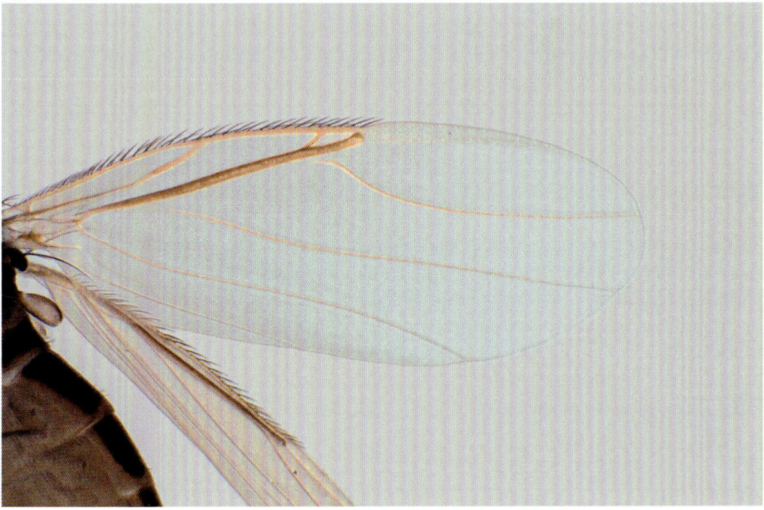

Eindeutiges Bestimmungsmerkmal bei Buckelfliegen sind die 4 äußeren Flügeladern, die sich nicht kreuzen.

Höhlen-Buckelfliege

Triphleba antricola

Körpergröße: Länge bis 3,5 mm

Fundregion: Bevorzugt am Boden, in allen Lichtregionen

Beschreibung: Die Höhlen-Buckelfliege hat einen dunkelbraunen bis schwarzen Körper mit hellgelben Beinen. Der Kopf trägt verkleinerte Augen, braune Fühler und dunkelgelbe Taster. Die Flügel sind leicht getrübt und weisen nur wenige Adern auf. Die Adern am Vorderrand sind allerdings markant ausgeprägt. Der Körper trägt auffällig viele Sinnesborsten sowie Haarbüschel am Hinterleibsende. Diese können als Anpassung an die unterirdische Lebensweise angesehen werden. Höhlenpopulationen werden das ganze Jahr über ausgebildet und von weiblichen Tieren dominiert, wohingegen die selten an der Oberfläche aufgefundenen Vertreter dieser Art überwiegend Männchen sind. Allgemein lassen sich die Tiere am Boden oder zwischen Steinen finden, wo sie sich flink laufend fortbewegen. In Bodenfallen aus Höhlen zählen sie zu den häufigsten Arten. Die Höhlen-Buckelfliege ernährt sich von Pflanzenmaterial. Die Larven können sich in Fledermaus-Guano entwickeln. Einige Weibchen zeigen einen stark angeschwollenen Hinterleib (Physogastrie), bei dem die Rückenplatten nur noch lose auf der Körpermembran aufzuliegen scheinen. Diese Tiere sind befruchtet und tragen eine größere Anzahl heranreifender Eier umher.

Verbreitung: Die Art ist in Mittel- und Südeuropa verbreitet und oftmals häufig.

Ähnliche Arten: Vor allem mit der Art *Triphleba aptina* zu verwechseln, die in den Alpenhöhlen die Höhlen-Buckelfliege in der Häufigkeit ablöst. Die weiblichen Tiere sehen fast identisch aus, *Triphleba antricola* besitzt allerdings eine verbreiterte dritte Flügellängsader. Größere Schwankungen von anderen Merkmalsausprägungen innerhalb einer Population sind bei beiden Arten nicht selten. Männchen können anhand der Genitalmerkmale angesprochen werden. Die Unterscheidung durch DNA-Barcoding ist möglich.

Weibchen der Höhlen-Buckelfliege (Seitenansicht)

Die Adern am Vorderrand der Flügel sind bei der Höhlen-Buckelfliege – wie bei allen Arten der Familie – stark ausgeprägt.

Dunkle Lanzenfliege

Lonchoptera tristis

Körpergröße: Länge 3 bis 5 mm

Fundregion: An der Wand und an der Decke, bevorzugt in der Eingangsregion

Beschreibung: Die Dunkle Lanzenfliege hat einen allgemein dunklen Körper mit hellbraunen und verhältnismäßig langen Beinen. Der Vorderkörper und Kopf sind vereinzelt mit langen Borsten besetzt. In Ruhestellung sind die dunklen Flügel lanzettförmig über den Hinterleib zusammengefaltet und beinahe doppelt so lang wie dieser. Sie weisen eine markante Flügelspitze auf. Die Tiere können an den Wänden und der Decke gefunden werden, wo sie sich fast immer schnell laufend fortbewegen. Sehr selten sind sie fliegend zu beobachten. Die Dunkle Lanzenfliege ist eine typische Waldart und an schattigen Waldrändern und an Bachufern häufig zu finden. Die deutlich abgeflachten, asselähnlichen Larven leben in feuchten Böden und im Wasser. Sie ernähren sich von abgestorbenen Pflanzenmaterialien, Pilzen, Algen und Dung. Die erwachsenen Tiere besiedeln vor allem im Sommerhalbjahr mit Schwerpunkt im Juli und August unterirdische Lebensräume. Die schattigen und kühleren Eingangsbereiche werden dann genutzt um der Sommerhitze zu entkommen. Auch wenn sich die Art getrenntgeschlechtlich fortpflanzt, sind deutlich mehr Weibchen nachgewiesen. Andere Arten der Gattung *Lonchoptera* vermehren sich rein ungeschlechtlich über Jungfernzeugung (Parthenogenese).

Verbreitung: Die Art ist in Mitteleuropa weit verbreitet und häufig.

Ähnliche Arten: Die Art kann vor allem im Mittelgebirge mit der nur wenig kleineren Art *Lonchoptera strobli* verwechselt werden. Die Dunkle Lanzenfliege weist jedoch dunklere Flügel auf und ist auch weitaus häufiger.

Weibchen der Dunklen Lanzenfliege an der Höhlenwand

Bei der Dunklen Lanzenfliege laufen die Flügel – wie bei allen Arten der Familie – hinten spitz zu

Mistbiene

Eristalis tenax

Körpergröße: Länge 14 bis 18 mm

Fundregion: In Wand- und Deckenspalten, überwiegend in der Eingangsregion

Beschreibung: Die Schwebfliege *Eristalis tenax* sieht einer Biene zum Verwechseln ähnlich. Allerdings besitzt sie die für Zweiflügler typischen Schwingkölbchen (Halteren) anstelle des bei Hautflüglern vorhandenen zweiten Flügelpaares. Der Hinterleib kann vielseitige Farbvarianten annehmen, zumeist weist er jedoch zwei orange-gelbe bis rot-braune Seitenflecken auf. Manchmal ist er gänzlich schwarz oder an der Basis gelblich gefärbt. Die Facettenaugen sind von senkrecht abstehenden Haarreihen umgeben. Die Augen der Männchen berühren sich, die der Weibchen sind deutlich voneinander getrennt. Männchen und befruchtete Weibchen suchen frostfreie Überwinterungsquartiere auf, sodass sie ab Herbst in Höhlen, Kellern, in alten Mauern und unter Brücken angetroffen werden können. An warmen Wintertagen fliegen sie aus, um an winterblühenden Pflanzenarten Nektar und Pollen zu sich zu nehmen. Die Mistbiene besucht die verschiedensten Blütenpflanzen und ist somit ein wichtiger Bestäuber für unsere einheimische Flora. Die zwei Zentimeter großen Larven der Art leben in nährstoffreichen Gewässern, in Misthaufen und im Schlamm. Dort ernähren sie sich von Mikroorganismen und Pflanzenresten. Mit ihrem bis zu zehn Zentimeter langen Atemrohr kommen sie auch unter sauerstoffarmen Bedingungen gut zu recht. Aufgrund ihrer Gestalt werden sie als Rattenschwanzlarven bezeichnet. Für die Verpuppung suchen die Larven trockene Bereiche an Land auf, wo sie sich kopfüber mit ihrem Hinterleib aufhängen.

Verbreitung: Die Art ist in weiten Teilen der Erde verbreitet und überall sehr häufig. Sie lebt vor allem im ländlichen Raum.

Ähnliche Arten: Aufgrund der Körpergröße und Färbung ist die Mistbiene ein unverwechselbarer Überwinterungsgast in Höhlen.

Männchen der Mistbiene an der Höhlenwand

Kolenatis Fledermausfliege

Nycteribia kolenatii

Körpergröße: Länge 1,8 bis 2,5 mm

Fundregion: An Fledermäusen, in allen Lichtregionen

Beschreibung: Kolenatis Fledermausfliege ist ein Ektoparasit von Fledermäusen. Vor allem die Wasserfledermaus (*Myotis daubentonii*) wird spezifisch und oftmals in größerer Zahl befallen. Die hohen Dichten der Art führen aber allen Anschein nach dazu, dass weitere Fledermausarten verschiedenster Gattungen in geringer Zahl befallen werden können. Die parasitären Tiere können sich sehr wendig durch das Fell der Wirtstiere bewegen und ernähren sich blutsaugend. Die parasitäre Lebensweise geht einher mit verschiedenen morphologischen Anpassungen. So ähneln die Tiere eher einer Spinne als einer Fliege. Sie sind flügellos und besitzen reduzierte Augen. Dafür sind die Krallen und Stachelkämme sehr stark ausgeprägt. Die Larven entwickeln sich direkt bis zum dritten Stadium im Körper der erwachsenen Weibchen. Diese legen die noch weichen, weißen Larven in den Sommermonaten nahe der Fledermauskolonie ab. Die Larven sind überaus klebrig, ohne Beine und härten nach kurzer Zeit zu dunklen rot-braunen Puppen aus. Die Verpuppung dauert je nach Witterungsbedingung und der Anwesenheit von Fledermäusen 16 Tage bis 2 Monate. Nach dem Schlupf suchen die erwachsenen Tiere sofort die Nähe zum Wirtstier, auf dem sie dann bis zum Ende ihres Lebens verweilen. In Höhlen können die Fledermausfliegen analog ihrer Wirtsfledermaus das ganze Jahr über vorkommen.

Verbreitung: Die Art ist in Westeuropa weit verbreitet. Sie kommt nördlich bis nach Finnland und im Süden bis Italien und in die Pyrenäen vor.

Ähnliche Arten: Aufgrund ihrer geringen Größe ist die Art leicht mit weiteren Fledermausfliegen zu verwechseln. Kolenatis Fledermausfliege ist allerdings zumeist der häufigste Ektoparasit und wirtsspezifisch für die Wasserfledermaus.

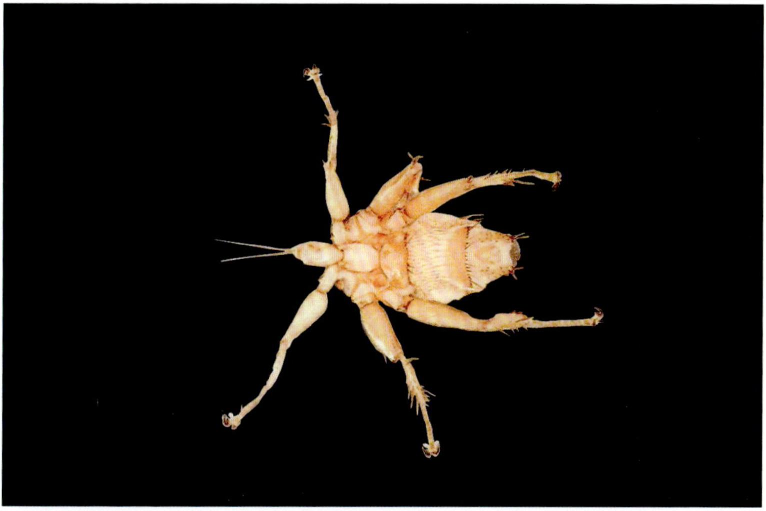

Kolenatis Fledermausfliege (Nycteribia kolenatii)

Eine sehr ähnliche Art ist die abgebildete, etwas größere Fledermausfliege Basilia nana.

Groppe

Cottus gobio

Körpergröße: Gesamtlänge 12 bis 16 cm

Fundregion: Stark strömende Höhlengewässer mit Verbindung zur Oberfläche, in allen Lichtregionen

Beschreibung: Die Groppe ist eine bodengebundene Kleinfischart mit breitem Kopf, wulstigen Lippen und einem keulenförmigen Körper. Die fächerförmigen Brustflossen verdecken die Bauchflossen, die relativ schmal und kehlständig sitzen. Die Art hat sich an die stark strömenden Gewässerabschnitte der Forellen- und Äschenregion angepasst. Über große Karstquellen (z. B. an der Wimsener Höhle, Schwäbische Alb) dringt sie dabei weit in die Höhlensysteme ein, wo sie regelmäßig ablaicht und feste Populationen bildet. Groppen laichen nur einmal pro Jahr. Die klebrigen Eier werden als Klumpen an die Decken von kleinen Höhlungen des kiesigen oder steinigen Untergrunds geklebt. Die Männchen betreiben Brutpflege und betreuen dabei die Gelege mehrerer Weibchen. Die Art kann ein Alter von 4 Jahren erreichen. Die Nahrung der Groppe besteht zum größten Teil aus Wirbellosen wie Flohkrebsen, Insektenlarven, Egeln und Schnecken. Daneben gehören auch Pflanzenteile sowie Eier und Jungfische der Bachforelle zum Nahrungsspektrum.

Verbreitung: Die Groppe kommt vom nördlichen Spanien ausgehend in fast ganz Europa vor. In Deutschland ist sie in jedem Bundesland (außer Berlin und Bremen) vertreten. Vorkommensschwerpunkte liegen im Bereich der Mittelgebirge.

Ähnliche Arten: Andere Groppenarten kommen in deutschen Höhlen nicht vor, sodass die Art hier unverwechselbar ist.

Groppe

Kopf der Groppe

Bachschmerle

Barbatula barbatula

Körpergröße: Gesamtlänge 8 bis 18 cm

Fundregion: Stark strömende Höhlengewässer mit Verbindung zur Oberfläche, in allen Lichtregionen

Beschreibung: Die Bachschmerle ist eine nachtaktive Kleinfischart, die sich tagsüber unter Steinen, Totholz oder im Lückensystem von Kiesbänken versteckt hält. Sie kommt von der unteren Forellenregion bis zur Barbenregion vor. Der länglich-spindelförmige Körper der Art ist in der vorderen Hälfte abgeflacht, in der hinteren Hälfte leicht seitlich zusammengedrückt. Die sechs gleichlangen Barteln am vorderen und seitlichen Rand der Oberlippe kennzeichnen die Art und unterscheiden sie von anderen Bodenfischarten. Über Karstwasserleiter ist die Bachschmerle weit in das verzweigte Höhlensystem des Aachtopfes (Donau-Aach-System, südliches Baden-Württemberg) eingedrungen, bei der eine unterirdische Verbindung zum Flusssystem der Donau besteht. Es scheint sich hier eine vollständig subterrane Population gebildet zu haben, die kaum genetische Abweichungen zu Oberflächenpopulationen aufweist, aber farblich etwas heller ist. Als kurzlebige Kleinfischart mit einer Lebenserwartung von 3 bis 4 Jahren ist die Bachschmerle bereits im ersten Lebensjahr geschlechtsreif. Die bis zu 400 Eier werden nachts portionsweise ins Wasser abgegeben und haften nach der Drift an Steinen und Pflanzen. Die Art ernährt sich von wirbellosen Tieren des Gewässergrundes.

Verbreitung: Die Bachschmerle ist fast über ganz Europa, von Irland und Frankreich im Westen bis zum Ural verbreitet. Sie fehlt auf der Iberischen Halbinsel und in Italien. Ihre südöstliche Verbreitungsgrenze liegt in Nordgriechenland sowie an den Nordufern des Schwarzen und Kaspischen Meeres. Im Norden besiedelt die Art die Fließgewässer bis Südschweden und Südfinnland.

Ähnliche Arten: Die Art ist durch die sechs gleichlangen Barteln am vorderen und seitlichen Rand der Oberlippe nicht mit anderen Arten zu verwechseln.

Bachschmerle

Jungtier der Bachschmerle

Erdkröte

Bufo bufo

Körpergröße: Männchen bis 10 cm; Weibchen bis 15 cm Länge

Fundregion: Am Boden oder seltener im Wasser, in allen Lichtregionen

Beschreibung: Die Färbung der Erdkröte besteht auf der Oberseite aus oliven, bräunlichen, grauen, gelblichen und manchmal rotbraunen Farbtönen. Die Unterseite ist grau, hellrötlichbraun oder schmutzigweiß und häufig dunkel marmoriert. Die Frühjahrswanderung zum Laichgewässer findet in Mitteleuropa hauptsächlich zwischen Ende Februar und Anfang April statt. Die verpaarten Weibchen tragen dabei die Männchen huckepack zum Laichgewässer. Die Laichschnüre werden einige Tage nach Einwanderung in das Gewässer abgesetzt. Sie können bis zu 8.000 Eier enthalten, aus denen nach 14 bis 21 Tagen die Kaulquappen schlüpfen. Die Larven haben beim Schlupf eine Gesamtlänge von 3 bis 5 mm und wachsen auf etwa 40 mm heran. Die Metamorphose ist zwischen Anfang Juni und Anfang Juli abgeschlossen. In der Regel überwintern Erdkröten an Land, wobei oft auch unterirdische Hohlräume aufgesucht werden. Die Tiere können unter natürlichen Bedingungen 10 bis 12 Jahre alt werden, in Gefangenschaft bis über 30 Jahre.

Verbreitung: Die Art ist nahezu in ganz Europa, Nordwest-Afrika und Teilen Asiens verbreitet und überschreitet in Finnland sogar den Polarkreis. Die Erdkröte fehlt in Irland, auf den Balearen, auf Korsika, Sardinien, Malta und Kreta.

Ähnliche Arten: Die Erdkröte kann mit der Kreuzköte (gelber Streifen auf dem Rücken) und der Wechselkröte (grünes Fleckenmuster auf hellem Grund) verwechselt werden. Beide Arten kommen aber nicht in Höhlen vor.

Adulte Erdkröte im Winterquartier (Felsenkeller)

Juvenile Erdkröte im Winterquartier (Bergwerksstollen)

Grasfrosch

Rana temporaria

Körpergröße: Männchen bis 10,7 cm; Weibchen bis 11,1 cm Länge

Fundregion: Am Boden oder im Wasser, in allen Lichtregionen

Beschreibung: Der Grasfrosch ist ein großer, plumper Braunfrosch. Auf der Oberseite des Tieres finden sich zahlreiche große, dunkelbraune oder schwarze Flecken auf dunkelbraunem Grund. Die Frühjahrswanderung zum Laichgewässer findet in Mitteleuropa hauptsächlich zwischen Mitte Februar und Mitte April statt. Die großen Laichballen werden einige Tage nach Einwanderung in das Gewässer abgesetzt. Sie können bis zu 4.500 Eier enthalten, aus denen nach 10 bis 14 Tagen die Kaulquappen schlüpfen. Die Larven haben beim Schlupf eine Gesamtlänge von 6 bis 9 mm und wachsen auf etwa 46 mm heran. Die Metamorphose ist zwischen Mitte Juni und Mitte Oktober abgeschlossen. Ein Teil der Frösche überwintert unter Wasser, ein anderer Teil an Land. Gerade in wasserführenden Bergwerksstollen sind Überwinterungsgesellschaften von mehreren Hundert Tieren bekannt. Hin und wieder werden Laichballen in die eingangsnahen Bereiche dieser Stollen abgesetzt. Es sind etwa 5 Unterarten im Verbreitungsgebiet bekannt. Grasfrösche können bis zu 10 Jahre alt werden.

Verbreitung: Die Art ist in Europa weit verbreitet. Der Grasfrosch kommt über ganz Skandinavien, den Britischen Inseln und den Benelux-Staaten bis nach Süd-Frankreich vor. Im Westen läuft die Verbreitungsgrenze durch Bulgarien, Rumänien und die Ukraine. Der Grasfrosch fehlt in Portugal, großen Teilen Spaniens, auf den Mittelmeerinseln, im größten Teil Italiens und auf der südlichen Balkanhalbinsel.

Ähnliche Arten: Der Grasfrosch kann mit dem Moorfrosch (*Rana arvalis*) und dem Springfrosch (*Rana dalmatina*) verwechselt werden. Beide Arten kommen aber nicht in Höhlen vor.

Adulter Grasfrosch in einem lehmigen Bergwerksstollen

Juveniler Grasfrosch im Höhlenquartier

Bergmolch

Ichthyosaura alpestris

Körpergröße: Männchen bis 9,2 cm; Weibchen bis 12,5 cm Länge

Fundregion: Am Boden im Laub oder unter Steinen, zumeist in der Eingangs- und Übergangsregion

Beschreibung: Der Bergmolch besiedelt die waldreichen Hügellandschaften der Mittelgebirge. Das Farbkleid dieses Wassermolches besitzt einen großen Blauanteil, die Unterseite ist orangerot. Das Männchen des Bergmolches besitzt eine schwarz/weiß-gelb gebänderte Rückenleiste, das Weibchen ein grau- bis blaugrünliches Marmormuster. Die Tiere wandern zwischen Mitte Februar und Mitte März zum Laichgewässer. Vom Frühjahr (Paarungszeit) bis zum Sommer leben die Molche in stehenden oder langsam fließenden Gewässern. Das Weibchen legt nach der Paarung bis zu 250 Eier. Die Larven schlüpfen mit einer Gesamtlänge von 7 bis 10 mm und erreichen zumeist 50 mm vor der Metamorphose. Im Herbst gehen die Tiere an Land, um unter Steinen, morschem Holz und Wurzeln den Tag zu verbringen. In dieser Zeit sind Bergmolche nachtaktiv. Die Nahrung besteht in der Hauptsache aus Gliederfüßern. Bergmolche leben zumeist im Umkreis von 300 bis 600 m um ihre Laichgewässer. Hier werden zur Überwinterung gerne auch die Eingangs- und Übergangsregionen von Höhlen aufgesucht.

Verbreitung: Die östliche Verbreitungsgrenze der ausschließlich in Europa vorkommenden Art zieht sich von Dänemark bis Mittelrumänien und setzt sich von Bulgarien bis nach Griechenland fort. Weiter östlich sind Inselpopulationen in Polen und Russland bekannt. Die westliche Verbreitungsgrenze liegt im Nordwesten von Frankreich. Es gibt aber auch isolierte Vorkommen in Spanien. Die Art fehlt auf den Britischen Inseln, den Mittelmeerinseln und in Skandinavien.

Ähnliche Arten: Aufgrund der schwarzblauen Farbe in der Landtracht und der orangenen, fleckenlosen Unterseite nicht zu verwechseln.

Männchen des Bergmolchs in Wassertracht

Weibchen des Bergmolchs in Landtracht

Teichmolch

Lissotriton vulgaris

Körpergröße: Männchen und Weibchen bis 11 cm Länge

Fundregion: Am Boden im Laub oder unter Steinen, zumeist in der Eingangs- und Übergangsregion

Beschreibung: Der Teichmolch ist eine sehr anpassungsfähige Art und bewohnt zumeist offene Landschaften. Die Oberseite der Art umfasst eine Farbskala von lehmgelb über hell- bis olivbraun. Auf dieser Grundierung sind beim Männchen runde, dunkelbraune Flecken zu sehen, beim Weibchen sind es Tüpfelchen. Die Unterseite ist orangegelb mit schwarzgrauen Flecken und Punkten. Der Kopf zeigt fünf dunkle Streifen. Die Tiere wandern zwischen Mitte Februar und Mitte März zum Laichgewässer. Vom Frühjahr (Paarungszeit) bis zum Sommer leben die Molche in stehenden Gewässern. Das Weibchen legt nach der Paarung bis zu 300 Eier. Die Larven schlüpfen mit einer Gesamtlänge von 6 bis 10 mm und erreichen zumeist 40 mm vor der Metamorphose. Im Herbst gehen die Tiere an Land, um unter Steinen, morschem Holz und Wurzeln den Tag zu verbringen. In dieser Zeit sind Teichmolche nachtaktiv. Die Nahrung besteht in der Hauptsache aus Gliederfüßern. Teichmolche leben zumeist im Umkreis von 500 m um ihre Laichgewässer. Hier werden zur Überwinterung gerne auch die Eingangs- und Übergangsregionen von Höhlen aufgesucht.

Verbreitung: Die westliche Verbreitungsgrenze wird durch Irland und Mittelfrankreich, die östliche Grenze durch Sibirien gebildet. Im Norden kommt der Teichmolch bis ins mittlere Norwegen und Finnland vor. Die Art fehlt auf der Iberischen Halbinsel, im südlichen Frankreich und in Süditalien.

Ähnliche Arten: Der Teichmolch kann in der Landtracht leicht mit dem wesentlich selteneren Fadenmolch (*Lissotriton helveticus*) verwechselt werden.

Männchen des Teichmolchs in Wassertracht

Weibchen des Teichmolchs in Landtracht

Kammmolch

Triturus cristatus

Körpergröße: Männchen 12 bis 16 cm; Weibchen bis 18 cm Länge

Fundregion: Am Boden im Laub oder unter Steinen, zumeist in der Eingangs- und Übergangsregion

Beschreibung: Der Kammmolch ist der größte einheimische Wassermolch. Die Oberseite der Art ist braunschwarz bis grauschwarz und wird von dunklen Flecken und Barren unterbrochen. Auf den Flanken sind winzige, kreideweiße Tüpfelchen zu sehen. Die Unterseite ist orangegelb mit schwarzen Flecken und Punkten. Die Tiere wandern zwischen Mitte Februar und Mitte März zum Laichgewässer. Vom Frühjahr (Paarungszeit) bis zum Sommer leben die Molche in stehenden Gewässern. Im Gegensatz zu den anderen einheimischen Molcharten verbringt der Kammmolch die meiste Zeit des Jahres im Gewässer, wo er zum großen Teil auch überwintert. Das Weibchen legt nach der Paarung 200 bis 400 Eier. Die Larven schlüpfen mit einer Gesamtlänge von 10 bis 12 mm und erreichen zumeist 80 mm vor der Metamorphose. Im Oktober/November geht ein kleiner Teil der Tiere an Land, um unter Steinen, morschem Holz und Wurzeln den Tag zu verbringen. In dieser Zeit sind Kammmolche nachtaktiv. Die Nahrung besteht in der Hauptsache aus Gliederfüßern. Kammmolche leben zumeist im Umkreis von 800 m um ihre Laichgewässer. Hier werden zur Überwinterung gerne auch die Eingangs- und Übergangsregionen von Höhlen aufgesucht. Die Tiere haben in der freien Natur eine maximale Lebenserwartung von 14-17 Jahren, können in Gefangenschaft aber mehr als 25 Jahre alt werden.

Verbreitung: Die westliche Verbreitungsgrenze liegt in Mittel- und Ostfrankreich, die östliche Grenze reicht bis zum Ural. Im Norden kommt der Kammmolch bis zum 65. Breitengrad vor. Die südliche Verbreitungsgrenze läuft von Rumänien und Ost-Ungarn bis nach Ober- und Niederösterreich, über Süddeutschland und den nördlichen Teil der Schweiz bis nach Frankreich.

Ähnliche Arten: Verwechslungen sind nur mit sehr dunklen Weibchen des Bergmolches in der Landtracht möglich. Hier kann leicht eine Unterscheidung durch die gefleckte Unterseite beim Kammmolch getroffen werden. Früher wurde *Triturus cristatus cristatus* als Unterart angesehen. Heute unterscheidet man den (Nördlichen) Kammmolch von weiteren fünf Arten, die zusammen den Kammmolch-Artkomplex bilden.

Männchen des Kammmolchs in Wassertracht

Männchen des Kammmolchs in Landtracht

Feuersalamander

Salamandra salamandra

Körpergröße: Länge bis 20 cm

Fundregion: Am Boden oder unter Steinen, die Larven in Höhlenbächen oder größeren Wasserbecken; in allen Lichtregionen

Beschreibung: Feuersalamander sind in der Regel schwarz-gelb gefärbt, wobei die Zeichnung für jedes Tier einmalig ist. Als Nahrung dienen Gliederfüßer, Regenwürmer und Landschnecken. Weibliche Feuersalamander bekommen bis zu 60 lebende Junge. Die kiementragenden Larven werden im Flachwasser abgesetzt. Adulte Feuersalamander sind sowohl in Naturhöhlen als auch in Bergwerksstollen anzutreffen. Dorthin gelangen die Tiere in der Regel über Gesteinsspalten oder die Höhleneingänge. Ein Sonderfall sind Schachthöhlen, wo die Salamander eher zufällig hineinstürzen und dann selbstständig die Höhle nicht mehr verlassen können. Am Grund dieser Höhlenschächte findet sich ein reichhaltiges Nahrungsangebot von ebenfalls hereingefallenen wirbellosen Tieren, sodass adulte Salamander bei relativ gleich bleibenden Umgebungsbedingungen dort unter Umständen mehrere Jahre überleben können. Larven können in Höhlengewässern das ganze Jahr über beobachtet werden. Die zahlreichen Funde zwischen November und März zeigen, dass überwinternde Larven in den subterranen Gewässern die Regel sind. Unter den spezifischen klimatischen Bedingungen des Höhlenmilieus ist ein Metamorphoseabschluss ganzjährig möglich. Im Verbreitungsgebiet sind etwa 13 Unterarten bekannt. In Deutschland kommen der Gestreifte Feuersalamander (*Salamandra salamandra terrestris*) und der Gefleckte Feuersalamander (*Salamandra salamandra salamandra*) vor.

Verbreitung: Der Feuersalamander besitzt das größte Verbreitungsgebiet aller europäischen Landsalamander. Die Nordgrenze der Verbreitung verläuft durch Norddeutschland. Im Osten verläuft die Grenze östlich der Elbe durch das südliche Polen bis nach Rumänien. Außerhalb Europas gibt es Vorkommen in Marokko, Algerien, Israel, Syrien, der Türkei und dem Iran.

Ähnliche Arten: Aufgrund der markanten gelb-schwarzen Färbung sind erwachsene Feuersalamander nicht zu verwechseln. Die Larven kann man gut anhand der hellen Flecken an den Beinansätzen erkennen, die bei Molchlarven fehlen.

Adulter Feuersalamander, sowie die Larve in Detail und Gesamtansicht

Grottenolm

Proteus anguinus

Körpergröße: Länge 20 bis 30 cm

Fundregion: Höhlengewässer, in der Tiefenregion

Beschreibung: Der Grottenolm ist ein aalförmiger, pigment- und augenloser Schwanzlurch, der über rote Kiemenbüschel verfügt. Die dünnen Gliedmaßen besitzen drei Finger und zwei Zehen. Der Schwanz ist seitlich stark zusammengedrückt und mit einem glattrandigen Flossensaum versehen. Die Art lebt tief im Inneren von Karsthöhlen in Stillwasserbereichen unterirdischer Flusssysteme. Bei Überschwemmungen kann es passieren, dass Tiere ans Tageslicht gelangen. Zum Nahrungsspektrum gehören vor allem kleine Krebstiere wie Wasserasseln und Flohkrebse. Innerhalb der Höhlen hat der Grottenolm keine Fressfeinde. Die Art kann mehrere Jahre ohne Nahrung auskommen und erreicht ein Alter von bis zu 100 Jahren. Seit 1931 werden in der Hermannshöhle (Harz, Sachsen-Anhalt) fünf Grottenolme zu Schauzwecken im dortigen Höhlensee gehalten. 1956 wurden weitere 13 Olme aus dem Schauteil der Adelsberger Grotte (Postojna, Slowenien) in die Hermannshöhle überführt. Trotz mehrfacher Versuche, die Tiere zur Fortpflanzung zu bringen, wurde dies 2016 erstmals beobachtet. Zum Schlupf der Jungtiere aus den abgelegten Eiern ist es allerdings in diesem als auch in den darauffolgenden Jahren (Stand Frühjahr 2020) nicht gekommen. Derzeit geht man von einem Bestand von sieben Tieren in der Hermannshöhle aus.

Verbreitung: Die Art lebt in Höhlengewässern der Karstregion entlang der Adriaküste von Istrien über Dalmatien bis nach Montenegro. Einzelne Vorkommen gibt es im Triester Karst (Italien). In Deutschland leben die eingesetzten Exemplare nur in der Hermannshöhle (Harz). Weitere angesiedelte „Laborpopulationen" existieren in Moulis (Frankreich), Kent's Cavern (Großbritannien), Han-sur-Lesse (Belgien) und Aggtelek (Ungarn).

Ähnliche Arten: Der Grottenolm ist der einzige pigment- und augenlose Schwanzlurch in Europa.

Grottenolm in der Hermannshöhle

Kopf des Grottenolms

Mopsfledermaus

Barbastella barbastellus

Körpergröße: 4,9 bis 5,6 cm; Flügelspannweite 26,2 bis 29,2 cm

Fundregion: In allen Höhlenregionen, freihängend an der Höhlenwand oder an der Decke, oft auch in engen Felsspalten, bevorzugt in trockenen und kalten Quartieren

Beschreibung: Das dichte Fell der Mopsfledermaus ist dunkel schwarzbraun gefärbt, die breiten, trapezförmigen, nach vorne gerichteten und miteinander verbundenen Ohren machen die Art unverwechselbar. Die Art überwintert regelmäßig in Höhlen, kalten Kellern, Tunneln und anderen unterirdischen Quartieren. Überwinterungsquartiere in Höhlen liegen zumeist in eingangsnahen Felsspalten. Die Mopsfledermaus bevorzugt kalte Höhlen und toleriert Temperaturen knapp über dem Gefrierpunkt. Die Sommerquartiere finden sich vor allem in Baum- und Gebäudespalten. Die Jagdgebiete der Art liegen weitgehend in Wäldern, aber auch in waldnahen Gärten und Heckengebieten. Die Mopsfledermaus ist eine ortstreue Art. Sommer- und Winterquartiere liegen nahe beieinander, meist im Umkreis von 40 Kilometern.

Verbreitung: Die Art kommt in ganz Europa bis nördlich zum 60. Breitengrad vor. Die Ostgrenze der Verbreitung liegt in der Osttürkei und im Kaukasus. In Deutschland sind nur wenige inselartige Verbreitungsgebiete bekannt.

Ähnliche Arten: Die Mopsfledermaus kann aufgrund der dunklen Färbung und der zusammengewachsenen Ohren mit keiner anderen einheimischen Fledermausart verwechselt werden.

Mopsfledermaus im Spaltenquartier (mit Großen Höhlenspinnen)

Mopsfledermaus

Nordfledermaus

Eptesicus nilssonii

Körpergröße: 4,5 bis 5,5 cm; Flügelspannweite 24 bis 28 cm

Fundregion: In allen Höhlenregionen, freihängend an der Höhlenwand oder an der Decke, oft auch in Felsspalten oder im Bodengeröll, bevorzugt in kalten Quartieren

Beschreibung: Das Fell der Nordfledermaus ist dunkelbraun bis braunschwarz gefärbt, mit goldgelben Spitzen auf dem Rücken und dem Nacken. Die Unterseite ist gelblich braun oder beige gefärbt. Die Art überwintert regelmäßig in kalten Höhlen und anderen unterirdischen Quartieren, wird aber im Gegensatz zu anderen Fledermausarten selten gefunden. Die Sommerquartiere befinden sich zum Großteil in Zwischendächern und Wandverkleidungen von Häusern, selten in Baumhöhlen. Die Jagdgebiete der Art liegen häufig im Bereich von Seen und Bächen, aber auch über Hochmoorflächen, Wiesen, entlang von Waldrändern, in Wäldern und in Siedlungen. Die Nordfledermaus ist zumeist sehr ortstreu, es sind aber auch Wanderbewegungen von mehreren hundert Kilometern bekannt.

Verbreitung: Die Art ist in Mittel- und Osteuropa bis Ostfrankreich und der Schweiz verbreitet. Als einzige Fledermausart erreicht sie nach Norden den 70. Breitengrad nördlich des Polarkreises. Nach Osten reicht das Verbreitungsgebiet bis nach Sibirien, in die Mongolei, Nordwest-China, Irak, Iran, die Koreanische Halbinsel und Japan. In Deutschland fehlt die Nordfledermaus in den nördlichsten Gebieten und kommt sonst flächendeckend vor.

Ähnliche Arten: Die Nordfledermaus kann nur mit der deutlich größeren Breitflügelfledermaus sowie der Zweifarbfledermaus verwechselt werden. Das Rückenfell der Zweifarbfledermaus weist silberne Haarspitzen auf, die bis auf die Stirn reichen.

Nordfledermaus im Winterquartier

Nordfledermaus im Jagdflug

Breitflügelfledermaus

Eptesicus serotinus

Körpergröße: 6,6 bis 7,5 cm; Flügelspannweite 31,5 bis 38 cm

Fundregion: In trockenen Höhlen, zumeist in der Eingangsregion in Felsspalten oder im Bodengeröll. Auch in Felsenkellern oder Tunnelquartieren.

Beschreibung: Das Rückenfell der Breitflügelfledermaus ist mittel- bis dunkelbraun bis braunschwarz, die Unterseite ist heller braun bis gelblich braun gefärbt. Die Art überwintert regelmäßig in Gebäudequartieren und Felsspalten. Überwinterungsquartiere in Höhlen liegen zumeist in eingangsnahen Felsspalten. Die Sommerquartiere befinden sich ebenfalls vor allem in Fels- und Gebäudespalten, selten werden Baumhöhlen genutzt. Die Jagdgebiete der Art liegen häufig an strukturreichen Siedlungsrändern, in Parks, auf Streuobstwiesen, Viehweiden, an Waldrändern und Gewässern. Die Breitflügelfledermaus ist zumeist sehr ortstreu. Sommer- und Winterquartiere liegen nur wenige Kilometer auseinander.

Verbreitung: Die Art ist in ganz Europa bis zum 55. Breitengrad verbreitet. Hier kommt sie bis Südengland und die südlichsten Bereiche Schwedens vor. Nach Osten kommt die Breitflügelfledermaus über die Türkei, den Nahen Osten und den Kaukasus bis Zentralasien, China, Taiwan und bis in die nördliche indomalayische Region vor. In Deutschland ist die Art flächendeckend verbreitet.

Ähnliche Arten: Die Breitflügelfledermaus ist nur mit der Nordfledermaus zu verwechseln, die aber deutlich kleiner ist.

Breitflügelfledermaus im Spaltenquartier

Breitflügelfledermaus im Jagdflug

Bechsteinfledermaus

Myotis bechsteinii

Körpergröße: 4,8 bis 5,6 cm; Flügelspannweite 25 bis 28,6 cm

Fundregion: In allen Höhlenregionen, freihängend an der Höhlenwand oder an der Decke, selten auch in Felsspalten

Beschreibung: Das Rückenfell der Bechsteinfledermaus ist braun bis rötlichbraun gefärbt, die Unterseite davon deutlich abgesetzt hell-beige oder grau. Gute Bestimmungsmerkmale im Winterquartier sind die im Verhältnis zur Körpergröße sehr langen Ohren, die nicht wie bei den Langohren unter die Flügel geklappt werden. Der lange Tragus erreicht etwa die Hälfte der Ohrlänge. Die Bechsteinfledermaus überwintert regelmäßig in Höhlen und Stollen, aber auch in Baumhöhlen. Die Sommerquartiere finden sich vor allem in Baumhöhlen und Fledermauskästen. Die Jagdgebiete der Bechsteinfledermaus liegen fast ausschließlich in Laub- und Laubmischwäldern. Die höchsten Populationsdichten bildet die Art in Eichen- oder Buchenwäldern mit hohem Anteil alter Bäume. Die Bechsteinfledermaus ist eine sehr ortstreue Art. Sommer- und Winterquartiere liegen meist nur wenige Kilometer voneinander entfernt.

Verbreitung: Die Art ist in ganz West-, Mittel- und Osteuropa verbreitet. Im Norden läuft die Verbreitungsgrenze durch Südengland, die Südspitze Schwedens und über das zentrale Polen nach Südosten durch die Ukraine bis ans Schwarze Meer. Außerhalb Europas kommt die Bechsteinfledermaus lokal in Anatolien und dem Nordiran sowie im Kaukasus vor. In Deutschland ist die Art flächendeckend, zumeist in wärmeren Regionen verbreitet.

Ähnliche Arten: Durch die langen Ohren und die geringe Körpergröße im Vergleich zum Großen Mausohr unverwechselbar. Bei den Langohren sind die Ohren an der Basis zusammengewachsen und im Winterschlaf unter die Flughäute geklappt.

Bechsteinfledermäuse im Winterschlaf

Bechsteinfledermaus im Höhlenquartier

Große Bartfledermaus, Brandtfledermaus

Myotis brandtii

Körpergröße: 4,3 bis 5,5 cm; Flügelspannweite 19 bis 24 cm

Fundregion: In allen Höhlenregionen, freihängend an der Höhlenwand oder an der Decke, oft auch in Felsspalten oder im Bodengeröll

Beschreibung: Das Rückenfell der Großen Bartfledermaus ist hellbraun gefärbt, vereinzelt mit goldglänzenden Haarspitzen, die Unterseite ist hellgrau mit gelblichen Farbanteilen. Gute Bestimmungsmerkmale sind die kleinen dreieckigen dunklen Ohren mit einem Tragus, der die Ohrmitte erreicht, die relativ dunkle Schnauze und die kleinen Füße. Eine Unterscheidung zur Kleinen Bartfledermaus ist eindeutig nur über das Gebiss möglich. Die Große Bartfledermaus überwintert regelmäßig in Höhlen und Stollen. Die Sommerquartiere finden sich häufig in Baumhöhlen, Stammrissen und hinter abstehender Rinde. Werden Spalten an hölzernen Gebäudefassaden oder in Verkleidungen und Schalungen genutzt, liegen die Quartiere in aller Regel nahe an Waldrändern. Die Jagdgebiete der Großen Bartfledermaus liegen oft in lichten Au- oder Hallenwäldern, über Gewässern oder der Ufervegetation. Die Große Bartfledermaus ist eine ortstreue Art. Sommer- und Winterquartiere liegen nur wenige Kilometer auseinander.

Verbreitung: Die Große Bartfledermaus kommt vor allem in Mittel- und Nordeuropa bis zum 65. Breitengrad vor. Insgesamt ist die Verbreitung in Süd- und Südosteuropa erst ungenügend bekannt. Die Hauptverbreitung erstreckt sich durch weite Teile Russlands bis zum Ural und weiter ostwärts. In Deutschland kommt die Art fast flächendeckend vor.

Ähnliche Arten: Die Fransenfledermaus hat viel längere Ohren und einen spitzen langen Tragus. Wasserfledermäuse haben eine helle Schnauze und große Füße. Der Tragus reicht bei den Bartfledermäusen bis zur Ohrmitte, bei der Wasserfledermaus nicht. Die Wimperfledermaus hat eine deutlich rechtwinklige Stufe am Außenrand des Ohres. Kleine und Große Bartfledermaus sind in den Winterquartieren ohne Störung der Tiere nicht zu unterscheiden.

Große Bartfledermaus im Winterquartier

Dunkle Schnauze und Ohren, sowie ein Tragus, der bis zur Ohrmitte reicht, sind gute Bestimmungsmerkmale der Bartfledermäuse.

Kleine Bartfledermaus

Myotis mystacinus

Körpergröße: 3,5 bis 4,8 cm; Flügelspannweite 19 bis 22,5 cm

Fundregion: In allen Höhlenregionen, freihängend an der Höhlenwand oder an der Decke, oft auch in Felsspalten oder im Bodengeröll

Beschreibung: Das Rückenfell der Kleinen Bartfledermaus ist dunkel- bis nussbraun, die Unterseite in unterschiedlichen Grautönen gefärbt. Gute Bestimmungsmerkmale sind die kleinen dreieckigen dunklen Ohren mit einem Tragus, der die Ohrmitte erreicht, die relativ dunkle Schnauze und die kleinen Füße. Eine Unterscheidung zur Großen Bartfledermaus ist eindeutig nur über das Gebiss möglich. Die Kleine Bartfledermaus überwintert regelmäßig in Höhlen und Stollen. Die Sommerquartiere finden sich häufig in Gebäudespalten, hinter Fensterläden, Wandverkleidungen, hinter loser Baumrinde oder Brettern an Jagdkanzeln. Die Jagdgebiete der Kleinen Bartfledermaus liegen oft in halboffenen Landschaften mit einzelnen Gehölzbeständen und Hecken. Häufig findet man die Tiere in dörflichen Siedlungen und deren Randbereichen (Streuobstwiesen, Gärten), sowie an Feuchtgebieten oder Waldstrukturen entlang von Gewässern. Die Kleine Bartfledermaus ist eine ortstreue Art. Sommer- und Winterquartiere liegen nur wenige Kilometer auseinander.

Verbreitung: Die Kleine Bartfledermaus kommt von Nordafrika durch ganz Europa bis ins südliche Schottland und das südliche Skandinavien vor. Die östliche Verbreitungsgrenze ist weitgehend unbekannt. Sichere Nachweise gibt es aus dem Kaukasus, von der türkischen Westküste und aus Israel. In Deutschland kommt die Art flächendeckend vor.

Ähnliche Arten: Die Fransenfledermaus hat viel längere Ohren und einen spitzen langen Tragus. Wasserfledermäuse haben eine helle Schnauze und große Füße. Der Tragus reicht bei den Bartfledermäusen bis zur Ohrmitte, bei der Wasserfledermaus nicht. Die Wimperfledermaus hat eine deutlich rechtwinklige Stufe am Außenrand des Ohres. Kleine und Große Bartfledermaus sind in den Winterquartieren ohne Störung der Tiere nicht zu unterscheiden.

Kleine Bartfledermäuse im Winterquartier

Kleine Bartfledermaus beim Verlassen eines Spaltenquartiers

Teichfledermaus

Myotis dasycneme

Körpergröße: 5,7 bis 6,8 cm; Flügelspannweite 20 bis 30 cm

Fundregion: In allen Höhlenregionen, freihängend an der Höhlenwand oder an der Decke, oft auch in Felsspalten

Beschreibung: Das Rückenfell der Teichfledermaus ist graubraun bis bräunlich, die scharf abgesetzte Unterseite weißlich grau gefärbt. Gute Bestimmungsmerkmale sind die kleinen dreieckigen Ohren mit einem kurzen, abgerundeten und leicht nach vorne gebogenen Tragus, die relativ helle Schnauze und die großen Füße. Die Teichfledermaus überwintert regelmäßig in Höhlen und Stollen. Im Sommer finden sich die Wochenstuben vor allem in Dachräumen von Kirchen, aber auch hinter Dachverblendungen. Teichfledermäuse können im Sommer hervorragend an größeren, ruhigen Gewässern beobachtet werden, wo sie nach Einbruch der Dämmerung dicht über der Wasseroberfläche nach Insekten jagen. Die Teichfledermaus ist ein Mittelstreckenwanderer. Die Populationen der Tiefebenen (Norddeutsches Tiefland, Niederlande) überwintern in den angrenzenden Mittelgebirgen in Entfernungen bis zu 300 Kilometern. Sind in Umgebung der Sommerlebensräume geeignete Winterquartiere vorhanden, bleiben die Populationen meist ortstreu.

Verbreitung: Die Teichfledermaus ist in Nordeuropa inselartig vom nördlichen Frankreich durch Belgien und die Niederlande, Dänemark, das südliche Schweden und die baltischen Staaten bis nach Russland verbreitet. In Deutschland läuft die südliche Verbreitungsgrenze durch Rheinland-Pfalz, Hessen, Thüringen und Sachsen. Aus dem südlichen Deutschland sind keine Vorkommen bekannt.

Ähnliche Arten: Die ebenfalls großfüßige Wasserfledermaus ist wesentlich kleiner.

Teichfledermaus im Winterquartier

Teichfledermaus im Jagdflug

Wasserfledermaus

Myotis daubentonii

Körpergröße: 4,3 bis 5,5 cm; Flügelspannweite 24 bis 27,5 cm

Fundregion: In allen Höhlenregionen, freihängend an der Höhlenwand oder an der Decke, oft auch in Felsspalten oder im Bodengeröll

Beschreibung: Das Rückenfell der Wasserfledermaus ist braun bis braungrau, die Unterseite hellgrau bis weißlich grau gefärbt. Gute Bestimmungsmerkmale sind die kleinen dreieckigen Ohren mit einem kurzen, abgerundeten und leicht nach vorne gebogenen Tragus, die relativ helle Schnauze und die großen Füße. Die Wasserfledermaus überwintert regelmäßig in Höhlen und Stollen. Im Sommer finden sich die Wochenstuben vor allem in Baumhöhlen und Fledermauskästen, aber auch in Gewölbespalten und Dehnungsfugen von Brücken. Es gibt nur vereinzelt Nachweise von Wochenstuben in Höhlen (z. B. in Bayern). Wasserfledermäuse können im Sommer hervorragend an Gewässern beobachtet werden, wo sie nach Einbruch der Dämmerung dicht über der Wasseroberfläche nach Insekten jagen.

Verbreitung: Die Wasserfledermaus ist fast über ganz Europa, im Norden bis zum 63. Breitengrad verbreitet. Nach Osten hin erstreckt sich das Verbreitungsgebiet bis nach Asien. In Deutschland kommt die Wasserfledermaus flächendeckend vor.

Ähnliche Arten: Die ebenfalls großfüßige Teichfledermaus ist wesentlich größer. Die Fransenfledermaus hat viel längere Ohren und einen spitzen langen Tragus. Bartfledermäuse haben eine dunkle Schnauze und kleine Füße. Der Tragus reicht bei den Bartfledermäusen bis zur Ohrmitte, bei der Wasserfledermaus nicht. Die Wimperfledermaus hat eine deutlich rechtwinklige Stufe am Außenrand des Ohres.

Wasserfledermäuse im Winterquartier

Helle Schnauze und Ohren sowie ein kurzer spitzer Tragus sind gute Bestimmungsmerkmale der Wasserfledermaus.

Wimperfledermaus

Myotis emarginatus

Körpergröße: 4,1 bis 5,3 cm; Flügelspannweite 22 bis 24,5 cm

Fundregion: In allen Höhlenregionen, freihängend an der Höhlenwand oder an der Decke, oft auch in Felsspalten

Beschreibung: Das Rückenfell der Wimperfledermaus ist rostbraun bis auffallend fuchsrot gefärbt, die Unterseite ist wenig deutlich abgesetzt hell-gelblichbraun. Ein gutes Bestimmungsmerkmal ist eine rechtwinklige Stufe am Außenrand des Ohres. Die Tragusspitze erreicht die Stufe im Ohrrand nicht. Auf der Ohrmuschel befinden sich viele verstreute warzenartige Erhebungen. Die Wimperfledermaus überwintert regelmäßig in Höhlen und Stollen. Die Sommerquartiere finden sich häufig in Dachstühlen von Kirchen, Privathäusern und Viehställen. Die Jagdgebiete der Wimperfledermaus liegen oft in strukturreichen Wäldern, an Waldrändern und auf Obstwiesen. In Viehställen werden Fliegen von der Decke abgelesen. Die Wimperfledermaus ist eine ortstreue Art. Sommer- und Winterquartiere liegen meist unter 40 Kilometer auseinander.

Verbreitung: Die Wimperfledermaus kommt von Nordwest-Afrika über den gesamten Mittelmeerraum bis Belgien, die südlichen Niederlande und das südliche Polen vor. Auf der Balkanhalbinsel findet man die Art flächendeckend bis Rumänien, daneben in Kleinasien, dem Kaukasus, dem Nahen Osten, der Arabischen Halbinsel und in Zentralasien bis Afghanistan. In Deutschland kommt die Wimperfledermaus nur in wärmebegünstigten Bereichen (z. B. Rheintal, Rosenheimer Becken) vor.

Ähnliche Arten: Die Wimperfledermaus ist der Fransenfledermaus auf den ersten Blick relativ ähnlich. Die Fransenfledermaus hat jedoch ein braungraues Rückenfell, eine wesentlich hellere (oft schneeweiße) Bauchfärbung, einen längeren Tragus und keine rechtwinklige Stufe am Außenrand des Ohres. Auch fehlen die warzenartigen Erhebungen auf der Ohrmuschel. Von Wasser- und Bartfledermäusen unterscheidet sich die Art durch die viel längeren Ohren und einen spitzen langen Tragus.

Wimperfledermaus im Winterquartier

Wimperfledermaus im Jagdflug

Fransenfledermaus

Myotis nattereri

Körpergröße: 4,1 bis 5,3 cm; Flügelspannweite 24,5 bis 28 cm

Fundregion: In allen Höhlenregionen, zumeist in engen Felsspalten, aber auch freihängend an der Höhlenwand oder an der Decke

Beschreibung: Die oft fast schneeweiße Unterseite der Fransenfledermaus ist scharf von der braungrauen Rückenfärbung des Fells abgesetzt. Gute Bestimmungsmerkmale sind die längeren, leicht geschwungenen hellen Ohren mit einem spitzen Tragus, der über die Ohrmitte reicht. Die Fransenfledermaus überwintert regelmäßig in Höhlen und Stollen. Die Sommerquartiere finden sich vor allem in Baumhöhlen und Fledermauskästen. Die Art ist in den Winterquartieren oft in sehr engen Spalten zu finden und dort gut an der schneeweißen Unterseite zu erkennen. Die Jagdgebiete der Fransenfledermaus liegen vorwiegend in Wäldern und locker mit Bäumen bestandenen Flächen wie Parks und Obstwiesen entlang von Gewässern. Die Fransenfledermaus ist eine ortstreue Art. Sommer- und Winterquartiere liegen meist unter 40 Kilometer auseinander.

Verbreitung: Fransenfledermäuse sind von Nordwest-Afrika über ganz Europa bis Großbritannien und das südliche Skandinavien verbreitet. Im Nahen Osten kommen sie in Israel, Libanon, Jordanien bis in den Irak, Iran und nach Turkmenistan vor. In Deutschland ist die Fransenfledermaus flächendeckend verbreitet.

Ähnliche Arten: Die Fransenfledermaus ist der Wimperfledermaus auf den ersten Blick relativ ähnlich. Diese hat jedoch ein rostbraunes bis fuchsrotes Rückenfell, eine wesentlich dunklere Bauchfärbung, einen kürzeren Tragus und eine rechtwinklige Stufe am Außenrand des Ohres. Auf der Ohrmuschel befinden sich bei der Wimperfledermaus viele verstreute warzenartige Erhebungen. Von Wasser- und Bartfledermäusen unterscheidet sich die Art durch die viel längeren Ohren und einen spitzen langen Tragus.

Fransenfledermäuse in Spaltenquartieren im Winterschlaf

Fransenfledermaus im Höhlenquartier

Großes Mausohr

Myotis myotis

Körpergröße: 6,7 bis 8,4 cm; Flügelspannweite 35 bis 43 cm

Fundregion: In allen Höhlenregionen, freihängend an der Höhlenwand oder an der Decke, in kalten Quartieren oft auch in Felsspalten

Beschreibung: Das Große Mausohr ist unsere größte heimische Fledermausart. Das Rückenfell ist graubraun, die Unterseite weißgrau gefärbt. Die Art kommt typischerweise in Höhenlagen unter 800 m vor, in wärmeren Gebieten auch höher. Das Große Mausohr ist auf Gebiete mit hohem Waldanteil angewiesen, wobei Laub- oder Laubmischwälder mit wenig Bodenvegetation bevorzugt werden. Die Wochenstuben liegen in Mitteleuropa zumeist in großen Dachräumen. Ab Mitte August schwärmen Mausohren an Höhlen. Das Mausohr ist eine regional zwischen Sommer-, Schwärm- und Winterquartieren wandernde Art, meist in Distanzen zwischen 50 und 100 Kilometern. Im gesamten Verbreitungsgebiet ist die Art auf Naturhöhlen und unterirdische Hohlräume angewiesen, wo sie in den kälteren Klimazonen überwintert. Im Mittelmeerraum werden Höhlen zumeist zur Reproduktion aufgesucht.

Verbreitung: Das Große Mausohr kommt von der europäischen Mittelmeerküste durch ganz Europa bis in die südlichen Niederlande, Schleswig-Holstein und das nördliche Polen vor. Nördlich dieser Grenze gibt es nur Einzelfunde. Die östliche Verbreitungsgrenze in Europa verläuft durch die westliche Ukraine zum Schwarzen Meer, in Kleinasien bis zum Kaukasus und dem Nahen Osten. In Deutschland kommt das Große Mausohr bis auf den nördlichsten Teil flächendeckend vor.

Ähnliche Arten: Aufgrund der Größe, des hellen Gesichts und der hellen langen Ohren ist das Große Mausohr eindeutig von den anderen Fledermausarten zu unterscheiden.

Große Mausohren im Winterschlaf

Großes Mausohr im Höhlenquartier

Zwergfledermaus

Pipistrellus pipistrellus

Körpergröße: 3,5 bis 4,1 cm; Flügelspannweite 18 bis 24 cm

Fundregion: In trockenen Höhlen, zumeist in der Eingangsregion in Felsspalten, häufig in alten Eisenbahntunneln

Beschreibung: Die Zwergfledermaus ist die häufigste einheimische Fledermausart. Das Rückenfell ist dunkelbraun bis rotbraun, die Unterseite wenig heller gelbbraun gefärbt. Die Zwergfledermaus überwintert meist in großen Gruppen in Gebäudespalten, aber regelmäßig auch in trockenen kalten Höhlen und anderen unterirdischen Quartieren (z. B. stillgelegte Eisenbahntunnel). Die Sommerquartiere finden sich vor allem in Wäldern und Siedlungen, wo die Tiere Spaltenquartiere besiedeln. Die Jagdgebiete der Art liegen bevorzugt in Wäldern oder an Gewässern. Die Zwergfledermaus ist sehr ortstreu. Sommer- und Winterquartiere liegen nur wenige Kilometer auseinander.

Verbreitung: Die Art ist in großen Teilen Europas bis Südfinnland verbreitet. Außerhalb Europas gibt es Vorkommen in Nordwest-Afrika, Kleinasien, dem Mittleren Osten ostwärts bis zum Iran und nach Afghanistan. In Deutschland kommt die Zwergfledermaus flächendeckend vor.

Ähnliche Arten: Die Zwergfledermaus ist der Mückenfledermaus und der Rauhautfledermaus sehr ähnlich. Diese beiden Arten kommen nach derzeitigem Forschungsstand allerdings nicht in Höhlen vor.

Zwergfledermäuse im Winterquartier

Zwergfledermaus im Jagdflug

Braunes Langohr

Plecotus auritus

Körpergröße: 4,0 bis 5,1 cm; Flügelspannweite 24 bis 28,5 cm

Fundregion: In allen Höhlenregionen, freihängend an der Höhlenwand oder an der Decke, oft auch in Felsspalten

Beschreibung: Das Rückenfell des Braunen Langohrs ist braun und geht allmählich in die cremefarbene bis gelblichgraue Unterseitenfärbung über. Die Ohren der Langohrfledermäuse sind sehr lang und an der Basis zusammengewachsen. Im Winterschlaf werden diese allerdings unter die Flughäute geklappt, so dass in der Regel nur noch der Tragus sichtbar ist. Das Braune Langohr überwintert regelmäßig in Höhlen und anderen unterirdischen Quartieren. In warmen Quartieren hängen die Tiere meist frei an der Wand oder der Decke, in kalten Quartieren meist in Felsspalten. Die Sommerquartiere finden sich vor allem in Baumhöhlen oder Gebäuden. Die Jagdgebiete der Art liegen bevorzugt im Wald, aber auch in Parks und Gärten. Das Braune Langohr ist sehr ortstreu. Sommer- und Winterquartiere liegen nur wenige Kilometer auseinander.

Verbreitung: Die Art ist vom nördlichen europäischen Mittelmeerraum über ganz Europa nach Norden bis zum 64. Breitengrad verbreitet. Die östliche Verbreitungsgrenze liegt im Ural und im Kaukasus. In Deutschland kommt das Braune Langohr flächendeckend vor.

Ähnliche Arten: Das Braune Langohr ist dem Grauen Langohr sehr ähnlich, aber schlanker und meist kleiner. Braune Langohren besitzen einen langen Daumen (> 6,5 mm), eine lange Daumenkralle (> 2 mm) und große Füße (> 8 mm) mit langen abstehenden Haaren. Das Graue Langohr hat oft eine schwarze Gesichtsmaske.

Braune Langohren im Winterquartier. Die langen Ohren sind unter die Flughäute geklappt.

Braunes Langohr im Höhlenquartier

Graues Langohr

Plecotus austriacus

Körpergröße: 3,9 bis 5,8 cm; Flügelspannweite 25,5 bis 29,2 cm

Fundregion: In allen Höhlenregionen, freihängend an der Höhlenwand oder an der Decke, oft auch in Felsspalten, bevorzugt in trockenen und kalten Quartieren

Beschreibung: Das Rückenfell des Grauen Langohrs ist grau gefärbt, die Unterseite ist dazu scharf abgesetzt hellgrau bis weißlich. Die Ohren der Langohrfledermäuse sind sehr lang und an der Basis zusammengewachsen. Im Winterschlaf werden diese allerdings unter die Flughäute geklappt, so dass in der Regel nur noch der Tragus sichtbar ist. Das Graue Langohr überwintert regelmäßig in kalten Höhlen und anderen unterirdischen Quartieren. Überwinterungsquartiere in Höhlen liegen zumeist in eingangsnahen Felsspalten. Die Art bevorzugt kalte Höhlen und toleriert Temperaturen knapp über dem Gefrierpunkt. Die Sommerquartiere finden sich vor allem in Gebäuden, oft in Dachstühlen. Die Jagdgebiete der Art liegen in warmen Tallagen und in menschlichen Siedlungen, Gärten und extensiv bewirtschaftetem Agrarland. Das Graue Langohr ist eine ortstreue Art. Sommer- und Winterquartiere liegen nur wenige Kilometer auseinander.

Verbreitung: Die Art ist im ganzen europäischen Mittelmeerraum und nach Norden bis zum 53. Breitengrad verbreitet. Sie erreicht damit Südengland, aber nicht die Ostseeküste. In Deutschland kommt das Graue Langohr bis auf den nördlichsten Teil flächendeckend vor.

Ähnliche Arten: Das Graue Langohr ist dem Braunen Langohr sehr ähnlich, aber nicht so schlank und meist größer. Graue Langohren besitzen einen kurzen Daumen (< 6,5 mm), eine kurze Daumenkralle (< 2 mm) und kleine Füße (< 8 mm), die nur schwach behaart sind. Das Graue Langohr hat oft eine schwarze Gesichtsmaske.

Graue Langohren im Winterschlaf

Graues Langohr mit einem Tagpfauenauge als Jagdbeute

Zweifarbfledermaus

Vespertilio murinus

Körpergröße: 5,4 bis 6,4 cm; Flügelspannweite 27 bis 31 cm

Fundregion: In trockenen Höhlen, zumeist in der Eingangsregion in Felsspalten

Beschreibung: Das lange dichte Rückenfell der Zweifarbfledermaus ist an den Haarwurzeln schwarzbraun, oberseits mit silbrigweißen Spitzen gefärbt. Die Art überwintert regelmäßig in hohen Gebäuden, Kirchtürmen und Felsspalten. Überwinterungsquartiere in Höhlen liegen zumeist in eingangsnahen Felsspalten. Die Sommerquartiere finden sich vor allem in Fels- und Gebäudespalten. Die Jagdgebiete der Art liegen in der Regel über Gewässern, Uferzonen, offenen Agrarflächen, Wiesen und in Siedlungen. Die Zweifarbfledermaus kann lange Strecken von über 1.500 Kilometern auf ihren Wanderungen zwischen Sommer- und Winterquartier zurücklegen.

Verbreitung: Die Zweifarbfledermaus ist in Mittel- und Osteuropa weit verbreitet. Im Norden läuft die Verbreitungsgrenze durch die Niederlande und Dänemark, entlang des 60. Breitengrades durch das südliche Skandinavien über Russland nach Sibirien. Ostwärts kommt die Art über den Kaukasus und den Iran bis in die Mongolei, Nordost-China, die Koreanische Halbinsel, Afghanistan bis in das nördliche Pakistan vor. In Deutschland ist die Zweifarbfledermaus flächendeckend verbreitet.

Ähnliche Arten: Aufgrund der charakteristischen Färbung ist die Zweifarbfledermaus nicht mit anderen Arten zu verwechseln. Breitflügelfledermäuse sind größer, Nordfledermäuse haben goldene Haarspitzen, die nicht bis auf die Stirn reichen.

Zweifarbfledermäuse, freihängend und im Spaltenquartier

Zweifarbfledermaus

Große Hufeisennase

Rhinolophus ferrumequinum

Körpergröße: 5,4 bis 7,1 cm; Flügelspannweite 33 bis 44 cm

Fundregion: In der Tiefenregion, freihängend an der Höhlenwand oder an der Decke

Beschreibung: Die Große Hufeisennase ist die größte europäische Hufeisennasenart. Sie ist gut an dem hufeisenförmig geformten Nasenaufsatz zu erkennen. Das Rückenfell ist braun bis graubraun, die Unterseite heller grauweiß bis gelblichweiß gefärbt. Im Winterschlaf hüllt sich die Art komplett in die Flughäute ein. Hier hängen die Tiere in Höhlen, Stollen und Kellern mit Temperaturen von meist über 7 °C; immer auf Distanz zu den Artgenossen. Hufeisennasen hängen immer frei und werden nie in Spalten angetroffen. In Deutschland befinden sich die Wochenstuben zumeist in warmen Dachböden und Gebäuden. Männchen nutzen auch im Sommerhalbjahr Höhlen als Tagesquartier. Große Hufeisennasen sind ausgesprochen ortstreu. Der Aktionsradius beträgt gewöhnlich weniger als 10 Kilometer, vereinzelt kommen aber Wanderungen von über 100 Kilometern vor. Im Mittelmeerraum ist die Große Hufeisennase eine typische Höhlenfledermaus, die sowohl Sommer- als auch Winterquartiere in den großen Karstgebieten bevorzugt.

Verbreitung: Die Verbreitung der Großen Hufeisennase erstreckt sich von Nordwest-Afrika über den gesamten europäischen Mittelmeerraum mit allen größeren Inseln bis nach Mitteleuropa. In Großbritannien erreicht die Art in Wales ihr nördlichstes Vorkommen. Nach Osten reicht die Verbreitung in den Nahen Osten und über den südlichen Kaukasus bis nach China, die Koreanische Halbinsel und Japan. In Deutschland gibt es von der Art bis auf eine kleine isolierte Wochenstube in der Oberpfalz (Bayern) und einzelnen winterschlafenden Tieren in Westdeutschland keine aktuellen Nachweise.

Ähnliche Arten: Im Höhlenquartier ist die Große Hufeisennase nur mit der Kleinen Hufeisennase zu verwechseln. Die Arten können aber gut durch die Körpergröße unterschieden werden.

Große Hufeisennasen im Winterschlaf, im Höhlenquartier und im Jagdflug

Kleine Hufeisennase

Rhinolophus hipposideros

Körpergröße: 3,7 bis 4,5 cm; Flügelspannweite 19 bis 25,4 cm

Fundregion: In der Tiefenregion, freihängend an der Höhlenwand oder an der Decke

Beschreibung: Die Kleine Hufeisennase ist eine der kleinsten einheimischen Fledermausarten. Sie ist gut an dem hufeisenförmig geformten Nasenaufsatz zu erkennen. Das Rückenfell ist bräunlich bis gelblichbraun, die Unterseite hell grauweiß gefärbt. Im Winterschlaf hüllt sich die Art komplett in die Flughäute ein. Hier hängen die Tiere in Höhlen, Stollen und Kellern mit Temperaturen von 6 bis 9 °C; immer auf Distanz zu den Artgenossen. Hufeisennasen hängen immer frei und werden nie in Spalten angetroffen. In Deutschland befinden sich die Wochenstuben zumeist in warmen Dachböden und Gebäuden. Es gibt aber auch Ausnahmen, wie z. B. in einer südexponierten Karsthöhle im Kyffhäuser (Thüringen). Männchen nutzen auch im Sommerhalbjahr Höhlen als Tagesquartier. Kleine Hufeisennasen sind ausgesprochen ortstreu. Der Aktionsradius beträgt gewöhnlich weniger als 20 Kilometer. Im Mittelmeerraum ist die Kleine Hufeisennase eine typische Höhlenfledermaus, die sowohl Sommer- als auch Winterquartiere in den großen Karstgebieten bevorzugt.

Verbreitung: Die Kleine Hufeisennase ist von allen Hufeisennasen am weitesten nach Norden verbreitet. Sie kommt im Mittelmeerraum und nach Norden bis West-Irland und im westlichen Großbritannien vor. Nach großen Bestandseinbrüchen in den 1960er-Jahren findet man die Art in Deutschland heute nur noch im östlichen Nordhessen, in Thüringen, Sachsen-Anhalt, Sachsen und Bayern.

Ähnliche Arten: Im Höhlenquartier ist die Kleine Hufeisennase nur mit der Großen Hufeisennase zu verwechseln. Die Arten können aber gut durch die Körpergröße unterschieden werden.

Kleine Hufeisennase im Winterschlaf

Kleine Hufeisennase im Höhlenquartier

Siebenschläfer

Glis glis

Körpergröße: Kopf-Rumpf 12 bis 19 cm, Schwanz 10 bis 15 cm

Fundregion: In spaltenreichen Klufthöhlen und Bergwerksstollen, in allen Lichtregionen

Beschreibung: Der Siebenschläfer ist der größte mitteleuropäische Bilch (Schlafmaus). Charakteristisch ist der lange buschige Schwanz. Die Art ist in der Regel graubraun gefärbt und besitzt einen weißen Bauch. Im Gegensatz zu den Eichhörnchen sind die Ohrmuscheln relativ klein und nicht mit langen Haaren versehen. Siebenschläfer sind nachtaktiv und leben bevorzugt im Astwerk der Bäume. Als Versteck und Ruheplatz werden Baumhöhlen, Nistkästen, Felslöcher, dunkle Hohlräume und Rohre genutzt. Die Art dringt immer wieder weit in Höhlen- und Stollensysteme ein. Von Ende September/Anfang Oktober bis Mai halten Siebenschläfer Winterschlaf. Sie graben sich dabei unter Baumstümpfen oder im Wurzelwerk von Bäumen tief in den Boden ein oder ziehen sich in Felsspalten zurück. Der Stoffwechsel wird im Winterschlaf stark reduziert und die Körpertemperatur bis knapp über die Umgebungstemperatur herabgesetzt. Siebenschläfer besiedeln Laub- und Mischwälder, Obst- und Weingärten sowie felsiges Gelände. Wichtig ist das Vorhandensein von Alt- und Totholz mit geeigneten Verstecken und dichten Baumkronen. Die Fortpflanzungszeit ist von Juni bis Ende August. Im August bis September werden dann in der Regel 4 bis 6 Junge geboren. Siebenschläfer können bis zu 11 Jahre alt werden.

Verbreitung: Der Siebenschläfer ist in Europa von Westfrankreich und Nordspanien bis zum Mittellauf der Wolga und von den Baltischen Republiken bis nach Sizilien und Kreta, sowie in Kleinasien und im Kaukasus verbreitet. In Südengland wurde er ausgesetzt. In Deutschland liegt der Verbreitungsschwerpunkt in den Hügel- und Berglandbereichen.

Ähnliche Arten: Von der Größe her ist der Siebenschläfer am ehesten mit der grauen Farbvariante des Eichhörnchens zu verwechseln, das aber nicht in Höhlen vordringt. Garten- und Baumschläfer sind deutlich kleiner und besonders im Gesicht anders gefärbt.

Siebenschläfer in einer Höhle

Felsspalte mit Siebenschläfer nach einer Beerenmahlzeit

Rotfuchs

Vulpes vulpes

Körpergröße: Kopf-Rumpf 50 bis 82 cm, Schwanz 30 bis 49 cm

Fundregion: In horizontalen Höhlenteilen und Stollengängen; in allen Lichtregionen

Beschreibung: Der Rotfuchs ist neben dem Wolf der einzige in Mitteleuropa natürlich vorkommende Vertreter der Hundeartigen. Charakteristisch sind die rotbraune Färbung, der buschige, im Winter besonders dicht behaarte Schwanz und die spitzen Ohren. Während das Winterfell dick und glänzend ist, ist die Sommerbehaarung kurz und stumpf. Die Tiere sind nacht- und dämmerungsaktiv, während der Paarungszeit und Jungenaufzucht aber auch tagaktiv. Mehrere Haupt- und Nebenbaue dienen den Tieren als Ruheplätze, zur Aufzucht der Welpen sowie als Versteck bei langanhaltender nasser Witterung. Dabei werden auch immer wieder schon vorhandene natürlich und künstlich entstandene Hohlräume mitgenutzt. Höhlen und Bergwerksstollen werden das ganze Jahr über als Rückzugsort und zur Nahrungssuche aufgesucht. Im Gegensatz zum Dachs setzt der Rotfuchs seinen Kot nicht in Kotgruben ab, sondern wahllos im gesamten Höhlen- oder Stollenbereich. Die Art stellt als Kulturfolger keine besonderen Anforderungen an den Lebensraum. Der Rotfuchs besiedelt Wälder, Wiesen, Felder und sogar Städte. Die Nahrung besteht vorwiegend aus Kleinsäugern und Vögeln, aber auch Aas, Eier, Insekten, Obst und Beeren werden gefressen. Die Paarungszeit dauert von Januar bis Mitte Februar. Nach einer Tragzeit von etwa 50 Tagen werden im März bis April zumeist drei bis fünf Junge geboren. Mit etwa 9 Monaten sind diese geschlechtsreif. Rotfüchse können unter günstigen Bedingungen bis 12 Jahre alt werden.

Verbreitung: Der Rotfuchs lebt im gesamten europäischen Raum sowie in Nordafrika und Nordamerika, wurde zwischenzeitlich aber in viele andere Gebiete eingeführt. Er ist in allen Lebensräumen von der Meeresküste bis in die Wüstengebiete zu Hause.

Ähnliche Arten: Es gibt in Mitteleuropa keine andere Säugetierart, die dem Rotfuchs in Körperbau und Färbung ähnelt.

Junger Rotfuchs auf Beutejagd

Kopfpartie des Rotfuchses

Dachs

Meles meles

Körpergröße: Kopf-Rumpf 70 bis 90 cm, Schwanz 11 bis 17 cm; Männchen etwas größer als Weibchen

Fundregion: In horizontalen Höhlenteilen und Stollengängen; in allen Lichtregionen

Beschreibung: Als größte einheimische Marderart ist der Dachs durch seine schwarz-weiß gestreifte Gesichtsmaske charakterisiert. Das Fell ist am Rücken schmutzbraun bis silbergrau und am Bauch hell. Die Tiere sind nacht- und dämmerungsaktiv. Sie legen unterirdische Baue an, die teilweise über viele Generationen bewohnt und erweitert werden. Dabei werden auch immer wieder schon vorhandene natürlich und künstlich entstandene Hohlräume mitgenutzt. Höhlen und Bergwerksstollen werden das ganze Jahr über als Rückzugsort und zur Nahrungssuche aufgesucht. Oft erkennt man die Nutzung am Kot der Tiere. Dachse setzen diesen in kleine offene Gruben ab, die sie anschließend aber nicht zuscharren. Anhäufungen von zehn oder mehr solcher dicht beieinander liegender Kotgruben werden als Latrinen bezeichnet. Der Dachs bevorzugt Laubmischwälder des Flach- und Hügellandes sowie der Mittelgebirge mit angrenzenden Feldern und Wiesen. Die Art meidet stark durch Grundwasser beeinflusste Lebensräume, wie Moore, Sümpfe oder Bruchwälder. Dachse sind Allesfresser und verzehren Würmer, Schnecken, Insekten, Kleinsäuger, Eidechsen, Vögel, Eier, Aas, Obst, Beeren, Getreide, Mais, Eicheln, Pilze, Wurzeln und Knollen. Sie bekommen zwei bis drei Junge, die zumeist im Februar geboren werden. Diese werden mit 18 Monaten geschlechtsreif. Die Lebensdauer liegt bei etwa 4 Jahren, aber auch 10 Jahre oder mehr sind möglich.

Verbreitung: Der Dachs kommt in weiten Teilen Eurasiens vor, dabei erstreckt sich sein Verbreitungsgebiet von den Britischen Inseln, Südwesteuropa bis hin zum Kaukasusvorland in Westasien. In Nordskandinavien fehlt er.

Ähnliche Arten: Es gibt in Deutschland keine andere Säugetierart, die dem Dachs in Körperbau und Gesichtsfärbung ähnelt. Bei einer flüchtigen Beobachtung ist allenfalls eine Verwechslung mit dem Marderhund oder dem Waschbär möglich.

Dachse am Bau

Zwei junge Dachse in einem Bergwerksstollen

Gemeiner Höhlenforscher

Homo sapiens speleoensis

Körpergröße: Männchen etwa 178 cm; Weibchen etwa 165 cm (auch wesentlich größere oder kleinere Exemplare sind möglich)

Fundregion: Am Boden, an der Wand, in Felsspalten sowie unter und auf dem Wasser, in allen Lichtregionen

Beschreibung: Der Gemeine Höhlenforscher ist gut an seinem Helm, der Stirnlampe und einem gewöhnlich wasserdichten Overall (dem Schlaz) zu erkennen. Darunter kann bei einigen Exemplaren eine weitere künstliche Hautschicht beobachtet werden, der Unterschlaz. Er besiedelt alle möglichen Lebensräume, weist die eben erwähnten Merkmale aber nur Untertage auf. Teilweise schafft die Art sich ihre unterirdischen Lebensräume selbst (Felsenkeller, Bergwerksstollen). Die amphibische Lebensweise wird nur von einer kleinen Anzahl von Individuen ausgelebt, sodass der Gemeine Höhlenforscher insgesamt eher als terrestrisch angesehen wird. In der Regel findet man ihn in Kleingruppen ab drei Personen. Regional und zu bestimmten Jahreszeiten kann es aber zu punktuellen Massenansammlungen kommen. Den Gemeinen Höhlenforscher trifft man vor allem im Sommerhalbjahr an, während im Winterhalbjahr von einzelnen Exemplaren die Nähe zu Fledermäusen gesucht wird. Bei der Paarung trennt sich der Gemeine Höhlenforscher von den äußeren künstlichen Hautschichten. Was dann geschieht, ist von Paar zu Paar verschieden. Vor allem bei männlichen Exemplaren tritt oftmals eine schwache bis starke Behaarung zum Vorschein. Die allgemeine Lebenserwartung liegt bei etwa 80 Jahren. Als Besonderheit existieren drei Geschlechter (Mann, Frau, divers).

Verbreitung: Die Art hat sich durch Selbstverschleppung weltweit verbreitet. Sie ist in allen deutschen Höhlengebieten häufig.

Ähnliche Arten: Der Gemeine Höhlenforscher kann nicht mit anderen Arten verwechselt werden.

Der Gemeine Höhlenforscher beim Aufstellen einer Bodenfalle

Verzeichnis der Tiernamen

D

Q

R

Literaturverzeichnis

Allspach, A. (1992): Die Landasseln (Crustacea: Isopoda: Oniscidea) Hessens. In: Naturschutz-Zentrum Hessen e. V. (Hrsg.): Die Landasseln Hessens 12, Wetzlar: 1–146.

Ancillotto, L.; Mazza, G.; Menchetti, M. & Mori, E. (2014): Host specificity of the badger's flea (*Paraceras melis*) and first detection on a bat host. Parasitology research 113 (10): 3909–3912.

Ansorge, H. (2009): Fuchs. *Vulpes vulpes* (Linnaeus, 1758). In: Hauer, S.; Ansorge, H.; Zöphel, U. & Hertweck, K. (Hrsg.): Atlas der Säugetiere Sachsens, Dresden: 275–277.

Baagoe, H. J. (2011): *Eptesicus serotinus* (Schreber, 1774) – Breitflügelfledermaus. In: Niethammer, J. & Krapp, F. (Hrsg.): Die Fledermäuse Europas. Ein umfassendes Handbuch zur Biologie Verbreitung und Bestimmung, Wiebelsheim/Hunsrück: 519–559.

Baagoe, H. J. (2011): *Myotis bechsteinii* (Kuhl, 1818) – Bechsteinfledermaus. In: Niethammer, J. & Krapp, F. (Hrsg.): Die Fledermäuse Europas. Ein umfassendes Handbuch zur Biologie Verbreitung und Bestimmung, Wiebelsheim/Hunsrück: 443–471.

Baagoe, H. J. (2011): *Vespertilio murinus* Linnaenus 1758 – Zweifarbfledermaus. In: Niethammer, J. & Krapp, F. (Hrsg.): Die Fledermäuse Europas. Ein umfassendes Handbuch zur Biologie Verbreitung und Bestimmung, Wiebelsheim/Hunsrück: 473–514.

Bach, A.; Krämer-Klement, K. & Roß-Nickoll, M. (2018): Nachweise seltener Spinnentiere in Wäldern der Osteifel (Rheinland-Pfalz) (Araneae: Agelenidae, Araneidae, Linyphiidae, Theridiidae; Opiliones: Ischyropsalididae). In: Arachnologische Gesellschaft e. V. (Hrsg.): Arachnologische Mitteilungen 55, Karlsruhe: 79–83.

Bährmann, R. & Bellstedt, R. (1988): Beobachtungen und Untersuchungen zum Vorkommen der Lonchopteriden auf dem Gebiet der DDR, mit einer Bestimungstabelle der Arten. (Dipt., Lonchopteridae). Deutsche Entomologische Zeitschrift, N. F. 35 (4–5): 265–279.

Bährmann, R. & Weber, D. (2008): Zum Vorkommen und zur Ökologie von Sphaeroceriden (Diptera: Sphaeroceridae: Acalyptratae) in Höhlen. Faunistische Abhandlungen – Staatliches Museum für Tierkunde Dresden 26: 3–20.

Barker, G. & Efford, M. (2004): Predatory gastropods as natural enemies of terrestrial gastropods and other invertebrates. Natural Enemies of Terrestrial Molluscs: 279–403.

Bartsch, I. (2006): Acari: Halacaridae. In: Gerecke, R.; Bartsch, I.; Davids, K.; Deichsel, R.; Di Sabatino, A.; Gabrys, G.; Gledhill, T.; Jäger, P.; Makol, J.; Smit, H.; van der Hammen, H.; Weigmann, G.; Wohltmann, A. & Wurst, E. (Hrsg.): Süßwasserfauna von Mitteleuropa 7/2–1, Berlin: 113–157.

Baur, B. (2006): Dispersal of the land snail *Helicigona lapicida* in an abandoned limestone quarry. Malakologische Abhandlungen 24: 135–139.

Behrmann-Godel, J. & Nolte, A. W. (2018): Evolutiv junge europäische Höhlenfische. BIOspektrum 24 (2): 130–133.

Bellmann, H. (2001): Kosmos-Atlas Spinnentiere Europas, 2. Auflage, Stuttgart: 1–304.

Bellmann, H. (2005): Bienen, Wespen, Ameisen. Hautflügler Europas. Kosmos-Naturführer, 2. Aufl., Stuttgart: 1–336.

Bellmann, H. (2006): Der Kosmos-Heuschreckenführer. Die Arten Mitteleuropas sicher bestimmen. Kosmos-Naturführer, Stuttgart: 1–350.

Bellmann, H. (2009): Der neue Kosmos-Schmetterlingsführer. Schmetterlinge, Raupen und Futterpflanzen. Kosmos-Naturführer, 2. Aufl., Stuttgart: 1–445.

Bellmann, H. (2010): Der Kosmos-Spinnenführer. Über 400 Arten Europas, Stuttgart: 1–429.

Berg, M. P. (2008): Distribution and ecology of two enigmatic species, *Trichoniscoides sarsi* Patience, 1908 and *T. helveticus* (Carl, 1908) (Crustacea, Isopoda) in the Netherlands. Bulletin of the British Myriapod and Isopod Group 23: 2–8.

Berg, M. P.; Wijnhoven, H. & Tempelman, D. (1999): *Cylisticus convexus*, een in Nederland zeldzame synantrope landpissebed (Crustacea: Isopoda: Oniscoidea). Nederlandse Faunistische Mededelingen 8: 77–84.

Blaszak, C.; Ehrnsberger, R. & Skorupski, M. (2006): European mites of the genus *Veigaia* Oudemans, 1905 (Acari, Gamasida: Veigaiaidae). Abhandlungen und Berichte des Naturkundemuseums Görlitz 78 (1): 3–10.

Boettger, C. R. (1963): Über das Auffinden einer subterranen Schnecke aus der Familie Hydrobiidae im Grundwasser des Ruhrgebietes. Archiv für Molluskenkunde 92 (1/2): 45–48.

Bogon, K. (1990): Landschnecken. Biologie, Ökologie, Biotopschutz, Augsburg: 1–404.

Bournaud, M. (1971): Observations biologiques sur les Trichopteres cavernicoles. Publications de la Société Linnéenne de Lyon 40 (7): 196–211.

Brandstetter, C. M. (2010): Fortpflanzungsphysiologie bei heimischen Schnegeln. ÖKO L 32 (1): 9–12.

Brümmer, F.; Falkner, G.; Niederhöfer, H.-J.; Schopper, M. & Straub, R. (2005): Brunnenschnecken aus Karstwasserhöhlen. In: Verband Deutscher Vereine für Aquarien- und Terrarienkunde e. V. (Hrsg.): DATZ. Die Aquarien- und Terrarienzeitschrift 58. Jg., Heft 4, Stuttgart: 6–12.

Büchner, S. (2009): Siebenschläfer. *Glis glis* (Linnaeus, 1766). In: Hauer, S.; Ansorge, H.; Zöphel, U. & Hertweck, K. (Hrsg.): Atlas der Säugetiere Sachsens, Dresden: 275–277.

Carrel, J. & Eisner, T. (1984): Spider sedation induced by defensive chemicals of milliped prey. Proceedings of the National Academy of Sciences of the United States of America 81: 806–810.

Carver, L. M.; Perlaky, P.; Cressler, A. & Zigler, K. S. (2016): Reproductive Seasonality in *Nesticus* (Araneae: Nesticidae) Cave Spiders. PLoS ONE 11 (6): e0156751.

Chappuis, P. A. (1927): Die Tierwelt der unterirdischen Gewässer. Die Binnengewässer 3, Stuttgart: 1–175.

Christl, H. & Gad, G. (2007): Nematoda (Fadenwürmer). In: DWA Deutsche Vereinigung für Wasserwirtschaft, A. u. A. e. V. (Hrsg.): Grundwasserfauna Deutschlands. Ein Bestimmungswerk, Hennef: 481–610.

Cox, R.; Stewart, P. D. & Macdonald, D. W. (1999): The Ectoparasites of the European Badger, Meles meles, and the Behavior of the Host-Specific Flea, *Paraceras melis*. Journal of Insect Behavior 12 (2): 245–265.

Dahl, M. (1938): Zur Verbreitung der Gattung *Porrhomma* in deutschen Höhlen. Stollen. Bergwerken und Kellern und deren freilebenden Arten. In: Hauptverband Deutscher Höhlenforscher (Hrsg.): Mitteilungen über Höhlen- und Karstforschung. Zeitschrift des Hauptverbandes Deutscher Höhlenforscher Jg. 1938, Heft 3, Berlin: 122–132.

Danneel, I. & Hinz, W. (1974): Trockenresistenz dreier *Pisidium*-Populationen (Bivalvia) in Abhängigkeit von der relativen Luftfeuchtigkeit. Hydrobiologia 45 (1): 39–43.

Decker, P. (2007): Großer Westlicher Bandfüßer (*Polydesmus angustus*). https://www.natur-in-nrw.de/HTML/Tiere/Myriapoda/Diplopoda/TD-34.html (Aufgerufen am 7.10.2019).

Delachaux, T. (1921): Un Polychète d'eau douce cavernicole *Troglochaetus beranecki* nov. gen. nov. spec. Bulletin de la Société Neuchateloise des Sciences Naturelles 45: 3–11.

Deutscher Jagdverband (2019): Dachs (*Meles meles*). https://www.jagdverband.de/content/dachs-meles-meles (Aufgerufen am 26.8.2019).

Deutscher Jagdverband (2019): Fuchs (*Vulpes vulpes*). https://www.jagdverband.de/content/fuchs-vulpes-vulpes (Aufgerufen am 26.8.2019).

Dietz, C.; Helversen, O. von & Nill, D. (2007): Handbuch der Fledermäuse Europas und Nordwestafrikas. Biologie, Kennzeichen, Gefährdung. Kosmos-Naturführer, Stuttgart: 1–399.

Dobat, K. (1973): Beobachtungen an markierten und unmarkierten Köcherfliegen (Trichoptera) in der Bärenhöhle im Lonetal (Schwäbischer Jura). International Journal of Speleology 5: 63–85.

Dobat, K. (1975): Die Höhlenfauna der Schwäbischen Alb mit Einschluss des Dinkelberges, des Schwarzwaldes und des Wutachgebietes. Versuch einer Monographie. Abhandlungen zur Karst- und Höhlenkunde, Reihe D – Paläontologie, Zoologie 2, Blaubeuren: 261–381.

Dobat, K. (1978): Die Höhlenfauna der Fränkischen Alb. Abhandlungen zur Karst- und Höhlenkunde, Reihe D – Paläontologie, Zoologie 3, Blaubeuren: 11–240.

Doll, W. (1982): Beobachtungen über Lebensweise und Fortpflanzung von *Carychium tridentatum* Risso im Oberrheingebiet (Pulmonata: Ellobiidae). Archiv für Molluskenkunde 112 (1/6): 1–8.

Dörge, D. D.; Zaenker, S.; Klussmann-Kolb, A. & Weigand, A. M. (2014): Traversing worlds – Dispersal potential and ecological classification of *Speolepta leptogaster* (Winnertz, 1863) (Diptera, Mycetophilidae). Subterranean Biology (13): 1–16.

Dümpelmann, C.; Korte, E.; Bobbe, T.; Schneider, J.; Nagel, K.-O.; Gimpel, K.; Hugo, R.; Kalbhenn, U. & Geske, C. (2014): Atlas der Fische Hessens. Verbreitung der Rundmäuler, Fische, Krebse und Muscheln. FENA Wissen 2, Wiesbaden, Gießen: 1–496.

Dvořák, L. (2005): Gastropods in subterranean shelters of the Czech Republic. Malacologica Bohemoslovaca 4: 10–16.

Dvořák, L. (2014): Invertebrates found in underground shelters of western Bohemia. I. Mosquitoes (Diptera: Culicidae). Journal of the European Mosquito Control Association 32: 27–32.

Eckert, R. & Bährmann, R. (2002): Beitrag zur Dipterenfauna von Höhlen der deutschen Mittelgebirge (Harz, Kyffhäuser, Thüringer Wald, Zittauer Gebirge) Heleomyzidae (Scheufliegen) und Sphaeroceridae (Dungfliegen). In: Thüringer Höhlenverein e. V. (Hrsg.): Höhlenforschung in Thüringen. Mitteilungsblatt des Thüringer Höhlenverein e. V. Heft 13, Wutha-Farnroda: 6–11.

Eckert, R. & Becker, J. (1996): Myriapoden aus mitteldeutschen Höhlen (Arthropoda, Myriapoda). Mitt. Zool. Mus. Berl. 72 (2): 207–220.

Eckert, R. & Palissa, A. (1999): Beiträge zur Collembolenfauna von Höhlen der deutschen Mittelgebirge (Harz, Kyffhäuser, Thüringer Wald, Zittauer Gebirge). (Insecta: Collembola). Beiträge zur Entomologie 49 (1): 211–255.

Edwards, C. A. (1959): The ecology of symphyla. Part II. Seasonal soil migrations. Entomologia Experimentalis & Applicata 2: 257–267.

Edwards, C. A. (1961): The ecology of symphyla. Part III. Factors controlling soil distributions. Entomologia Experimentalis & Applicata 4: 239–256.

Eggers, T. O. & Martens, A. (2001): Bestimmungsschlüssel der Süßwasser-Amphipoda (Crustacea) Deutschlands. Lauterbornia (42): 1–68.

Estrada-Peña, A.; Mihalca, A. D. & Petney, T. N. (Hrsg.) (2017): Ticks of Europe and North Africa. A Guide to Species Identification, Cham: 1–404.

Fechter, R.; Falkner, G. & Wendler (1990): Weichtiere. Europäische Meeres- und Binnenmollusken. Steinbachs Naturführer 10, München: 1–287.

Fey, J. M. (1984): Downstream movement of Trichoptera larvae (Trichoptera: *Stenophylax permistus* McLachlan) in a temporary brook as a strategy of survival. Series Entomologica 30: 137–142.

Forcart, L. (1944): Monographie der schweizerischen Vitrinidae (Moll. Pulm.). Revue Suisse des Zoologie (51): 629–678.

Forcart, L. (1949): Die Erektion der Kopulationsorgane und der Kopulationsmodus von *Phenacolimax major* (Fer.). Archiv für Molluskenkunde 77: 115–119.

Forster, W. & Wohlfahrt, T. A. (1981): Spanner. (Geometridae). Die Schmetterlinge Mitteleuropas Bd. 5, Stuttgart: 1–312.

Friebe, G. (2012): Ein „neues Tier" im inatura-Garten. In: inatura Erlebnis Naturschau GmbH (Hrsg.): inatura aktuell 02/2012, Dornbirn, Österreich: 10.

Fries, S. (1879): Mittheilungen aus dem Gebiete der Dunkel-Fauna. In: Carus, J. V. (Hrsg.): Zoologischer Anzeiger 2, Leipzig: 150–155.

Frömming, E. (1947): Beobachtungen über die Lebensäußerungen von *Monacha incarnata*. Archiv für Molluskenkunde 76: 137–144.

Fuchs, A. (2007): Erhebung und Beschreibung der Grundwasserfauna in Baden-Württemberg. Dissertation, Universität Koblenz-Landau: 1–109.

Gabutt, P. D. & Vachon, M. (1963): The external morphology and life history of the pseudoscorpion *Chthonius ischnocheles* (Hermann). Proceedings of the Zoological Society of London 140 (1): 75–98.

Gad, G. (2007): Annelida (Ringelwürmer). In: DWA Deutsche Vereinigung für Wasserwirtschaft, A. u. A. e. V. (Hrsg.): Grundwasserfauna Deutschlands. Ein Bestimmungswerk, Hennef: 363–408.

Gaisler, J. (2011): *Rhinolophus ferrumequinum* (Schreber, 1774) – Große Hufeisennase. In: Niethammer, J. & Krapp, F. (Hrsg.): Die Fledermäuse Europas. Ein umfassendes Handbuch zur Biologie Verbreitung und Bestimmung, Wiebelsheim/Hunsrück: 15–37.

Gentile, G. & Allegrucci, G. (1997): Geographic variation and genetic relationships in populations of the *Androniscus dentiger* complex from Central Italy (Isopoda, Oniscidea, Trichoniscidae). International Journal of Speleology 26: 47–61.

Gerell, R. J. & Rydell, J. (2011): *Eptesicus nilssonii* (Keyserling et Blasius, 1839) – Nordfledermaus. In: Niethammer, J. & Krapp, F. (Hrsg.): Die Fledermäuse Europas. Ein umfassendes Handbuch zur Biologie Verbreitung und Bestimmung, Wiebelsheim/Hunsrück: 561–581.

Gisin, H. (1960): Collembolenfauna Europas, 1. Aufl., Genève: 1–312.

Goffart, H. (1950): Nematoden aus unterirdischen Gewässern. Deutsche zoologische Zeitschrift 1: 73–78.

Golovatch, S. I. (2003): Two new species of Glomeridellidae (Diplopoda: Glomerida) from the Middle East. Arthropoda Selecta 11 (4): 255–258.

Görner, M. & Stefen, C. (2009): Siebenschläfer. *Glis glis*. In: Görner, M. (Hrsg.): Atlas der Säugetiere Thüringens. Biologie, Lebensräume, Verbreitung, Gefährdung, Schutz, Jena: 140–141.

Grabow, K. (2000): Farbatlas Süßwasserfauna. Wirbellose, Stuttgart (Hohenheim): 1–288.

Gregory, S. (2009): Woodlice and waterlice (Isopoda: Oniscidea & Asellota) in Britain and Ireland, Shrewsbury: 1–175.

Gregory, S. & Richards, P. (2008): Comparison of three often mis-identified species of pill-woodlouse *Armadillidium* (Isopoda: Oniscidea). Bulletin of the British Myriapod and Isopod Group 23: 9–12.

Griebler, C. & Mösslacher, F. (2003): Grundwasser-Ökologie, Wien: 1–495.

Grimmberger, E. (2014): Die Säugetiere Deutschlands. Beobachten und Bestimmen. Quelle & Meyer Bestimmungsbücher, 1. Auflage, Wiebelsheim: 1–561.

Gruber, J. (2014): Erstnachweise von *Brachychaeteuma bradeae* (Brölemann & Brade-Birks, 1917) (Diplopoda: Chordeumatida: Brachychaeteumatidae) für Österreich. Zeitschrift der Arbeitsgemeinschaft Österreichischer Entomologen 66: 141–143.

Gunn, A. (2012): The ecology of the introduced slug *Boettgerilla pallens* (Simroth) in North Wales. Journal of Molluscan Studies 58: 449–453.

Güttinger, R.; Zahn, A.; Krapp, F. & Schober, W. (2011): *Myotis myotis* (Borkhausen, 1797) – Großes Mausohr, Großmausohr. In: Niethammer, J. & Krapp, F. (Hrsg.): Die Fledermäuse Europas. Ein umfassendes Handbuch zur Biologie Verbreitung und Bestimmung, Wiebelsheim/Hunsrück: 123–207.

Haitlinger, R. (1977): External parasites of the Lower Silesian bats. I. Siphonaptera. Wiadomosci parazytologiczne 23 (4): 441–451.

Handschin, E. (1929): Urinsekten oder Apterygota (Protura, Collembola, Diplura und Thysanura). Die Tierwelt Deutschlands und der angrenzenden Meeresteile nach ihren Merkmalen und nach ihrer Lebensweise 16, Jena: 1–150.

Harding, P. T. & Sutton, S. L. (1985): Woodlice in Britain and Ireland. Distribution and Habitat, Huntingdon: 1–151.

Hartmann, R. (2004): Die Fauna der Höhlen und Bergwerke des Westharzes. Abhandlungen zur Karst- und Höhlenkunde 35, München: 1–69.

Haupt, J. & Haupt, H. (1998): Fliegen und Mücken. Beobachtung, Lebensweise, Augsburg: 1–351.

Hauser, H. & Voigtländer, K. (2009): Doppelfüßer (Diplopoda) Ostdeutschlands. Bestimmung, Biologie und Verbreitung, 2. Aufl., Göttingen: 1–112.

Heimer, S. & Nentwig, W. (1991): Spinnen Mitteleuropas. Ein Bestimmungsbuch, Berlin: 1–543.

Hertweck, K. (2009): Dachs. *Meles meles* (Linnaeus, 1758). In: Hauer, S.; Ansorge, H.; Zöphel, U. & Hertweck, K. (Hrsg.): Atlas der Säugetiere Sachsens, Dresden: 302–304.

Heun, C. (1955): Biologie und Ökologie von *Choleva holsatica* Ihss. & Ben. Entomologische Mitteilungen aus dem Zoologischen Staatsinstitut und Zoologischen Museum Hamburg 7: 197–227.

Hinz, R. & Horstmann, K. (2000): Die westpaläarktischen Arten von *Exephanes* Wesmael (Insecta, Hymenoptera, Ichneumonidae, Ichneumoninae). Spixiana 23 (1): 15–32.

Hoess, R. & Scholl, A. (1999): *Glomeris undulata* Koch and *G. conspersa* Koch are conspecific. – Enzyme electrophoretic evidence and taxonomical consequences (Diplopoda: Glomeridae). Revue Suisse de Zoologie 106: 643–661.

Hoess, R.; Scholl, A. & Lörtscher, M. (1997): The *Glomeris*-taxa hexasticha and intermedia: Species or subspecies? – Allozyme data (Diplopoda, Glomerida: Glomeridae). Entomologica Scandinavica 51: 133–138.

Hoess, R. (2000): Bestimmungsschlüssel für die *Glomeris*-Arten Mitteleuropas und angrenzender Gebiete (Diplopoda: Glomeridae). JahrJahrbuch des Naturhistorischen Museums Bern 13: 3–20.

Holovachov, O.; Winiszewska, G.; Sturhan, D.; Esquivel, A. & Wu, J. (2008): New genus, three new and two known species of the family Onchulidae Andrássy, 1964 with notes on systematics and biology of the family. Morphology and Systematics 11 (1): 1–30.

Horácek, I.; Bogdanowicz, W. & Dulic, B. (2011): *Plecotus austriacus* (Fischer, 1829) – Graues Langohr. In: Niethammer, J. & Krapp, F. (Hrsg.): Die Fledermäuse Europas. Ein umfassendes Handbuch zur Biologie Verbreitung und Bestimmung, Wiebelsheim/Hunsrück: 1001–1049.

Horácek, I. & Dulic, B. (2011): *Plecotus auritus* Linnaeus, 1757 – Braunes Langohr. In: Niethammer, J. & Krapp, F. (Hrsg.): Die Fledermäuse Europas. Ein umfassendes Handbuch zur Biologie Verbreitung und Bestimmung, Wiebelsheim/Hunsrück: 953–999.

Hornok, S.; Kontschán, J.; Kováts, D.; Kovács, R.; Angyal, D.; Görföl, T.; Polacsek, Z.; Kalmár, Z. & Mihalca, A. D. (2014): Bat ticks revisited: *Ixodes ariadnae* sp. nov. and allopatric genotypes of *I. vespertilionis* in caves of Hungary. Parasites & vectors 7 (1): 202.

Hornok, S. & Krawczyk, A. (2016): First record of *Ixodes ariadnae* in Western Europe, Belgium. Short Communication. Acta Veterinaria Hungarica 64 (4): 467–471.

Hornok, S.; Murányi, D.; Kontschán, J. & Tu, V. T. (2019): Description of the male and the larva of *Ixodes collaris* Hornok, 2016 with drawings of all stages. Parasites & vectors 12 (1): 144.

Hornok, S.; Takács, N.; Krisztina, S. & Kunz, B. (2015): First record of *Ixodes ariadnae* in Germany. Short Communication. Acta Veterinaria Hungarica 63 (3): 347–351.

Hornung, E. (2011): Evolutionary adaptation of oniscidean isopods to terrestrial life: Structural – physiological – behavioural aspects. Terrestrial Arthropod Reviews 4: 95–130.

Hörweg, C.; Blick, T. & Zaenker, S. (2011): Die Große Höhlenspinne *Meta menardi* (LATREILLE, 1804) – Höhlentier des Jahres und Europäische Spinne des Jahres 2012. In: Verband der deutschen Höhlen- und Karstforscher e. V. (Hrsg.): Mitteilungen des Verbandes der deutschen Höhlen- und Karstforscher e. V. 57 (4), München: 108–109.

Hörweg, C.; Blick, T. & Zaenker, S. (2011): Die Große Höhlenspinne, *Meta menardi* (Araneae: Tetragnathidae), Spinne des Jahres 2012. In: Arachnologische Gesellschaft e. V. (Hrsg.): Arachnologische Mitteilungen 42, Nürnberg: 62–64.

Ipsen, A. & Tolasch, T. (1997): *Choleva septentrionis sokolowskii* n. ssp., eine neue cavernicole Unterart von Choleva septentrionis Jeannel aus Mitteleuropa (Col., Cholevidae). Entomologische Nachrichten und Berichte 41 (3): 167–171.

Jäger, P. (1998): Weitere Funde von *Nesticus eremita* (Araneae: Nesticidae) in Süddeutschland mit Angaben zur Taxonomie im Vergleich zu *N. cellulanus*. In: Arachnologische Gesellschaft e. V. (Hrsg.): Arachnologische Mitteilungen 15, Basel: 13–20.

Jakobi, H. (1954): Biologie, Entwicklungsgeschichte und Systematik von *Bathynella natans* Vejd. Zoologische Jahrbücher. Abteilung für Systematik, Ökologie und Geographie der Tiere 83 (1/2): 1–62.

Jersabek, C. D.; Brancelj, A.; Stoch, F. & Schabetsberger, R. (2001): Distribution and ecology of copepods in mountainous regions of the Eastern Alps. Hydrobiologia 453/454: 309–324.

Jones, D. (1990): Der Kosmos-Spinnenführer. Mitteleuropäische Spinnen und Weberknechte. Kosmos-Naturführer, 4. Aufl., Stuttgart: 1–320.

Kampen, H.; Kronefeld, M.; Zielke, D. & Werner, D. (2013): Three rarely encountered and one new *Culiseta* species (Diptera: Culicidae) in Germany. Journal of the European Mosquito Control Association 31: 36–39.

Karaytug, S. & Boxshall, G. A. (1996): The life cycle of *Paracyclops fimbriatus* (Fischer, 1853) (Copepoda, Cyclopoida). In: Natural History Museum (Hrsg.): Bulletin of the Natural History Museum 62/1: 41–70.

Kéler, S. von (1953): Staubläuse. Die neue Brehm-Bücherei 110, Leipzig: 1–48.

Kerney, M. P.; Cameron, R. A. D. & Jungbluth, J. H. (1983): Die Landschnecken Nord- und Mitteleuropas. Ein Bestimmungsbuch für Biologen und Naturfreunde, Hamburg: 1–384.

Kjaerandsen, J. (2006): Review of fungus gnats of the genus *Tarnania* Tuomikoski, with a phylogeny of the *Rymosia* s. l. genus group (Diptera: Mycetophilidae). Insect Systematics & Evolution (Group 6) 37 (2): 121–148.

Klots, A. B. & Klots, E. B. (1969): Knaurs Tierreich in Farben, München, Zürich: 1–256.

Knolle, F.; Puffe, B. & Ipsen, A. (2016): 85 Jahre Grottenolme in der Hermannshöhle in Rübeland – Geschichte und Ausblick. In: Verband der deutschen Höhlen- und Karstforscher e. V. (Hrsg.): Mitteilungen des Verbandes der deutschen Höhlen- und Karstforscher e. V. 62 (2), München: 47–54.

Kolenati, F. A. (1857): Synopsis prodroma der Flughaut-Milben (Pteroptida) der Fledermäuse. Wiener entomologische Monatschrift 1: 59–60.

Krauss, H. (1879): Die Orthopteren-Fauna Istriens. Sitzungsberichte der Osterreichischen Akademie der Wissenschaften. Mathematisch-Naturwissenschaftliche Klasse, Abte.11 78: 451–542.

Kreissl, E. (1988): Funde von *Leptinus testaceus* Müller (Hex., Coleoptera, Leptinidae). 25. Beitrag zur Kenntnis der Käfer der Steiermark. Mitteilungen der Abteilung Zoologie des Landesmuseums Johanneum 41: 27–38.

Kropf, M. (2017): Krauss' Höhlenschrecke *Troglophilus neglectus* (Krauss, 1879). In: Zuna-Kratky, T.; Landmann, A.; Illich, I.; Zechner, L.; Essl, F.; Lechner, K.; Ortner, A.; Weißmair, W. & Wöss, G. (Hrsg.): Die Heuschrecken Österreichs.

Kutzscher, C. & Weber, D. (2015): Flöhe (Siphonaptera) aus Höhlen Deutschlands, Frankreichs und Luxemburgs. Beiträge zur Entomologie (Contributions to Entomology) 65 (2): 361–371.

Kuźnik-Kowalska, E. (2009): Life cycle and population dynamics of *Discus rotundatus* (O. F. Müller, 1774) (Gastropoda: Pulmonata: Endodontidae). Folia Malacologica 7 (1): 5–17.

Landesverband für Höhlen- und Karstforschung Hessen e. V. (2019): Internetauftritt des Landesverbandes für Höhlen- und Karstforschung Hessen e. V. https://hoehlenkataster-hessen.de/ (Aufgerufen am 14.12.2019).

Lange, I. & Stefen, C. (2009): Dachs. *Meles meles*. In: Görner, M. (Hrsg.): Atlas der Säugetiere Thüringens. Biologie, Lebensräume, Verbreitung, Gefährdung, Schutz, Jena: 218–219.

Luff, M. (1998): Provisional atlas of the ground beetles (Coleoptera, Carabidae) of Britain: 1–194.

Mąkol, J.; Cichocki, J.; Felska, M.; Kłosińska, A.; Łaydanowicz, J.; Łupicki, D. & Gabry□, G. (2010): A New Data on Biology and Taxonomy of *Neotrombicula inopinata* (Oudemans, 1909) and *Leptotrombidium russicum* (Oudemans, 1902) (Acari: Actinotrichida: Trombiculidae). Annales Zoologici 60 (3): 419–427.

Malicky, H. & Winkler, G. (1974): Untersuchungen über die Höhlenimmigration von *Micropterna nycterobia* (Trichoptera, Limnephilidae). Oecologia 15 (4): 375–382.

Malkmus, R. & Zaenker, S. (2008): Vorkommen des Feuersalamanders (*Salamandra salamandra*) in den Naturhöhlen und künstlichen Hohlräumen Hessens und angrenzender Gebiete. Zeitschrift für Feldherpetologie 15: 1–10.

Maltz, T. (2007): Shell variation in *Helicodonta obvoluta* (O. F. Müller, 1774 (Gastropoda: Pulmonata: Helicidae s. lato). Folia Malacologica 15.

Mammola, S. & Isaia, M. (2014): Niche differentiation in *Meta bourneti* and *M. menardi* (Araneae, Tetragnathidae) with notes on the life history. International Journal of Speleology 43 (3): 343–353.

Martens, J. (1969): Systematische Stellung von *Amilenus aurantiacus* (SIMON), (Opilones, Phalangiidae). Senckenbergiana biologica 50 (3/4): 219–224.

Martens, J. (1978): Spinnentiere, Arachnida, Weberknechte, Opiliones. Die Tierwelt Deutschlands 64, Jena: 1–464.

Martens, J. & Schönhofer, A. L. (2016): The Leiobunum rupestre species group: resolving the taxonomy of four widespread European taxa (Opiliones: Sclerosomatidae). European Journal of Taxonomy (216): 1–35.

Mathieu, J. & Essafi, K. (1991): Changes in abundance of interstitial populations of *Niphargus* (stygobiont amphipod) at the karst/floodplain interface. Comptes rendus de l'Académie des Sciences, Paris (312): 489–494.

Matile, L. (1962): Morphologie et biologie d'un insecte diptère cavernicole *Speolepta leptogaster* Winnertz (Mycetophilidae). Mémoires du Muséum national d'Histoire naturelle, Sér. A – Zoologie (N.S.) 20 (3): 219–242.

Matile, L. (1970): Les dipteres cavernicoles. Annales de speleologie 25 (1): 179–222.

McQueen, D. J. (1976): *Porcellio spinicornis* Say (Isopoda) demography. II. A comparison between field and laboratory data. Canadian Journal of Zoology 54 (6): 825–842.

Michelbacher, A. (1938): The biology of the garden centipede, *Scutigerella immaculata*. Hilgardia 11 (3): 55–148.

Mohrig, W. (1965): Infrasubspezifische Formen von *Triphleba antricola* SCHMITZ, 1918 (Diptera – Phoridae) aus den Naturhöhlen des Harzes. Deutsche Entomologische Zeitschrift 12 (4–5): 341–345.

Moucha, J. (1976): Schmetterlinge. Tagfalter. Natur in Farbe, München: 1–191.

Müller, K.; Kureck, A. & Müller-Haeckel, A. (1963): Zur Tagesperiodik von *Niphargus aquilex schellenbergi* KARAMAN (Gammaridae, Amphipoda). Die Naturwissenschaften 50 (17): 579–580.

Muster, C.; Blick, T. & Schönhofer, A. L. (2016): Rote Liste und Gesamtartenliste der Weberknechte (Arachnida: Opiliones) Deutschlands. 3. Fassung, Stand April 2008, einzelne Änderungen und Nachträge bis August 2015. In: Bundesamt für Naturschutz (Hrsg.): Rote Liste gefährdeter Tiere, Pflanzen und Pilze Deutschlands. Band 4: Wirbellose Tiere (Teil 2) 70 (4), Münster: 513–536.

Nassauischer Verein für Naturkunde (Hrsg.) (1960): Jahrbücher des Nassauischen Vereins für Naturkunde. Friedrich Heineck-Band 95, Wiesbaden: 1–135.

Nentwig, W.; Blick, T.; Gloor, D.; Hänggi, A. & Kropf, C. (2019): Spinnen Europas. Version 07.2019. http://www.araneae.unibe.ch (Aufgerufen am 13.7.2019).

Nöllert, A. & Nöllert, C. (1992): Die Amphibien Europas. Bestimmung – Gefährdung – Schutz. Kosmos-Naturführer, Stuttgart: 1–382.

Novak, T.; Šajna, N.; Antolinc, E.; Lipovšek, S.; Devetak, D. & Janžekovič, F. (2014): Cold tolerance in terrestrial invertebrates inhabiting subterranean habitats. International Journal of Speleology 43 (3): 265–272.

Palissa, A. (2000): Insecta: Collembola. Süßwasserfauna von Mitteleuropa 10, Heidelberg, Berlin: 1–166.

Pichler, H. (1987): Neue Nachweise von *Cryptops*-Arten in Nordtirol und anderen Bundesländern Österreichs. (Chilopoda, Scolopendromorpha, Cryptopidae). Berichte des naturwissenschaftlichen-medizinischen Vereins Innsbruck 74: 125–139.

Piksa, K.; Górz, A.; Nowak-Chmura, M. & Siuda, K. (2014): The patterns of seasonal activity of *Ixodes vespertilionis* (Acari: Ixodidae) on *Rhinolophus hipposideros* in nursery colonies. Ticks and tick-borne diseases 5 (1): 69–74.

Platnick, N. I. (2019): The world spider catalog. Version 12.5. http://research.amnh.org/iz/spiders/catalog.

Pobozsny, M. (1988): Die Bedeutung von *Glomeris hexasticha* (Diplopoda) beim Abbau von Detritus-Driften am Ufer des Balaton-Sees. Opuscula Zoologica Budapest 23: 177–188.

Pöckl, M. (1993): Beiträge zur Ökologie des Bachflohkrebses (*Gammarus fossarum*) und Flußflohkrebses (*Gammarus roeseli*), Entwicklungszyklus und Fortpflanzungskapazität. Natur und Museum (123): 114–125.

Pool, G. (1936): *Eiseniella tetraedra* (Sav.). Ein Beitrag zur vergleichenden Anatomie und Systematik der Lumbriciden. Acta Zoologica 18 (1–2): 1–110.

Poschmann, M. & Uhl, D. (2007): Syncaride Krebse – Im Häutungshemd mit Fransenlook. In: Schindler, T. & Heidtke, U. H. J. (Hrsg.): Kohlesümpfe, Seen und Halbwüsten. Dokumente einer rund 300 Millionen Jahre alten Lebewelt zwischen Saarbrücken und Mainz 10, Bad Dürkheim: 164–168.

Potocka, M. & Krzemińska, E. (2018): *Trichocera maculipennis* (Diptera) – an invasive species in Maritime Antarctica. PeerJ 6: e5408.

Proudlove, G. S.; Wood, P. J.; Harding, P. T.; Horne, D. J.; Gledhill, T. & Knight, L. R. F. D. (2003): A review of the status and distribution of the subterranean aquatic Crustacea of Britain and Ireland. Cave and Karst Science. Cave and Karst Science 30: 53–74.

Rathsack, U. & Michels, U. (147): Zur Populationsdynamik von Asseln und anderen Invertebraten in Wasserversorgungssystemen und Konsequenzen für die Wasseraufbereitung. GWF-Wasser/Abwasser 2006 (2): 134–140.

Reip, H. S.; Spelda, J.; Voigtländer, K.; Decker, P. & Lindner, E. N. (2016): Rote Liste und Gesamtartenliste der Doppelfüßer (Myriapoda: Diplopoda) Deutschlands. 1. Fassung, Stand Juli 2014. In: Bundesamt für Naturschutz (Hrsg.): Rote Liste gefährdeter Tiere, Pflanzen und Pilze Deutschlands. Band 4: Wirbellose Tiere (Teil 2) 70 (4), Münster: 301–324.

Rendoš, M.; Čejka, T.; Šteffek, J. & Mock, A. (2014): Land snails from subterranean traps exposed in a forested scree slope (Western Carpathians, Slovakia). Folia Malacologica 22 (4): 255–261.

Renker, C.; Weber, D. & Pohl, A. (2013): Schnecken (Mollusca, Gastropoda) aus Höhlen des Großherzogtums Luxemburg. In: Weber, D. (Hrsg.): Die Höhlenfauna Luxemburgs 69, Luxemburg: 96–107.

Richards, P. M.; Liu, M. M.; Lowe, N.; Davey, J. W.; Blaxter, M. L. & Davison, A. (2013): RAD-Seq derived markers flank the shell colour and banding loci of the *Cepaea nemoralis* supergene. Molecular Ecology 22 (11): 3077–3089.

Richarz, K. (2011): Fledermäuse beobachten, erkennen und schützen, Stuttgart: 1–127.

Richling, I.; Malkowsky, Y.; Kuhn, J.; Niederhöfer, H.-J. & Boeters, H. D. (2017): A vanishing hotspot – the impact of molecular insights on the diversity of Central European *Bythiospeum* Bourguignat, 1882 (Mollusca: Gastropoda: Truncatelloidea). Organisms Diversity & Evolution 17 (1): 67–85.

Rimpp, K. (1979): Die Salamander und Molche Europas. Eine Beschreibung der heute noch lebenden Schwanzlurcharten und -unterarten. Lehrmeister-Bücherei 65, Minden: 1–96.

Roer, H. (2011): *Myotis dasycneme* (Boie, 1825) – Teichfledermaus. In: Niethammer, J. & Krapp, F. (Hrsg.): Die Fledermäuse Europas. Ein umfassendes Handbuch zur Biologie Verbreitung und Bestimmung, Wiebelsheim/Hunsrück: 303–319.

Roer, H. & Schober, W. (2011): *Myotis daubentonii* (Leisler, 1819) – Wasserfledermaus. In: Niethammer, J. & Krapp, F. (Hrsg.): Die Fledermäuse Europas. Ein umfassendes Handbuch zur Biologie Verbreitung und Bestimmung, Wiebelsheim/Hunsrück: 256–280.

Roer, H. & Schober, W. (2011): *Rhinolophus hipposideros* (Bechstein, 1800) – Kleine Hufeisennase. In: Niethammer, J. & Krapp, F. (Hrsg.): Die Fledermäuse Europas. Ein umfassendes Handbuch zur Biologie Verbreitung und Bestimmung, Wiebelsheim/Hunsrück: 40–58.

Rohácek, J. & Papp, L. (2000): *Crumomyia microps* sp. n. from Austria and notes on other cavernicolous *Crumomyia* species (Diptera: Sphaeroceridae). Annales historico-naturales Musei nationalis hungarici (92): 215–228.

Sauer, F. (1998): Fliegen und Mücken. Nach Farbfotos erkannt, 3. Aufl., Nottuln: 1–120.

Schaefer, M. (2006): Brohmer – Fauna von Deutschland. Ein Bestimmungsbuch unserer heimischen Tierwelt. Quelle & Meyer Bestimmungsbücher, 22., neu bearb. Aufl., Wiebelsheim: 1–809.

Scheers, K. (2014): First records of the interstitial water beetle *Hydroporus ferrugineus* Stephens, 1829 (Coleoptera: Dytiscidae) for Flanders and Brussels and new records from the Walloon region. Bulletin de la Société royale belge d'Entomologie (150): 47–51.

Scheffler, I. (2011): Artenspektren und Wirtsbindung von Ektoparasiten der Fledermäuse aus Nordbulgarien – Bewertung des Zusammenhangs von Körperkondition und Ektoparasitenlast. Nyctalus (N. F.) 16 (1–2): 119–136.

Scheffler, I. (2011): Die Ektoparasiten der Fledermäuse Europas – Teil 1. Nyctalus (N. F.) 16 (3–4): 246–263.

Schilthuizen, M. (1990): A revision of *Choleva agilis* (Illiger, 1798) and related species (Coleoptera: Staphylinoidea: Cholevidae). Zoologische Mededelingen Leiden 64 (10): 121–153.

Schindler, H. (2005): Bewertung der Auswirkungen von Umweltfaktoren auf die Struktur und Lebensgemeinschaften von Quellen in Rheinland-Pfalz. Dissertation, Universität Koblenz-Landau: 1–266.

Schmid, G. (1962): *Boettgerilla vermiformis* Wiktor 1959, eine neue Nacktschnecke in Deutschland (Gastropoda, Parmacellidae). Archiv für Molluskenkunde 91: 105–108.

Schmidt, T. & Stefen, C. (2009): Rotfuchs. *Vulpes vulpes*. In: Görner, M. (Hrsg.): Atlas der Säugetiere Thüringens. Biologie, Lebensräume, Verbreitung, Gefährdung, Schutz, Jena: 193–196.

Schminke, H. K. (2007): Copepoda (Ruderfußkrebse). In: DWA Deutsche Vereinigung für Wasserwirtschaft, A. u. A. e. V. (Hrsg.): Grundwasserfauna Deutschlands. Ein Bestimmungswerk, Hennef: 61–170.

Schmitz, H. (1918): Die Phoridenfauna der von Dr. K. Absolon 1906–1918 besuchten mittel- und südeuropäischen Höhlen. Tijdschrift voor entomologie 61: 63–95.

Schneider, N. & Weber, D. (2013): Staubläuse (Insecta, Psocodea, „Psocoptera") aus Höhlen des Großherzogtums Luxemburg. In: Weber, D. (Hrsg.): Die Höhlenfauna Luxemburgs 69, Luxemburg: 258–263.

Schneider, N.; Zaenker, S. & Dorow, W. H. O. (2012): Staubläuse (Psocodea, 'Psocoptera') aus zoologischen Untersuchungen in Hessen und den angrenzenden Gebieten. In: Naturwissenschaftlicher Verein Darmstadt (Hrsg.): Hessische Faunistische Briefe 31. Jg., Heft 1-2-2012, Darmstadt: 1–30.

Schober, W. (2011): *Barbastella barbastellus* (Schreber, 1774) – Mopsfledermaus (Breitohrige Fledermaus). In: Niethammer, J. & Krapp, F. (Hrsg.): Die Fledermäuse Europas. Ein umfassendes Handbuch zur Biologie Verbreitung und Bestimmung, Wiebelsheim/Hunsrück: 1071–1091.

Schulz, H.-J. & Zaenker, S. (2006): Ein Beitrag zur Erforschung der Collembolenfauna Hessens und den angrenzenden Gebieten, insbesondere von Höhlen- und Quellstandorten (Insecta, Collembola). In: Naturwissenschaftlicher Verein Darmstadt (Hrsg.): Hessische Faunistische Briefe 25. Jg., Heft 1–2006, Darmstadt: 1–24.

Scriba, D. (1999): Amphibien im Landkreis. Schriftenreihe für Naturschutz des Landkreises Darmstadt-Dieburg 10, Darmstadt: 1–52.

Seebald, H. & Weber, D. (2013): Schlupfwespen (Insecta, Hymenoptera, Ichneumonidae) aus Höhlen des Großherzogtums Luxemburg. In: Weber, D. (Hrsg.): Die Höhlenfauna Luxemburgs 69, Luxemburg: 249–254.

Sendra, A. & Weber, D. (2018): An unexpected discovery of a new subgenus and a species of *Plusiocampa* (Campodeidae, Diplura) alongside an overview of Central European subterranean campodeids. European Journal of Taxonomy (428): 1–21.

Sevcik, J. (2010): Czech and Slovak Diptera associated with fungi, Opava: 1–112.

Sevcik, J.; Kjaerandsen, J. & Marshall, S. A. (2012): Revision of *Speolepta* (Diptera: Mycetophilidae), with descriptions of new Nearctic and Oriental species. The Canadian Entomologist 144: 93–107.

Skidmore, P. (1966): (1966). The biology of *Scoliocentra villosa* (Mg.) (Diptera, Heleomyzidae). The Entomologist's monthly magazine 102: 94–98.

Spötl, C. & Kropf, M. (2017): Höhlenheuschrecken in der „Kropfsberghöhle“ im Inntal (Tirol). Höhlenkundliche Mitteilungen des Landesvereins für Höhlenkunde in Tirol 56 (70): 4–8.

Staudt, A.; Weber, D. & Nährig, D. (2013): Webspinnen (Arachnida, Araneae) aus Höhlen des Großherzogtums Luxemburg. In: Weber, D. (Hrsg.): Die Höhlenfauna Luxemburgs 69, Luxemburg: 115–157.

Steiner, A. (2007): Einreihiger Glattsamenfüßer – (*Melogona voigtii*) – www.natur-in-nrw.de. https://www.natur-in-nrw.de/HTML/Tiere/Myriapoda/Diplopoda/TD-7.html (Aufgerufen am 1.12.2019).

Strauss, G. & Niedringhaus, R. (2014): Die Wasserwanzen Deutschlands. Bestimmungsschlüssel für alle Nepo- und Gerromorpha, Scheeßel: 1–66.

Streble, H. & Krauter, D. (1988): Das Leben im Wassertropfen. Mikroflora und Mikrofauna des Süßwassers. Ein Bestimmungsbuch. Kosmos-Naturführer, 8. Aufl., Stuttgart: 1–399.

Sturm, H. (1980): Die Machiliden (Archaeognatha, Apterygota, Insecta) Nordwestdeutschlands und die tiergeographische Bedeutung dieser Vorkommen. Drosera 1980 (2): 53–62.

Sturm, H. (1997): Kommentiertes Verzeichnis der Felsenspringer-Arten (Machilidae, Archaeognatha, Insecta) Deutschlands. Entomologische Mitteilungen aus dem Zoologischen Museum Hamburg 12 (155): 123–140.

Sutcliffe, D. W. (2010): Reproduction in *Gammarus* (Crustacea, Amphipoda): basic processes. Freshwater Forum 2 (2): 102–128.

Sworobowicz, L.; Grabowski, M.; Mamos, T.; Burzyński, A.; Kilikowska, A.; Sell, J. & Wysocka, A. (2015): Revisiting the phylogeography of *Asellus aquaticus* in Europe: insights into cryptic diversity and spatiotemporal diversification. Freshwater Biology 60 (9): 1824–1840.

Taake, K.-H. & Vierhaus, H. (2011): *Pipistrellus pipistrellus* (Schreber, 1774) – Zwergfledermaus. In: Niethammer, J. & Krapp, F. (Hrsg.): Die Fledermäuse Europas. Ein umfassendes Handbuch zur Biologie Verbreitung und Bestimmung, Wiebelsheim/Hunsrück: 761–814.

Tajovsky, K. (1992): Feeding biology of the millipede *Glomeris hexasticha*. Berichte des naturwissenschaftlichen-medizinischen Vereins Innsbruck (Suppl. 10): 305–311.

Theodor, O. & & Moscona, A. (1954): On bat parasites in Palestine I. Nycteribiidae, Streblidae, Hemiptera, Siphonaptera. Parasitology 44 (1–2): 157–245.

Thienemann, A. (1907): *Planaria alpina* auf Rügen und die Eiszeit. In: Credner, R. (Hrsg.): Jahresbericht der Geographischen Gesellschaft zu Greifswald 9/10, Greifswald: 381–462.

Topál, G. (2011): *Myotis emarginatus* (Geoffroy, 1806) – Wimperfledermaus. In: Niethammer, J. & Krapp, F. (Hrsg.): Die Fledermäuse Europas. Ein umfassendes Handbuch zur Biologie Verbreitung und Bestimmung, Wiebelsheim/Hunsrück: 369–404.

Topál, G. (2011): *Myotis nattereri* (Kuhl, 1818) – Fransenfledermaus. In: Niethammer, J. & Krapp, F. (Hrsg.): Die Fledermäuse Europas. Ein umfassendes Handbuch zur Biologie Verbreitung und Bestimmung, Wiebelsheim/Hunsrück: 405–442.

Tuf, I. H.; Drábková, L. & Šipoš, J. (2015): Personality affects defensive behaviour of *Porcellio scaber* (Isopoda, Oniscidea). Zookeys (515): 159–171.

Tupinier, Y. (2011): *Myotis brandtii* (Eversmann, 1845) – Große Bartfledermaus (Brandtfledermaus). In: Niethammer, J. & Krapp, F. (Hrsg.): Die Fledermäuse Europas. Ein umfassendes Handbuch zur Biologie Verbreitung und Bestimmung, Wiebelsheim/Hunsrück: 345–368.

Tupinier, Y. & Aellen, V. (2011): *Myotis mystacinus* (Kuhl, 1817) – Kleine Bartfledermaus. In: Niethammer, J. & Krapp, F. (Hrsg.): Die Fledermäuse Europas. Ein umfassendes Handbuch zur Biologie Verbreitung und Bestimmung, Wiebelsheim/Hunsrück: 321–344.

Vargovitsh, R. S. (2009): New Cave Arrhopalitidae (Collembola: Symphypleona) From The Crimea (Ukraine). Zootaxa (2047): 1–47.

Verband der deutschen Höhlen- und Karstforscher e. V. (2019): Höhlentier des Jahres. https://hoehlentier.de/ (Aufgerufen am 24.12.2019).

Verband der deutschen Höhlen- und Karstforscher e. V. (2019): Internetauftritt des Verbandes der deutschen Höhlen- und Karstforscher e. V. https://www.vdhk.de/ (Aufgerufen am 14.12.2019).

Vivien, R.; Holzmann, M.; Werner, I.; Pawlowski, J.; Lafont, M. & Ferrari, B. J. D. (2017): Cytochrome c oxidase barcodes for aquatic oligochaete identification: development of a Swiss reference database. PeerJ 5: e4122.

Voigtländer, K.; Decker, P.; Burkhardt, U. & Spelda, J. (2016): The present knowledge of the Symphyla and Pauropoda (Myriapoda) in Germany – an annotated checklist. Acta Societatis Zoologicae Bohemicae 80 (1): 51–85.

Wachmann, E.; Melber, A. & Deckert, J. (2006): Wanzen Band 1. Dipsocoromorpha, Nepomorpha, Gerromorpha, Leptopodomorpha, Cimicomorpha. Die Tierwelt Deutschlands und der angrenzenden Meeresteile nach ihren Merkmalen und nach ihrer Lebensweise 77. Teil, Keltern: 1–264.

Wägele, J. W. (2007): Isopoda (Asseln). In: DWA Deutsche Vereinigung für Wasserwirtschaft, A. u. A. e. V. (Hrsg.): Grundwasserfauna Deutschlands. Ein Bestimmungswerk, Hennef: 273–294.

Wall, I. (1986): Die Serphiden Südwestdeutschlands (unter besonderer Berücksichtigung des Heubergs) (Hymenoptera parasitica: Serphidae (*Serphus* SCHRANK, 1780) (Hymenoptera parasitica: Serphidae (*Serphus* SCHRANK, 1780) (= Proctotrupidae auct.)). 6. Beitrag zur Kenntnis von Biologie und Verbreitung mitteleuropäischer Zehrwespen. Neue Entomologische Nachrichten 19: 189–251.

Wall, I. (2012): Beitrag zur Bestimmung europäischer Zehrwespen. Die Weibchen der Gattung *Exallonyx* KIEFFER (Hymenoptera Parasitica, Proctotrupoidea, Serphidae). Mitteilungen der Münchner Entomologischen Gesellschaft 102: 117–121.

Walter, G. & Kock, D. (1985): Records of *Ixodes vespertilionis*, *I. simplex* and *Argas vespertilionis* (Ixodoidea: Ixodidae, Argasidae) from German bats (Chiroptera). Zeitschrift für Parasitenkunde 71: 107–111.

Walter, G. & Kock, D. (1994): Verbreitung und Wirtsarten der Fledermaus-Flöhe Deutschlands. (Insecta: Siphonaptera: Ischnopsyllidae). Senckenbergiana biologica 74 (1/2): 103–125.

Waterhouse, J. S. (1968): Studies on the garden symphylan, *Scutigerella immaculata* (Symphyla: Scutigerellidae). The Canadian Entomologist 100 (2): 172–178.

Weber, D. (1991): Die Evertebratenfauna der Höhlen und künstlichen Hohlräume des Katastergebietes Westfalen einschließlich der Quellen- und Grundwasserfauna. Abhandlungen zur Karst- und Höhlenkunde 25, München: 1–701.

Weber, D. (1991): Die Geschichte der Biospeläologie in Deutschland. In: Verband der deutschen Höhlen- und Karstforscher e. V. (Hrsg.): Karst und Höhle 1989/90. Beiträge zur Geschichte der Karst- und Höhlenforschung in Deutschland (Teil 1), München: 159–176.

Weber, D. (2012): Die Höhlenfauna und -flora des Höhlenkatastergebietes Rheinland-Pfalz/Saarland, 5. Teil. Abhandlungen zur Karst- und Höhlenkunde 36, München: 1–2367 (CD-ROM).

Weber, D. (2013): Felsenspringer (Hexapoda, Archaeognatha) aus Höhlen des Großherzogtums Luxemburg. In: Weber, D. (Hrsg.): Die Höhlenfauna Luxemburgs 69, Luxemburg: 227–229.

Weber, D. & Weber, G. (2013): Scheufliegen (Insecta, Diptera, Heleomyzidae) aus Höhlen des Großherzogtums Luxemburg. In: Weber, D. (Hrsg.): Die Höhlenfauna Luxemburgs 69, Luxemburg: 372–381.

Weber, D. & Zaenker, S. (2010): Höhlentier des Jahres 2010: Die Zackeneule. *Scoliopteryx libatrix* Linnaeus 1758. In: Verband der deutschen Höhlen- und Karstforscher e. V. (Hrsg.): Mitteilungen des Verbandes der deutschen Höhlen- und Karstforscher e. V. 56 (2), München: 61.

Weber, D. & Zaenker, S. (2011): Das Große Mausohr – Höhlentier des Jahres 2011. In: Verband der deutschen Höhlen- und Karstforscher e. V. (Hrsg.): Mitteilungen des Verbandes der deutschen Höhlen- und Karstforscher e. V. 57 (1), München: 4.

Weber, D.; Zaenker, S. & Plassmann, E. (2007): Pilzmücken in Höhlen und künstlichen Hohlräumen. (Diptera Sciaroidea: Ditomyiidae, Bolitophilidae, Diadocidiidae, Keroplatidae, Mycetophilidae). Entomofauna 28 (11): 125–140.

Weigand, A. M. (2012): DNA barcodes go underground – GBOL-project 'Subterranean Fauna'. Barcode Bulletin 3 (2): 13–14.

Weigand, A. M. (2014): Next Stop: Underground. Variable degrees and variety of reasons for cave penetration in terrestrial gastropods. Acta Carsologica 43: 175–183.

Weigand, A. M. (2015): Digitale Höhlenmalerei – Strichcodes made in Germany. Karstreport 43 (2014/2015): 191–193.

Weigand, A. M.; Jochum, A. & Klussmann-Kolb, A. (2014): DNA Barcoding Cleans House Through the Carychiidae (Eupulmonata, Ellobioidea). American Malacological Bulletin 32 (2): 236–245.

Weigand, A. M.; Jochum, A.; Slapnik, R.; Schnitzler, J.; Zarza, E. & Klussmann-Kolb, A. (2013): Evolution of microgastropods (Ellobioidea, Carychiidae): integrating taxonomic, phylogenetic and evolutionary hypotheses. BMC Evolutionary Biology 13 (18): 1–23.

Weigand, A. M.; Kremers, J. & Grabner, D. (2016): Shared microsporidian profiles between an obligate (*Niphargus*) and facultative subterranean amphipod population (*Gammarus*) at sympatry provide indications for underground transmission pathways. Limnologica 58: 7–10.

Welter-Schultes, F. W. (2012): European non-marine molluscs. A guide for species identification – Bestimmungsbuch für europäische Land- und Süsswassermollusken 1, Göttingen: 1–78.

Wesener, T. (2015): No millipede endemics north of the Alps? DNA-Barcoding reveals *Glomeris malmivaga* Verhoeff, 1912 as a synonym of *G. ornata* Koch, 1847 (Diplopoda, Glomerida, Glomeridae). Zootaxa (3999): 1–10.

Wesener, T. & Conrad, C. (2016): Local Hotspots of Endemism or Artifacts of Incorrect Taxonomy? The Status of Microendemic Pill Millipede Species of the Genus *Glomeris* in Northern Italy (Diplopoda, Glomerida). PLoS ONE 11.

Wesener, T.; Voigtländer, K.; Decker, P.; Oeyen, J. P. & Spelda, J. (2016): Barcoding of Central European *Cryptops* centipedes reveals large interspecific distances with ghost lineages and new species records from Germany and Austria (Chilopoda, Scolopendromorpha). Zookeys (564): 21–46.

Wijnhoven, H. (2000): Landpissebedden van de Ooijpolder: deel 1. Verspreiding (Crustacea: Isopoda: Oniscidea). Nederlandse Faunistische Mededelingen 11: 55–131.

Wijnhoven, H. (2001): Landpissebedden van de Ooijpolder: deel 2. Ecologie (Crustacea: Isopoda: Oniscidea). Nederlandse Faunistische Mededelingen 14: 23–78.

Winnertz, J. (1863): Beitrag zu einer Monographie der Pilzmücken (Mycetophilidae), Wien: 637–964.

World Spider Catalog (2019): World Spider Catalog – Version 20.0. https://doi.org/10.24436/2 (Aufgerufen am 2.9.2019).

Zaenker, S. (1995): Höhlenschmetterlinge in Hessen. Eine Kurzübersicht für die Arten: Zackeneule, Wegdornspanner und Tagpfauenauge. In: Höhlenforschergruppe Rhein-Main (Hrsg.): Jahresbericht 1994 der Höhlenforschergruppe Rhein-Main, Frankfurt am Main: 31–32.

Zaenker, S. (2008): Das Biospeläologische Kataster von Hessen. Die Fauna der Höhlen, künstlichen Hohlräume und Quellen. Fortschreibung mit Stand vom 12. April 2008. Abhandlungen zur Karst- und Höhlenkunde 32 (DVD-ROM), München: DVD-ROM.

Zaenker, S. (2008): Spezialisten der Dunkelheit. Tiere und Pflanzen in Höhlen. In: Kempe, S. & Rosendahl, W. (Hrsg.): Höhlen. Verborgene Welten, Darmstadt: 136–149.

Zaenker, S. (2011): Entdeckungen in einem extremen Ökosystem. In: Fengler, J.; Jagenlauf, M. & Michl, W. (Hrsg.): e & l – erleben und lernen. Internationale Zeitschrift für handlungsorientiertes Lernen 19. Jg.; H. 1/2011, Augsburg: 10–12.

Zaenker, S. (2016): Vorschlag für ein neues Bewertungsverfahren des Lebensraumtyps 8310 (Nicht touristisch erschlossene Höhlen) im Rahmen der europäischen FFH-Richtlinie. In: Verband der deutschen Höhlen- und Karstforscher e. V. (Hrsg.): Mitteilungen des Verbandes der deutschen Höhlen- und Karstforscher e. V. 62 (3), München: 79–83.

Zaenker, S.; Hansbauer, G. & Steiner, H. (2018): Leben im Dunkel. Höhlentiere in den Alpen. Ein Projekt zur Biodiversität unterirdischer Lebensräume im Rahmen des Ökoplan Alpen 2020. Abhandlungen zur Karst- und Höhlenkunde 37, München: 1–64.

Zaenker, S.; Schönhofer, A. L. & Blick, T. (2016): Das Höhlenlangbein *Amilenus aurantiacus* (Opiliones: Phalangiidae) ist Höhlentier des Jahres 2016 in Deutschland. In: Arachnologische Gesellschaft e.V. (Hrsg.): Arachnologische Mitteilungen 52, Karlsruhe: 81–87.

Zaenker, S.; Vogel, B.; Nerreter, B. & Harder, M. (2017): Artenvielfalt im Dunkeln – Höhlenforscher untersuchen unbekannte Lebensräume. Biodiversity in the dark – Cave explorers investigate unknown habitats. Anliegen Natur 39 (1): 144–152.

Zaenker, S. & Weber, D. (2017): Die Vierfleck-Höhlenschlupfwespe – Höhlentier des Jahres 2017. In: Verband der deutschen Höhlen- und Karstforscher e.V. (Hrsg.): Mitteilungen des Verbandes der deutschen Höhlen- und Karstforscher e.V. 63 (3), München: 94–95.

Zaenker, S.; Weber, D. & Weigand, A.M. (2020): Liste der cavernicolen Tierarten Deutschlands mit Einschluss der Grundwasserfauna. (Version 1.9). https://www.hoehlentier.de/taxa.pdf (Aufgerufen am 27.4.2020).

Zaragoza, J. A. (2017): Revision of the *Ephippiochthonius* complex in the Iberian Peninsula, Balearic Islands and Macaronesia, with proposed changes to the status of the *Chthonius* subgenera (Pseudoscorpiones, Chthoniidae). Zootaxa (4246): 1–221.

Zinke, J. (2000): First record of the cave cricket *Troglophilus neglectus* Krauss, 1879 in Germany (Ensifera, Rhaphidophoridae, Troglophilinae). Entomologische Nachrichten und Berichte 44 (3): 161–163.

Zittra, C.; Flechl, E.; Kothmayer, M.; Vitecek, S.; Rossiter, H.; Zechmeister, T. & Fuehrer, H.-P. (2016): Ecological characterization and molecular differentiation of *Culex pipiens* complex taxa and *Culex torrentium* in eastern Austria. Parasites & vectors 9: 197.

Zittra, C.; Moog, O.; Christian, E. & Fuehrer, H.-P. (2019): DNA-aided identification of *Culex* mosquitoes (Diptera: Culicidae) reveals unexpected diversity in underground cavities in Austria. Parasitology research 118 (5): 1385–1391.

Danksagung

Wir danken allen, die uns bei diesem Buchprojekt unterstützt haben. Neben den im folgenden Abbildungs- und Fotoverzeichnis genannten Personen gilt unser besonderer Dank denjenigen, die durch ihre Hinweise und Korrekturen dazu beigetragen haben, dass das Werk in dieser Form realisiert werden konnte. Hier seien besonders Theo Blick, Hans Jürgen Hahn, Anne Ipsen, Bernd Kunz, Christian Kutzscher, Paul-Walter Löhr, Christoph Muster, Hans Reip, Nico Schneider, Axel Schönhofer, Helmut Sebald und und Jörg Spelda genannt. Es ist schön zu wissen, dass es immer jemanden gibt, den man im Zweifelsfall fragen kann und der einem weiterhilft.

Ein besonderer Dank gilt aber unseren Familien, die uns immer die nötigen Freiheiten gelassen haben, um das Buchprojekt zu verwirklichen.

Christian Zaenker unterstützte das Projekt automationstechnisch und der Landesverband für Höhlen- und Karstforschung Hessen e. V. stellte die entsprechenden Ressourcen zur Verfügung. Dieter Weber half bei der Zusammenstellung der Liste der deutschen Höhlentiere. Das Nationalmuseum für Naturgeschichte Luxemburg stellte die Infrastruktur zur Digitalisierung und Archivierung.

Herrn Klink vom Quelle & Meyer-Verlag danken wir zuletzt für die tolle Zusammenarbeit.

Abbildungs- und Fotonachweise

Der Großteil der Höhlentierfotos wurde von Klaus Bogon aufgenommen. Soweit Abbildungen oder Fotos von anderen Personen stammen, ist dies nachfolgend aufgelistet: „Autor (Seite/Nr. der Abbildung von oben und von links nach rechts gezählt)“. All diesen Personen sei hier nochmal ganz herzlich für die Bereitstellung des Bildmaterials gedankt.

Beermann, Arne (51, 215), Fricke, Uwe (369/1, 369/2), Fuchs, Andreas (143), Gerecke, Reinhard (201), Goemert, Diana (273), Hofmann, Peter (24, 44, 411), König, Marko (407/1, 407/2, 409/1), Kropf, Matthias (279/1, 279/2), Kunert, Christian (18, 19, 23), Kutzscher, Christian (311/1, 311/2, 313/1), Meyer, Stefan (61, 181/3, 235, 287/2), Reip, Hans (241, 251, 259/1, 259/2), Richling, Ira (119/1, 119/2), Schulz, Hans-Jürgen (63/1, 65), Spelda, Jörg (237, 239, 245, 247), Steiner, Helmut (179/1, 179/2), Tolasch, Till (287/1), Weigand, Alexander (78, 91, 92, 149/1, 149/2, 150/1, 150/2, 151/1, 151/2, 203/1, 203/2, 213, 269/1, 269/2, 289/1, 289/2, 326/1, 343/1, 343/2), Widmer, Miriam (267/1, 267/2), Zaenker, Christian (31, 37, 46, 48, 50, 57, 69, 105, 187/1, 207/1, 209, 211, 249, 277/2, 281/1, 281/2, 297/1, 297/2, 313/2, 345/1, 345/2), Zaenker, Stefan (10/1, 10/2, 75, 351/1, 351/2)

Die Tierzeichnungen im Schnelleinstieg zur Bestimmung (Seiten 27 bis 29 und Nachsatzseiten) stammen aus dem Werk „Brohmer – Fauna von Deutschland“ und wurden dankenswerter Weise vom Quelle & Meyer-Verlag zur Verfügung gestellt. Ursula Frerichs stellt im Schnelleinstieg die Zeichnung des Höhlenkäfers zur Verfügung. Das Programm zur Erstellung der Piktogramme zur Ökologie und Lebensweise der Arten in den einzelnen Steckbriefen wurde von Christian Zaenker geschrieben.

Die Autoren

Stefan Zaenker ist Vorsitzender des Landesverbandes für Höhlen- und Karstforschung Hessen e. V. und beschäftigt sich seit 1983 mit der Zoologie in unterirdischen Lebensräumen. Als Referent für Biospeläologie im Verband der deutschen Höhlen- und Karstforscher e. V. koordiniert er die faunistische Erforschung der deutschen Höhlen. Daneben engagiert er sich seit vielen Jahren im Fledermausschutz und erforscht die Grundwasser- und Quellenfauna. Er ist Autor zahlreicher Fachpublikationen und führt die zentrale Datenbank zur deutschen Höhlenfauna. Beschäftigt ist er u. a. in der Oberen Naturschutzbehörde beim Regierungspräsidium Kassel.
Mail: stefan.zaenker@hoehlenkataster-hessen.de

Klaus Bogon ist seit 1974 im ehrenamtlichen Naturschutz mit den Schwerpunkten Biotop- und Artenschutz, sowie Öffentlichkeitsarbeit in Form von Exkursionen und Bildvorträgen tätig. Diese Verdienste fanden Anerkennung durch den Naturschutzpreis der Stadt Kassel (1988) und den Ehrenbrief des Landes Hessen (1990). Im Jahr 1990 erschien auch sein Naturführer „Landschnecken, Biologie, Ökologie, Biotopschutz". Die jetzigen Schwerpunkte liegen im Fledermausschutz und der Kartierung und Dokumentation der regionalen Molluskenfauna in Nordosthessen.
Mail: klaus.bogon@t-online.de

Dr. Alexander Weigand ist Kurator der Zoologie am Nationalmuseum für Naturgeschichte in Luxemburg. In seiner Forschung befasst er sich mit der Entstehung und Verbreitung von Biodiversität auf den Ebenen der Artenvielfalt und genetischen Diversität. Verstärkt widmet er sich der europäischen Höhlen- und Grundwasserfauna. Er agiert an der Schnittstelle von Forschung, Öffentlichkeit und Politik, um gemeinsam nachhaltige Lösungen in den Bereichen Umweltmanagement, Arten- und Naturschutz zu finden.
Mail: alexander.weigand@mnhn.lu

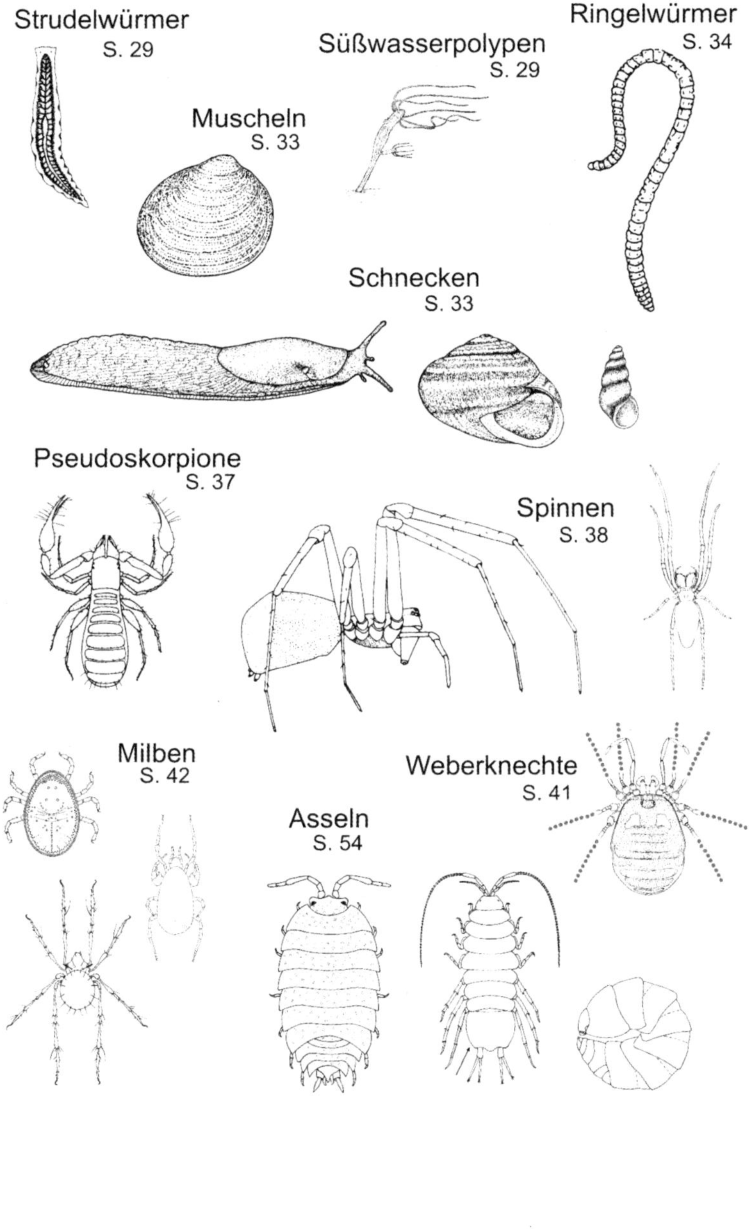

Strudelwürmer
S. 29
Süßwasserpolypen
S. 29
Ringelwürmer
S. 34
Muscheln
S. 33
Schnecken
S. 33
Pseudoskorpione
S. 37
Spinnen
S. 38
Milben
S. 42
Weberknechte
S. 41
Asseln
S. 54

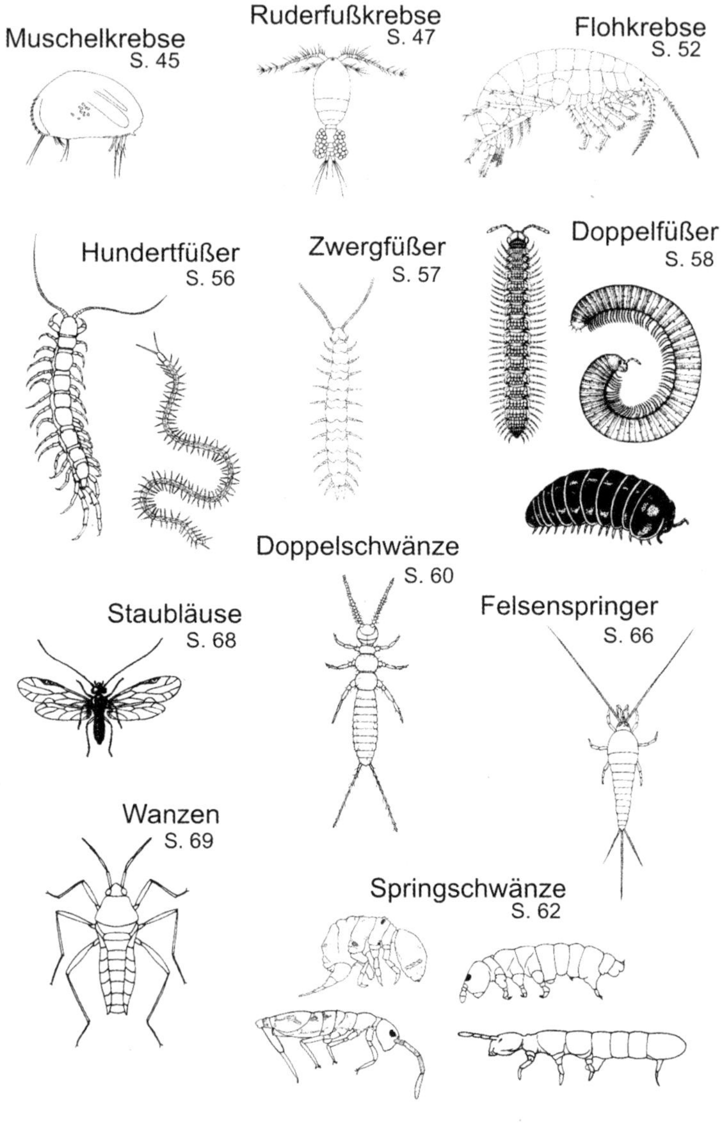

Muschelkrebse
S. 45
Ruderfußkrebse
S. 47
Flohkrebse
S. 52
Hundertfüßer
S. 56
Zwergfüßer
S. 57
Doppelfüßer
S. 58
Doppelschwänze
S. 60
Staubläuse
S. 68
Felsenspringer
S. 66
Wanzen
S. 69
Springschwänze
S. 62